高等职业教育水利类“教、学、做”理实一体化特色教材

水利工程养护修理

主编　奚立平

中国水利水电出版社
www.waterpub.com.cn
·北京·

内 容 提 要

本书共分7个项目，主要包括绪论，土石坝的养护修理，混凝土坝和浆砌石坝的养护修理，堤防的养护修理，水闸、溢洪道、隧洞和涵管的养护修理，渠道及渠系建筑物的养护修理，防汛抢险。

本书可作为水利水电工程管理、水利水电建筑工程、水利工程、灌溉与排水技术等高职水利类专业的教材，或其他相近专业的教学参考书，也可供从事水利工程管理的技术人员参考。

图书在版编目（CIP）数据

水利工程养护修理 / 奚立平主编. -- 北京 : 中国水利水电出版社, 2017.7(2022.7重印)
高等职业教育水利类“教、学、做”理实一体化特色教材
ISBN 978-7-5170-5666-9

Ⅰ. ①水… Ⅱ. ①奚… Ⅲ. ①水利工程－保养－高等职业教育－教材②水利工程－维修－高等职业教育－教材 Ⅳ. ①TV51

中国版本图书馆CIP数据核字(2017)第170691号

书　　名	高等职业教育水利类“教、学、做”理实一体化特色教材 **水利工程养护修理** SHUILI GONGCHENG YANGHU XIULI
作　　者	主编　奚立平
出版发行	中国水利水电出版社 （北京市海淀区玉渊潭南路1号D座　100038） 网址：www. waterpub. com. cn E-mail：sales@mwr. gov. cn 电话：(010) 68545888（营销中心）
经　　售	北京科水图书销售有限公司 电话：(010) 68545874、63202643 全国各地新华书店和相关出版物销售网点
排　　版	中国水利水电出版社微机排版中心
印　　刷	天津嘉恒印务有限公司
规　　格	184mm×260mm　16开本　9.75印张　231千字
版　　次	2017年7月第1版　2022年7月第3次印刷
印　　数	4001—7000册
定　　价	**34.00**元

前言

本书主要介绍土石坝、混凝土坝、堤防、水闸、溢洪道、渠道等水工建筑物的养护修理以及防汛抢险的基本知识和方法。

本书根据项目化导向、任务驱动的原则来编写，每个项目分若干任务，每个任务均通过案例，提出问题，引导学习。其内容体现最新规范，注重反映新技术、新知识和新工艺，理论联系实际，突出学生实践能力培养，并力求做到文字简练、重难点阐述透彻，体现了高职教育特点，因而利于知识传授和技能培养。

本书编写分工为安徽水利水电职业技术学院奚立平编写项目一、项目七；安徽易丰建筑工程有限公司殷婷婷编写项目二的任务一、任务二和任务三；安徽水利水电职业技术学院刘甘华编写项目二的任务四、任务五和任务六；安徽省霍山县水务局王才品编写项目三；安徽水利水电职业技术学院张时珍编写项目四；安徽水利水电职业技术学院程保磊编写项目五；安徽水利水电职业技术学院刘承训编写项目六。全书由奚立平任主编并负责统稿；由安徽省无为县气象局吴海鹰担任主审。

由于编者水平有限，不足之处在所难免，恳请广大读者批评指正。

编者

2017 年 2 月

目录

项目一　绪　　论

项目描述：水利工程养护修理就是为保障水利工程安全和完整，发挥其应有效益，对已建水利工程进行及时的保养并对运行中发现的损坏进行维修等工作。做好水利工程养护修理工作，能促使水利工程不安全因素向有利方向转化，确保工程安全运行，使其长期充分发挥其应有效益。本项目共有两个学习任务：介绍水利工程养护修理的意义和内容以及水利工程养护修理实施模式和基本要求。

项目学习目标：了解水利工程养护修理的意义和内容；掌握水利工程养护修理的实施模式；了解水利工程养护修理的基本要求。培养学生具有依照水管体制改革后的新模式开展水利工程养护修理工作的初步能力。

项目学习重点：水利工程养护修理的基本要求。

项目学习难点：水利工程养护修理的实施模式。

任务一　水利工程养护修理的意义和内容

任务描述：本任务介绍了水利工程养护修理对于保障水利工程安全、发挥工程效益的重要意义以及水利工程养护修理的内容。

案例导学：官厅水库，为心墙坝，坝高45m，河床覆盖层厚约20m，上部为细砂层，下部为砂卵石层，均用截水槽切断。两岸为砂质灰岩，左岸一带岩石裂缝发育，是坝区最大的渗漏段。大坝于1954年拦洪蓄水后，发现下游左岸岩壁上出现洇湿现象，距坝轴下游110～145m的下游坝坡与岩石交接处有多处集中渗流，造成塌坑20处，并于1956—1958年下游多次冒浑水，透明度仅3cm，下游4号量水堰渗流量达187L/s。经分析地质资料和测压管观测资料后，认为上述病害现象主要是由于左岸的绕坝渗流使下游棱体下的细砂层发生渗透破坏而造成的，因此采取了异重流淤积、水中抛土、浑水放淤和下游做排水减压井等养护修理措施。处理后左岸壁洇湿线下降3m；绕流区内地下水测压管水位普遍下降2～4m；4号量水堰的渗流量降至155L/s，后期水库运用正常，为保证北京工农业及生活用水起了一定作用。

问题：从上面的案例可以看出，水利工程在运用中，受到各种荷载和自然因素的作用，其工作性态可能向不利方向转化，做好水利工程养护修理工作，能促使水利工程不安全的因素向有利的方向转化，从而保障工程安全和提高工程效益。那么做好水利工程养护修理工作有何意义？水利工程养护修理的内容包括哪些？

一、水利工程养护修理的意义

水利工程在运用中，受到各种外力因素和外界因素的作用，具体内容如下：

（1）由于影响水利工程自然因素复杂，水工理论技术仍处于发展阶段，同时水工建筑物的工程量大、施工条件困难。因此，在工程的勘测、规划、设计和施工中难免有不符合客观实际之处，致使水工建筑物本身存在着不同程度的缺点、弱点和隐患。

(2) 水工建筑物长期在水中工作，受到水压力、渗透、冲刷、气蚀、冻融和磨损等物理作用以及侵蚀、腐蚀等化学作用。

(3) 水工建筑物在长期运行中，可能受到设计时所未能预见的自然因素和非常因素的作用，如遭遇超标准的特大洪水、强烈的台风和地震等。

在上述各种外力和外界因素的作用下，水利工程随着时间的推移，将向不利的方向转化，逐渐降低其工作性能，缩短使用寿命，甚至造成严重事故。因此，对水利工程进行妥善的养护，对其病害及时进行有效的修理，使不安全的因素向有利的方向转化，确保工程安全运行，使其长期充分地发挥其应有效益，具有重要意义。

二、水利工程养护修理的内容

水利工程养护修理内容应包括检查、养护、修理、白蚁及其他动物危害防治 4 个部分。

检查是为了查找水工建筑物、地下洞室、边坡和设施等存在的隐患、缺陷与损坏，有计划、有组织开展的现场查勘、测量、记录等工作。包括日常巡视检查、年度检查和特别检查。

养护是为了保证水工建筑物、地下洞室、边坡和设施等正常使用而进行的保养和防护措施。养护分为经常性养护、定期养护和专门性养护。经常性养护是在日常巡视检查、年度检查或特别检查过程中发现缺陷与隐患后，能够及时进行处理的养护。定期养护是为了维持水工建筑物、地下洞室、边坡和设施等安全运行而定期进行的养护，包括年度养护、汛前养护、冬季养护等。专门性养护是为了保证水工建筑物、地下洞室、边坡和设施等某个组成部分所具备的特定功能正常发挥而进行的针对性养护。

修理是当水工建筑物、地下洞室、边坡和设施等发生损坏、性能下降以致失效时，为使其恢复到原设计标准或使用功能所采取的各种修补、处理、加固等措施。修理可分为岁修、大修和抢修。岁修是每年有计划地对各水工建筑物、地下洞室、边坡和设施等进行的修理工作。大修是当水工建筑物、地下洞室、边坡和设施等出现影响使用功能和存在结构安全隐患时，而采取的重大修理措施。抢修是当水工建筑物、地下洞室、边坡和设施等出现重大安全隐患时，在尽可能短的时间内暂时性消除隐患而采取的突击性修理措施。

土石坝养护修理应包括坝顶、坝端、坝坡、混凝土面板、坝基与坝区、泄输水建筑物、排水设施、闸门及启闭设备、地下洞室、边坡、安全监测设施及其他辅助设施等的养护，坝坡、混凝土面板、坝体（裂缝、滑坡、渗漏）、坝基与坝肩、泄输水建筑物、边坡、闸门与启闭设备、排水导渗设施以及坝下埋涵（管）、边坡、枢纽其他水工建筑物等的修理，白蚁及其他动物危害防治，以及抢修等。

混凝土坝养护修理应包括混凝土建筑物表面、变形缝止水设施、排水设施、闸门及启闭设备、地下洞室、边坡、安全监测设施及其他辅助设施等的养护，冻害、碳化与氯离子侵蚀、化学侵蚀等的防护，混凝土裂缝修补，坝体、坝基和绕坝渗漏处理，混凝土剥蚀、磨损、空蚀及碳化修理，补强加固，水下修补，以及抢修等。

水闸维修养护包括土工建筑物、石工建筑物、混凝土建筑物、防渗排水设施、闸门、启闭机、电气设备、通信、监控及其他设施等的维修养护，以及抢险等。

堤防养护修理包括堤顶、堤坡、防浪（洪）墙、消浪结构、防渗排水设施、护堤地等的养护，堤顶、堤坡、护坡、防浪（洪）墙、消浪结构、防渗排水设施、堤身裂缝等的修理，堤防隐患处理，穿堤、跨堤建筑物及其与堤防结合部养护修理，堤岸防护工程养护修理，动物危害防治，生物防护工程养护修理，管理设施养护修理，以及抢修等。

灌区工程养护修理包括渠道工程、渡槽工程、倒虹吸工程、涵洞（隧洞）工程等的养护修理，以及抢修等。

任务总结：水利工程养护修理对于保障工程安全运用、发挥工程效益意义重大，其内容应包括检查、养护、修理、白蚁及其他动物危害防治4个部分。

任务学习拓展：了解土石坝养护修理规程、混凝土坝养护修理规程等相关内容。

任务二　水利工程养护修理实施模式和基本要求

任务描述：本任务介绍了水管体制改革后水利工程养护修理实施模式和基本要求。

案例导学：参窝水库位于辽宁省太子河流域的干流上，是一座以防洪、灌溉为主，结合灌溉与工业用水发电的大（2）型水利枢纽工程。控制流域面积6175km^2，总库容7.91亿m^3。参窝水库大坝为混凝土重力坝，大坝长533m，最大坝高50.3m。

养护修理内容和要求：大坝的养护修理；输水洞（包括涵管）及溢洪道（包括泄洪闸）的养护修理；对大坝护坡、输水洞、溢洪道闸门及其附属的水工结构均应采取吹气防冻破冰措施，在冬季，要做好通气孔、廊道门口的保温；水库在高水位运行时，要注意库岸有无危及水库安全的大体积滑坡体，如发现这种迹象时，应进行监测和处理，必要时应报请上级主管部门进行研究处理；大坝机电设备的春检时间一般定于当年的4月和5月两个月，秋检时间一般定于当年的10月，若有特殊情况，以当年要求为准，春（秋）检结束后，检修单位形成书面总结，交给工程技术部；坝上共有各类闸门27扇，防腐总面积约2.25万m^2，各类露天式启闭机械39台（其中：门式启闭机1台、卷杨式启闭机37台、电动葫芦1台），每年春、秋两季，对闸门和启闭机械，均进行定期检修和保养。

养护修理实施模式：及时性维修，根据经常检查及时发现问题而进行日常保养维护和局部修补，保持工程完整；根据汛后全面检查所发现的工程问题，编制岁修计划，报批后进行岁修；当工程发生较大损坏、修复工作量大、技术性较复杂时，水库管理单位亦可报请上级主管部门邀请设计、科研及施工等单位共同研究制订专门的修复计划，报批后进行大修；当工程发生事故，危及工程安全时，水库管理单位立即组织抢修（或抢险），并同时上报主管部门采取进一步的处理措施。

问题：从上面的案例可以看出，工程管理单位应本着“经常养护，随时维修，养重于修，修重于抢”的原则，做好养护修理工作，当工程出现问题时，应视情况实施及时性维修、岁修、大修和抢修，以保持工程完整、设备完好。那么如何实施水利工程养护修理工作？水利工程养护修理的基本要求有哪些？

一、水利工程养护修理的实施模式

水管体制改革改变了水利工程运行管理模式，建立了以“管养分离”为核心的新型管理体制和运行机制，即水利工程管理单位对维修养护项目的实施负总责，承担计划编报、合同签订、招标投标、考核与检查等工作；维修养护单位对专项维修养护和日常维修养护项目，严格按照合同条款规定和要求具体实施维修养护作业；监理单位对维修养护项目实施“四控制、二管理、一协调”职能，确保维修养护工程项目的质量、进度和投资等满足要求。从而实现了水管单位与维修养护单位人、财、物及责、权、利的分离，强化了水管单位的工程管理责任主体地位，畅通了工程管理和维修养护经费渠道，水利工程得到及时维修养护，防洪减灾效益得到充分发挥，为推动经济社会又好又快的发展起到了很好的保障作用。

具体来说，修理应包括工程损坏调查、修理方案制定与报批、实施、验收等4个工作程序。岁修应由管理单位提出岁修计划，上报主管部门审批，经主管部门审批后，管理单位应根据批准的计划，组织好工程项目的施工。岁修项目宜由具有相应技术力量的施工队伍承担，管理单位若具有相应技术力量，也可自行承担，但应明确工程项目负责人，建立质量保证体系，严格执行各项质量标准和工艺流程，确保施工质量。大修应由管理单位提出大修工程的可行性研究报告，向上级主管部门申报立项，经上级主管部门审批后，管理单位根据批准的工程项目组织实施。大修项目应由具有相应施工资质的施工队伍承担，并应执行招投标制和监理制。

二、水利工程养护修理的基本要求

水利工程养护修理的基本要求如下：

（1）水利工程养护修理项目多、内容复杂、技术涉及面十分广泛，要做好这项工作，必须熟悉工程情况，责任心要强。

（2）根据水利工程具体情况，制定、完善各项管理制度，据此对各个养护修理项目有计划、有目的安排实施，做到工程养护修理工作有布置、有检查、有评比，促进水利工程养护修理工作逐步向科学化、规范化、专业化、目标化迈进。

（3）水利工程的养护修理，必须坚持“经常养护，随时维修，养重于修，修重于抢”的原则，做到安全可靠、技术先进、注重环保、经济合理。

（4）经常性养护应及时进行。定期养护应在每年汛前、汛后、冬季来临前或易于保证养护工程施工质量的时间段内进行；专门性养护应在极有可能出现问题或发现问题后，制定养护方案并及时进行，若不能及时进行养护施工时，应采取临时性防护措施。

（5）岁修应根据大坝运行中所发生的和巡视检查所发现的病害和问题，每年定期进行；大修应在工程发生较大损坏、修复工作量大、工程问题技术型较复杂、经过临时抢修未做永久性处理时进行；抢修应在突然发生危及大坝安全的各种险情时进行。凡涉及安全度汛的修理项目，应在汛前完成；汛前完成有困难的，应采取临时性安全度汛措施；临时性安全度汛措施应报上级主管部门批准（或备案）。

（6）对工程养护修理资料，如工程维修养护合同、生产安全责任书、维修养护记录、巡视检查记录、整改通知、工程验收单等，要及时收集、分类、整理，并立卷归档，便于查找应用。

任务总结：在以“管养分离”为核心的新型管理体制和运行机制下，水利工程管理单位对维修养护项目的实施负总责，维修养护单位实施维修养护作业，监理单位对维修养护项目实施监理活动。水利工程养护修理工作必须坚持“经常养护，随时维修，养重于修，修重于抢”的原则进行，必须重视各项管理制度的制定、完善和落实，以促进水利工程养护修理工作逐步向科学化、规范化、专业化、目标化迈进。

任务学习拓展：了解全省水管体制改革内容及成效。

课 后 训 练

一、填空题

1. 养护分为________、________、________。

2. 修理可分为________、________、________。

二、单项选择题

1. 年度养护、汛前养护、冬季养护等属于（　　）。

A. 经常性养护　B. 定期养护　C. 专门性养护　D. 及时性养护

2. （　　）项目应由具有相应施工资质的施工队伍承担，并应执行招投标制和监理制。

A. 大修　B. 岁修　C. 及时性维修　D. 抢修

三、多项选择题

1. 水利工程养护修理的原则是（　　）。

A. 安全第一，常备不懈　B. 经常养护，随时维修

C. 以防为主，全力抢险　D. 养重于修，修重于抢

2. 水利工程养护修理内容应包括（　　）。

A. 检查　B. 养护

C. 修理　D. 白蚁及其他动物危害防治

四、判断题

1. 抢修是当水工建筑物、地下洞室、边坡和设施等出现影响使用功能和存在结构安全隐患时，而采取的重大修理措施。（　　）

2. 凡涉及安全度汛的修理项目，应在汛前完成。（　　）

五、简答题

1. 水利工程养护修理的意义是什么？

2. 如何实施水利工程养护修理工作？

3. 水利工程养护修理基本要求有哪些？

项目二　土石坝的养护修理

项目描述： 土石坝养护修理分为土石坝的养护，土石坝裂缝、渗漏及滑坡的修理，土石坝护坡的破坏及其修理，堤坝白蚁危害防治等。

项目学习目标： 熟悉土石坝的工作条件及特点，掌握土石坝可能发生的病害及其防治手段。

项目学习重点： 土石坝的日常养护及可能发生危害的预防和修理。

项目学习难点： 土石坝渗漏的修理。

任务一　土石坝的养护

任务描述： 围绕土石坝养护的任务，结合花凉亭水库案例，熟悉土石坝工作条件及特点，掌握土石坝养护的程序、方法和要求，培养学生具有土石坝养护的能力。

案例导学： 花凉亭水库位于长江流域皖河支流长河的上游，是一座以防洪、灌溉为主，兼有发电、供水、养殖、航运、旅游等综合利用的大（1）型水利枢纽工程。水库设计洪水位 95.21m（0.1%），校核洪水位 97.30m（0.01%），总库容 23.66 亿 m^3，水库正常蓄水位 88.00m，设计汛限水位 85.50m，死水位 74.00m。

花凉亭水库工程由大坝、溢洪道、泄洪洞、引水洞以及电站等建筑物组成。大坝布置在河床，右岸依次布置泄洪道、引水洞和泄洪洞。引水洞穿过穿过溢洪道底部基岩，电站布置在大坝右坝脚。大坝为黏土心墙砂壳坝，2009 年 10 月进行了除险加固，增加了一道混凝土防渗墙，坝顶高程 99.25m（吴淞高程系统），防浪墙顶高程 100.25m，坝顶全长 566m，最大坝高 58.00m。溢洪道位于大坝的右岸，为 WES－1 型堰，共八孔，堰顶高程 82.80m，由控制段、泄槽段、消能段等组成。引水洞为灌溉、发电及放空共用洞，泄洪洞与溢洪道联合泄洪，电站装机 4 台，总装机容量 40MW。花凉亭水库自建库以来发挥了巨大的经济和社会效益。

问题： 土石坝因其就地取材、结构简单、施工便利的优点而成为历史最为悠久、应用最为广泛的一种坝型。熟悉土石坝的工作条件和特点对于土石坝的养护修理至关重要，土石坝应该具有哪些工作条件和特点，土石坝的养护修理又要遵循哪些程序、方法和要求呢？

一、土石坝的工作特点

土石坝属散粒体结构，在填筑过程中虽然采用碾压、充填等方法来提高筑坝材料的密实程度，但毕竟不能像浆砌石坝一样具有显著的整体性。因此，土石坝虽然也是挡水建筑物，但与其他坝型比较具有以下几个工作特点。

（一）不允许洪水漫顶

土石坝是散粒体结构，抗冲能力很低。位于上、下游水位变化范围内的坝体表面会因风浪淘刷而产生局部的破坏。降落在土石坝表面或坝头岸坡的雨水也会将坝坡表面冲成冲沟，沟深可达1.0m以上，危害极大。所以对土石坝上下游边坡必须采取护坡保护措施。更不允许洪水漫顶过水，否则将使坝体溃决，造成垮坝。因此要求土石坝的坝顶必须保持足够的超高，溢洪道有足够的泄洪能力，不准在溢洪道进口任意加埂超蓄，以防洪水漫顶失事。

（二）坝体具有透水性

坝体土料的土粒之间存在着空隙，坝体与坝基都有一定的透水性，水库蓄水后，在水压力作用下就通过土粒间空隙从上游坡和坝基向下游渗透。在坝体的下游坡排水体后渗出少量清水的现象是不可避免的。当坝体的浸润线出逸点低于坝后排水体时，属于正常渗漏范围。但是，如果渗透水流超过一定限度，渗透水流在坝后排水体以上的坝坡逸出，通常称浸润线抬高，这对坝坡稳定是不利的。在土石坝坝体两岸坡与坝基，坝下涵洞等部位还可能发生集中渗流。集中渗漏容易将土粒带走，冒浑水导致坝体、坝基发生管涌、流土等渗透破坏，甚至发生溃坝事故。土石坝的破坏或垮坝失事很多都与渗流有直接或间接的关系，为了保证坝体与坝基不发生渗流破坏，并减少漏水量，土石坝通常都应设置有效的防渗和排水设施。

（三）坝体可发生压缩变形

因坝体土粒间存在着空隙，筑坝土料具有压缩性。土石坝在施工时，随着坝体增高或竣工蓄水后，坝体和坝基都受到上部坝体的荷载和水的作用，不断因压缩而引起沉降。部分沉降在土石坝完工后相当长的时期内仍在继续，沉降数值大小与土料性质、施工质量有很大关系，特别是铺土较厚，碾压不实的土石坝沉陷量较大。尤其是不均匀沉降较大时，还将产生坝体纵向、横向和各种类型的裂缝，进而造成严重的渗漏和滑坡事故。

（四）保持边坡稳定

蓄水的土石坝坝体必须有一个相应的稳定坡度，使之在各种水位作用下能保持上、下游边坡稳定，不致产生滑坡。土石坝的横剖面呈梯形，上、下游边坡较为平缓，剖面尺寸大，整体稳定性好，不会发生沿坝基表面的整体、水平滑动。土石坝的失稳主要是坝坡的局部滑动，或坝坡连同坝基一起滑动而使坝体受到破坏。因此，土石坝的稳定重要的是保持边坡稳定。

二、土石坝的养护内容

（1）养护工作应做到及时消除大坝表面的缺陷和局部工程问题，随时防护可能发生的损坏，保持大坝工程和设施的安全、完整、正常运用。

（2）坝面上不得种植树木、农作物，不得放牧、铲草皮以及搬动护坡和导渗设施的砂石材料等。

（3）严禁在大坝管理和保护范围内进行爆破、打井、采石、采矿、挖沙、取土和修坟等危害大坝安全的活动。

（4）严禁在坝体修建码头、渠道，严禁在坝体堆放杂物、晾晒粮草。在大坝管理和保护范围内修建码头、鱼塘，必须经大坝主部门批准，并与坝脚和泄水、输水建筑物保持一定距离，不得影响大坝安全、工程管理和抢险工作。

（5）大坝坝顶严禁各类机动车辆行驶。若大坝坝顶确需兼做公路，须经科学论证和上级主管部门批准，并应采取相应的安全维护措施。

（6）坝顶、坝端的养护应达到坝顶平整、无积水、无杂草、无弃物；防浪墙、坝肩、踏步完整，轮廓鲜明；坝端无裂缝、无坑凹、无堆物。

（7）坝坡养护应达到坡面平整，无雨淋沟缺，无荆棘杂草滋生现象；护坡砌块应完好，砌缝紧密，填料密实，无松动、塌陷、脱落、风化、冻毁或架空现象。

（8）各种排水、导渗设施应达到无断裂、损坏、阻塞、失效现象，排水畅通。

（9）各种监测设施应保持完整，无变形、损坏、堵塞现象。

（10）对坝基和坝区管理范围内一切违反大坝管理规定的行为和事件，应立即制止并纠正。设置在坝基和坝区范围内的排水、观测设施和绿化区，应保持完整、美观，无损坏现象。

任务总结： 土石坝因其筑坝材料和施工工艺的特殊性，导致坝体具有透水性、可发生压缩变形，在正常工作的情况下不允许洪水漫顶，同时要保持边坡稳定。土石坝的养护应坚持“经常养护，随时维修，养重于修，修重于抢”的原则，做到安全可靠、技术先进、注重环保、经济合理。

任务学习拓展： 进行土石坝养护工作的时候要注意什么？

任务二　土石坝裂缝及其修理

任务描述： 本任务介绍了土石坝裂缝的类型及其成因，裂缝的预防及修理方法，培养学生具有土石坝裂缝修理的初步能力。

案例导学： 四川沙溪河水库，库容 110 万 m^3，均质土石坝，高 22m，坝轴线长 105m，坝顶宽 4m。该库由于长期超高蓄水 1m，放水后，又长时间干旱，气温高，土料失水后，在坝顶出现了接近轴线并与之平行的纵向裂缝。该裂缝长 95m，宽 5cm，深 1.0m，缝口两侧无错距，经分析，属非滑坡性裂缝。经采取开挖回填方法处理已运行至今，未再产生裂缝。

山东省西庄坝为宽心墙坝，高 18m，坝顶长 150m。因施工质量差，1975 年建成第一年蓄水后，坝体先后发生纵向横向裂缝数条，一般缝宽 5～20cm，并严重渗漏。当水库在正常水位时，外坡浸润线逸出点在坝顶以下 7m 处，多处集中渗漏，漏水量由 15L/s 逐渐增加到 150L/s。当时边放水，边在上游坡填土临时堵住漏水通道进口，随即进行灌浆处理。共沿主要纵向裂缝钻孔 14 个，孔距 5m。灌泥浆 365.5m^3，折合干土 300t。通过处理，加固了坝体，提高了防渗能力，浸润线大大降低，当年就蓄水溢洪。经过十几年蓄水考验，未发现裂缝，处理效果良好。

问题： 从上面的案例可以看出，裂缝是土石坝常见的病害之一。那么裂缝有几种分类，它们各自的成因又是什么呢？当土石坝出现裂缝的时候又该怎么处理呢？

一、裂缝的分类、成因及特征

（一）裂缝的类型

土石坝的裂缝，按其方向可分为龟状裂缝、横向裂缝和纵向裂缝；按其产生原因可分为干缩裂缝、冻融裂缝、不均匀沉陷裂缝、滑坡裂缝、水力劈裂缝、塑流裂缝、震动裂缝；按其部位可分为表面裂缝和内部裂缝等。在实际工程中土石坝的裂缝常由多种因素造成，并以混合的形式出现。下面按干缩和冻融裂缝，纵向、横向裂缝及内部裂缝等，分别阐述其成因及特征。

（二）裂缝的成因及特征

1. 干缩和冻融裂缝

干缩和冻融裂缝是由于坝体受气候或植物的影响，土料中水分大量蒸发或冻胀，在土体干缩或膨胀过程中产生的。

（1）干缩裂缝。在黏性土中，土粒周围的薄膜水因蒸发而减薄，土粒与土粒在薄膜水分子吸引作用下互相移近，引起土体干缩，当收缩引起的拉应力超过一定限度时，土体即会出现裂缝。

干缩裂缝的特征：发生在坝体表面，分布较广，呈龟裂状，密集交错，缝的间距比较均匀，无上下错动。一般与坝体表面垂直，上宽下窄，呈楔形尖灭，缝宽通常小于 1cm，个别情况下也可能较宽较深。

干缩裂缝一般不致影响坝体安全，但若不及时维修处理，雨水沿缝渗入，将增大土体含水量，降低土体抗剪强度，促使病害发展。尤其是斜墙和铺盖的干缩裂缝可能引起严重的渗透破坏。施工期间，当停工一段时间，填土表面未加保护，发生细微发丝裂缝，不易发觉，以后坝体继续上升直至竣工，在不利的应力条件下，该层裂缝会发展，甚至导致蓄水后漏水。因此，对干缩裂缝也必须予以重视。

（2）冻融裂缝。冻融裂缝主要由冰冻而产生。即当气温下降时土体因冰冻而冻胀，气温升高时冰融，但经过冻融的土体不会恢复到原来的密实度，反复冻融，土体表面就形成裂缝。其特征为发生在冻土层以内，表层破碎，有脱空现象，缝深及缝宽随气温而异。

2. 纵向裂缝

平行于坝轴线的裂缝称纵向裂缝。

（1）成因与特征。

纵向裂缝主要是因坝体在横向断面上不同土料的固结速度不同，或由坝体、坝基在横断面上产生较大的不均匀沉陷所造成的。一般规模较大，基本上是垂直向坝体内部延伸，多发生在坝的顶部或内外坝肩附近。其长度一般可延伸数十米至数百米，缝深几米至十几米，缝宽几毫米至几十厘米，两侧错距不大于 30cm。

（2）常见部位。

1）坝壳与心墙或斜墙的结合面处，由于坝壳与心墙、斜墙的土料不同，压缩性有较大差异，填筑压实的质量亦不相同，因固结速度不同，致使在结合面处出现不均匀沉陷的纵向裂缝，如图 2－1 所示。

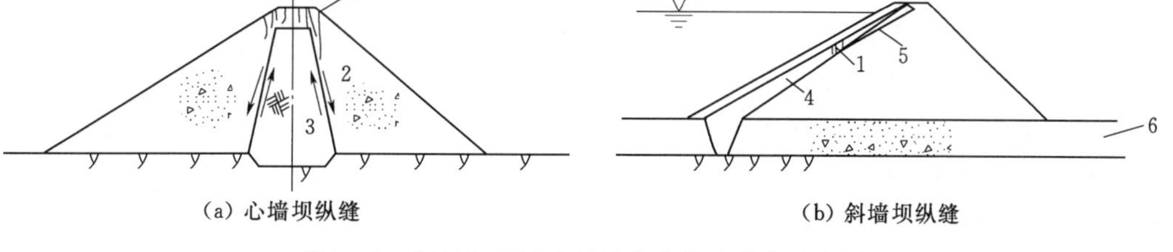

图 2－1　坝壳与心墙或斜墙产生纵向裂缝示意图

1—纵缝；2—坝壳；3—心墙；4—斜墙；5—斜墙沉降；6—砂卵石覆盖层

2）坝基沿横断面开挖处理不当处。具体为：①在未经处理的湿陷性黄土地基上筑坝，由于坝的中部荷载大，施工中坝基沉陷也大，蓄水后的湿陷较小，而上下游侧由于荷载小，坝基沉陷小，蓄水后的湿陷反而大，可能产生纵向裂缝，如图 2－2（a）所示。②沿坝基横断面方向上，因软土地基厚度不同或部分为黏软土地基，部分为岩基，在坝体荷重作用下，地基发生不均匀沉陷，引起坝体纵向缝，如图 2－2（b）所示。③坝体横向分区填筑结合面处，施工时分别从上下游取土填筑，土料性质不同，或上下游坝身碾压质量不同，或上下游

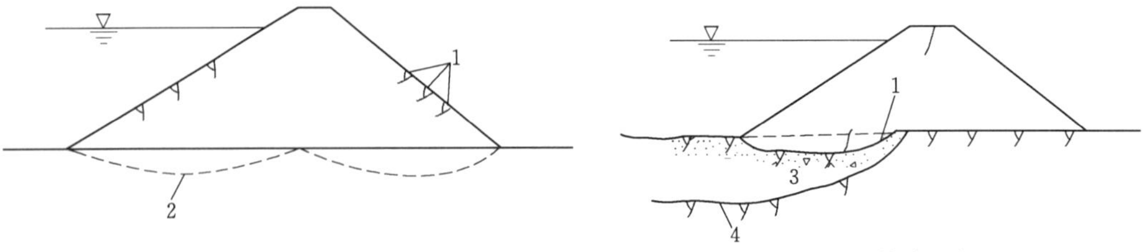

图 2-2　压缩性地基引起的纵缝

1—纵缝；2—地基湿陷；3—高压缩地基；4—岩基

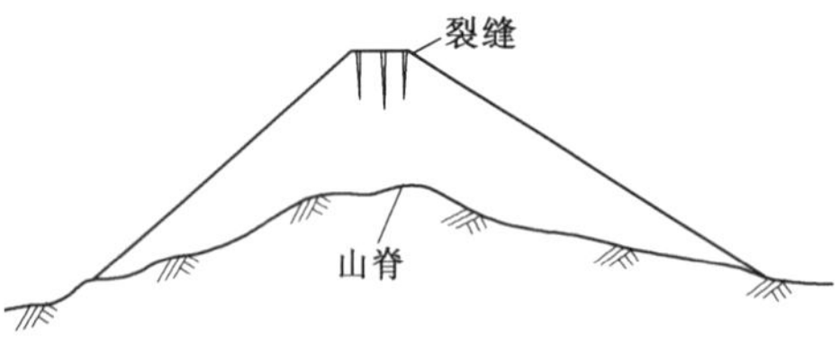

图 2-3　跨骑在山脊上的土坝坝顶纵向裂缝

进度不平衡，填筑层高差过大，接合面坡度太陡，不便碾压，甚至有漏压现象，因此蓄水后，在横向分区结合处产生纵向裂缝。④骑在山脊的土坝两侧，在固结沉陷时，同时向两侧移动，坝顶容易出现纵向裂缝，如图 2-3 所示。

3. 横向裂缝

走向与坝轴线大致垂直的裂缝称为横向裂缝。

(1) 成因与特征。横向裂缝产生的根本原因是沿坝轴线纵剖面方向相邻坝段的坝高不同或坝基的覆盖厚度不同，产生不均匀沉陷，当不均匀沉陷超过一定限度时，即出现裂缝，常见于坝端。一般接近铅直或稍有倾斜地伸入坝体内。缝深几米到十几米，上宽下窄，缝口宽几毫米到十几厘米，偶尔可见更深、更宽的裂缝。缝两侧可能错开几厘米甚至几十厘米。

横向裂缝对坝体危害极大，特别是贯穿心墙或斜墙，造成集中渗流通道的横向裂缝。

(2) 常见部位。

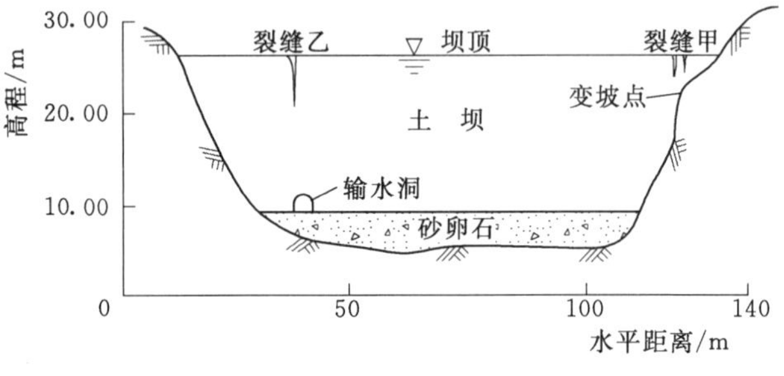

图 2-4　某水库横向裂缝示意图

1) 坝体沿坝轴线方向的不均匀沉陷。坝身与岸坡接头坝段，河床与台地的交接处，涵洞的上部等，均由于不均匀沉陷，极易产生横向裂缝，如图 2-4 中裂缝甲所示。

2) 坝基地质构造不同，施工开挖处理不当而产生横向裂缝。有压缩性大（如湿陷性黄土）的坝段，或坝基岩盘起伏不平，局部隆起，而施工中又未加处理，则相邻两部位容易产生不均匀沉陷，而引起横向裂缝。

3) 坝体与刚性建筑物结合处。坝体与刚性建筑物结合处往往会因为不均匀沉陷引起横向裂缝。坝体与溢洪道导墙连接的坝段就属于这种情况。

4) 在埋设涵管的坝段，由于涵管上部与涵管两侧的坝体填土高度不同而有不均匀沉陷，因此在相应部位的坝顶处也有可能出现横向裂缝，如图 2-4 中裂缝乙所示。

5) 坝体分段施工的结合部位处理不当。在土石坝合龙的龙口坝段、施工时土料上坝线路、集中卸料点及分段施工的接头等处往往由于结合面坡度较陡，各段坝体碾压密实度不同甚至漏压而引起不均匀沉陷，产生横向裂缝。

4. 内部裂缝

内部裂缝很难从坝面上发现，往往发展成集中渗流通道，造成了险情才被发觉，使维修工作被动，甚至无法补救，所以坝体内部裂缝危害性很大。根据实践经验，内部裂缝常在以下部位发生：

（1）薄心墙土坝。由于心墙土料运用后期可压缩性比两侧坝壳大，若心墙与坝壳之间过渡层又不理想，则心墙沉陷受坝壳的约束产生了拱效应，拱效应使心墙中的垂直应力减小，甚至使垂直应力由压变拉而在心墙中产生水平裂缝，如图 2－5 所示。

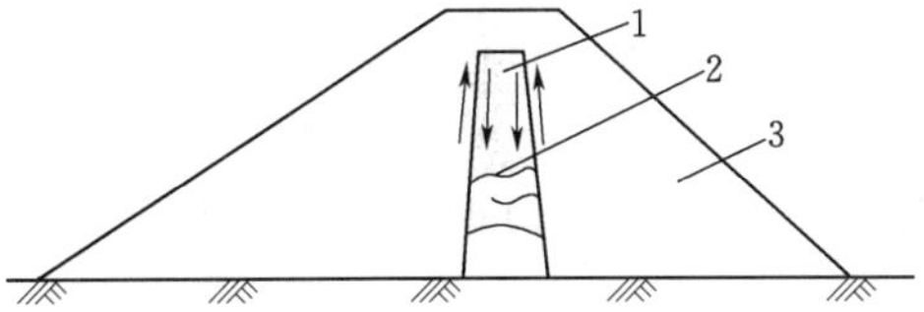

图 2－5　心墙内部水平裂缝

1—心墙；2—水平裂缝；3—坝壳

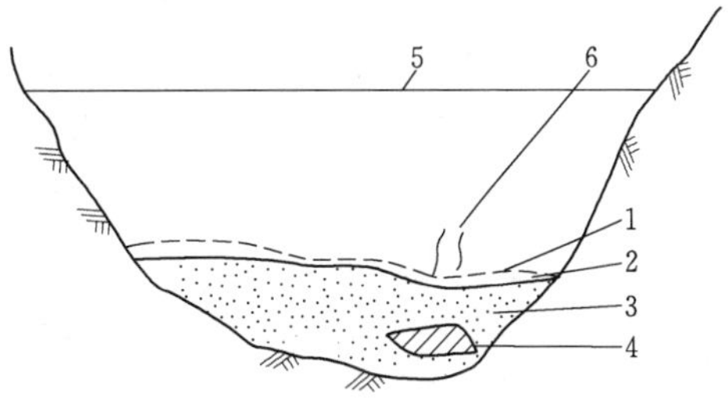

图 2－6　高压缩性地基图

1—原坝底；2—沉降后坝底；3—细沙；4—高压缩性土；5—坝顶；6—裂缝

（2）修建在局部高压缩性地基上的土坝。因坝基局部沉陷量大，使坝底部发生拉应变过大而产生横向或纵向的内部裂缝，如图 2－6 所示。

（3）修建于狭窄山谷中的坝。在地基沉陷的过程中，上部坝体通过拱作用传递到两端，拱下部坝沉陷量较大，因而产生拉应力，坝体内产生裂缝，如图 2－7 所示。

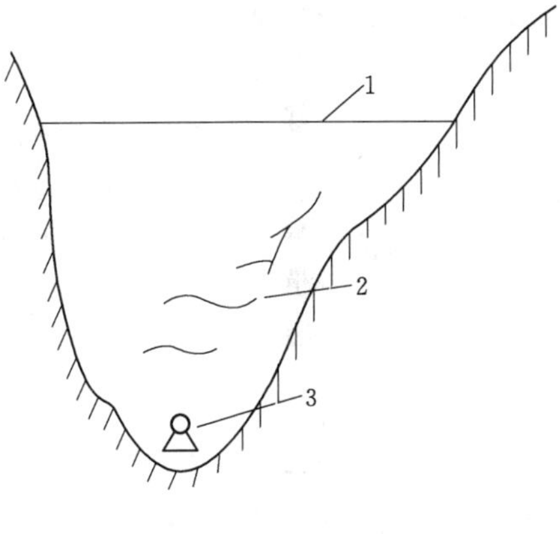

图 2－7　窄深峡谷土坝内部裂缝

1—坝顶；2—裂缝；3—放水管

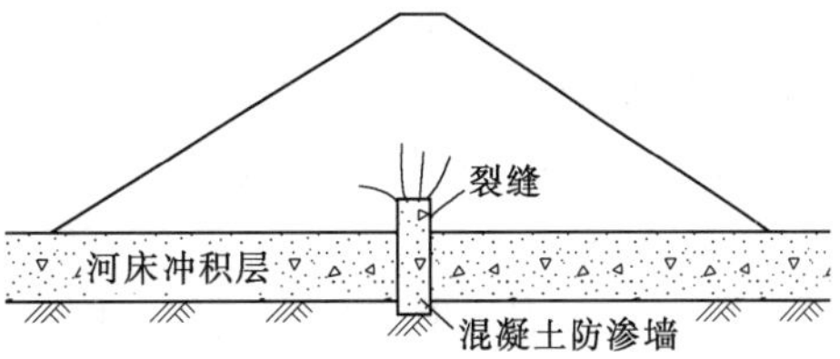

图 2－8　刚性截水引起内部裂缝

（4）坝体和刚性建筑物相邻部位。因刚性建筑物比周围的河床冲积层或坝体填土的压缩性小得多，从而使坝体和刚性建筑物相邻部位因不均匀沉陷而产生内部裂缝，如图 2－8 所示。

对于内部裂缝，可根据坝体表面和内部的沉陷资料，结合地形、地质、坝型和施工质量等条件进行分析，做出正确判断。必要时，还可以钻孔、挖探槽或探井进行检查，进一步证实。对于没有监测设备的中小型水库土坝，主要依靠加强管理，通过蓄水后对渗流量与渗水浑浊度的监测来发现坝体的异常现象。

二、裂缝的预防

土坝裂缝的防治首先在于防，而土坝裂缝的预防措施可归纳为设计、施工和管理3个方面。即在设计时提出裂缝可能产生的部位，在施工中采取必要的措施，在管理上加强养护，正确运用。

（一）设计阶段

由前述裂缝的成因可知，大多数裂缝均由坝体或坝基的不均匀沉陷引起，故设计中，应考虑如何减小坝体的不均匀沉陷。如坝基中的软土层应预先挖除；湿陷性黄土应预先浸水，事先沉陷；坝体两端的山坡和台地应按具体条件开挖成较缓的边坡，切忌有倒坡和峭壁存在；与坝接触的刚性建筑物（如坝下涵洞、溢洪道、截水墙等），应使其接触面有一定的正坡，减少坝体的不均匀沉陷，有利于坝体与刚性建筑物的结合；土坝与其他建筑物或岸坡的接合处应适当加厚黏土防渗体，防止裂缝贯穿防渗体；对坝体应根据土壤特性和碾压条件，选择合适的含水量和填筑标准。

（二）施工阶段

施工必须按设计提出的要求进行，严格把握好清基、上坝土质、含水量、填筑层厚和碾压标准等各项施工质量，妥善处理划块填筑的接缝，施工停歇期较长时，黏性土的填筑面应铺设临时砂土或松土保护层，复填时应清除保护层、刨松填筑面，注意新老面的结合，防止填筑面的干缩。

（三）管理运行阶段

在运行管理期间，首先应按日常维护工作的具体要求进行养护，其次需特别注意库水位的升降速度，即首次蓄水应逐年分期提高库水位，以防止因突然增加荷载和湿陷产生裂缝；正常供水期要限制库水位的下降速度，防止因库水位骤降而导致迎水坡产生滑坡裂缝。

三、裂缝的修理

土石坝坝体出现的各种裂缝都应及时处理。发现后，一方面注意了解裂缝的特征，观测裂缝的发展和变化，找出裂缝产生的原因，判断裂缝的性质；另一方面要采取防止裂缝进一步发展的措施，同时制定处理方案。处理前水库必须定出限制蓄水位，同时要采取临时防护措施，严防雨水向裂缝内灌注和冰冻等的不利影响。

非滑坡性裂缝的处理，一般有以下几种方法。

（一）翻松夯实

对于细小的干缩裂缝（龟裂缝）可以只进行表面处理。即将缝口土料翻松并润湿，然后夯压密实，封堵缝口。处理后面层铺上厚约10cm砂性土料保护层，以防继续开裂。在寒冷地区应在坝坡或坝顶用块石、碎石、砂性土作保护层。保护层厚度应大于当地冻土层深度，如果土石坝坝体在施工停歇期，用黏性土料填土表面亦应采用保护层，防止裂缝产生，发现坝面有冻融裂缝、龟裂缝，必须在继续填土前，将出现裂缝的坝面土层全部翻松。翻松深度应超过已开裂的土层，然后重新碾压到规定标准再继续填土。

（二）开挖回填

开挖回填方法简单，效果好，是裂缝处理方法中最彻底的办法。即是将发生裂缝部分的土料全部挖出重新回填。因此这种方法适用于缝深度在2m之内，已停止发展的裂缝。处理裂缝开挖时，可先沿缝灌入少量石灰水，以便沿裂缝下挖，可挖成梯形断面，或台阶形的坑槽，如图2-9所示。槽的长度和深度均应超过裂缝0.3～0.5m，开挖边坡以不至坍塌并便于施工为原则，槽底宽为0.3～0.5m。开挖完成后，如土的含水量低于土的最优含水量，应将槽周洒湿，然后用与坝体相同的土料回填，分层夯实，每层填土厚度以0.15～0.2m为宜。在回填前注意削成规定的边坡，保持梯形断面，便于新回填的土料和原坝体紧密结合。

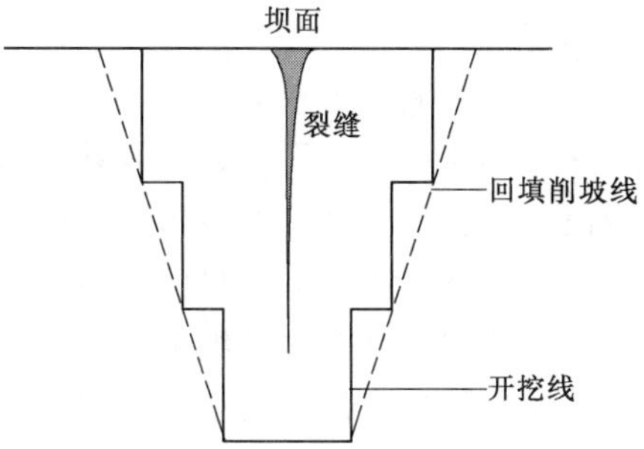

图2-9　裂缝开挖回填示意图

在开挖回填处理裂缝时应注意以下几点：

（1）对于贯穿坝体上、下游的横向裂缝，不论缝的宽窄，都应采用开挖回填的办法进行彻底处理。开挖处理时，沿裂缝方向每隔5m左右与裂缝相交成十字形，视裂缝深度而开挖一定宽度的结合槽，如图2-10所示，挖槽的深度至少要在裂缝底以下0.3～0.5m，开挖长度应超出缝端点约2.0m，槽底宽和边坡以便于施工操作和安全为原则。

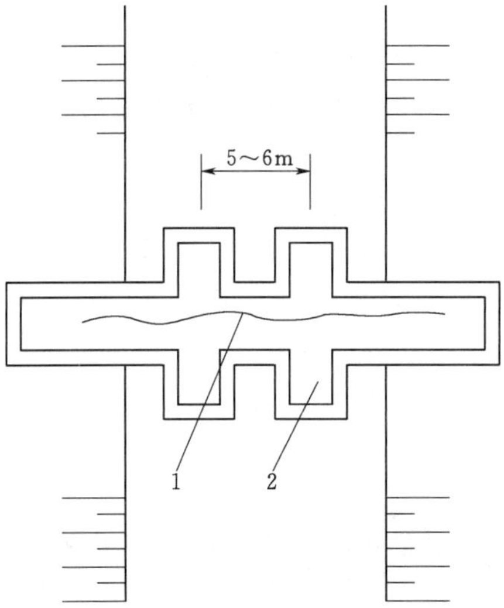

图2-10　横向裂缝处理示意图
1—裂缝；2—结合槽

（2）对迎水面坝端裂缝应在裂缝部位沿坝端与山坡接触面开挖，挖到缝底以下0.3～0.5m，在迎水面还应在垂直裂缝方向挖十字形结合槽坑，然后类似横缝进行处理。

（3）对纵向裂缝的开挖回填方式，如图2-11所示。其中，图2-11（a）为防渗体部位纵向裂缝不深时的处理情况，图2-11（b）为非防渗体部位裂缝不深时的处理情况。

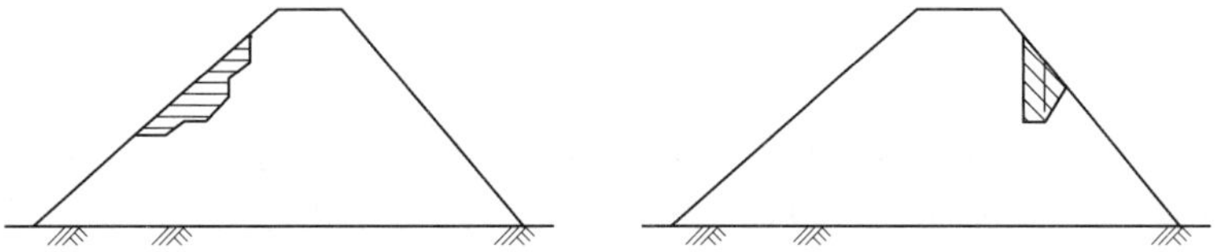
(a) 防渗体　　(b) 非防渗体

图2-11　纵向裂缝开挖回填示意图

在进行纵向裂缝处理时，开挖出的大量土料不应堆放在坝顶或裂缝以下的坝坡上，以免对坝坡稳定不利。挖出的土料，须经鉴定合格，方能作为回填土料使用。否则应用新土回填。处理裂缝宜在枯水期进行，如果库水位过高裂缝又较深时，处理前应适当降低库水位，以策安全。同时在开挖回填期间要尽量避免日晒雨淋和冰冻。

（三）充填灌浆

当坝体裂缝部位较深时，采用开挖回填法往往开挖工程量较大，同时影响蓄水。此时，可采用充填灌浆法处理，或在裂缝上部开挖回填，下部较深的细小裂缝进行充填灌浆处理。充填灌浆法就是在坝体裂缝部位用较低压力或浆液自重把浆液灌入坝体内，充填密实裂缝和孔隙，以达到加固坝体的目的。该法适用于深度较大的非滑坡性裂缝处理。

若为滑坡裂缝深部的细微裂隙，必须待土石坝滑坡处理稳定并经可行性论证后，方可进行充填灌浆处理。用充填灌浆处理裂缝的布孔以及施工工艺应参照《土石坝灌浆技术规范》（SL 564—2014）规定的内容，其一般要求如下。

1. 布孔

灌浆钻孔的布置可根据裂缝分布情况考虑，对深度较大的裂缝都是沿缝或在缝附近布孔，在裂缝的两端及转弯处，以及裂缝密集处，都应布孔，如图 2-12 所示。

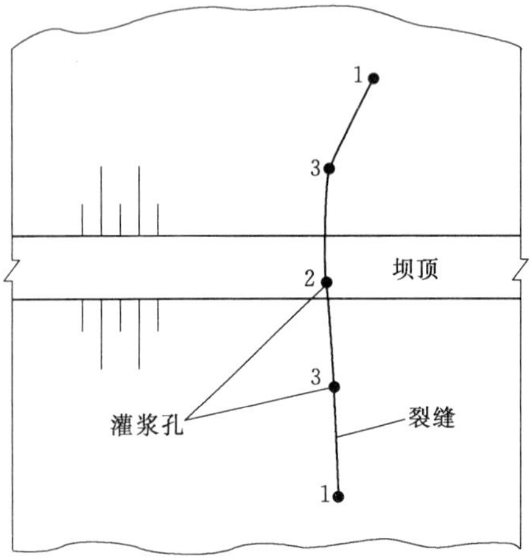

图 2-12　裂缝灌浆处理布孔示意图
1、2、3—分别为第一、第二、第三序孔

（1）孔距应稀密合理，横向裂缝终孔距离一般 3m 左右；纵向裂缝因延伸较长，灌浆的浆液可沿裂缝扩散较远，布孔可稀一些，终孔距离一般为 5m 左右。

（2）黏土斜墙或心墙堆石坝，防渗体上的裂缝灌浆布孔应与反滤层等保持一定的安全距离，以防止串浆而破坏反滤结构。因此，窄心墙堆石坝内部裂缝不宜采用灌浆法处理。可以采用套井回填黏土防渗心墙办法处理。宽心墙堆石坝存在内部裂缝时，灌浆孔多采用单排布孔。

2. 造孔

造孔施工应据布孔的孔位由稀到密按序进行。孔深应超过隐患处 2～3m。造孔力求保持铅直，要求用干法造孔，严禁用清水循环钻进。

小型水库土石坝体裂缝处理常采用人工造孔和机械造孔。对于深度不大于 15m 的灌浆孔可用人工造孔，如洛阳铲、无井架冲击钻造孔、利用钢质锥杆人力锥孔等；对造孔较深的灌浆孔可用冲击造孔机械、XJ100-A 型钻机等轻便耐用的机械造孔。

3. 制浆

灌浆浆液制作，一般采用人工制浆，如灌浆量大的工程，也可采用机械制浆。常用的浆液有纯黏土浆和黏土、水泥混合浆两种。对浆液要求流动性好，使其能灌入裂缝；要析水性好，使浆液进入裂缝后，能较快的排水固结；同时要收缩性小，使浆液析水后与土石坝体结合密实。

（1）纯泥浆。用黏性土作材料，一般含黏粒为 20%～45%，如含黏粒过多，土料黏性过大，浆液析水慢，凝固时间长影响灌浆效果。用土料制作泥浆应先去掉土中的石子、杂草，加入清水浸泡 2～3h 后，再捣拌成浆液，过滤后储存备用。制浆用水一般为不含过量杂质的淡水。

（2）土、水泥混合浆。用土料和水泥为材料混合搅制而成。在土料中掺入占干土总量

10%左右的水泥比较适宜。这种浆液析水性好，可促使浆液及早凝固发挥效果。适用于黏土心墙或浸润线以下的坝体裂缝处理，若水泥掺量过大，则混合浆液析水凝固后的浆体将因不能适应土石坝的变形而产生裂缝。

4. 灌浆

灌浆方法一般有机械压力灌浆和重力灌浆两种。机械压力灌浆是借机械压力将浆液注入裂缝，如常用的手摇灌浆机，泥浆泵等。如果没有这些机械，也可采用重力灌浆，即将浆液桶置放在坝顶或山坡上，借浆液本身自重和地形高差形成的水头压力使浆液注入裂缝，这种设备简单。一般灌浆桶与灌浆孔的垂直高差在10m左右，约可产生0.1MPa的压力，如图2-13所示。

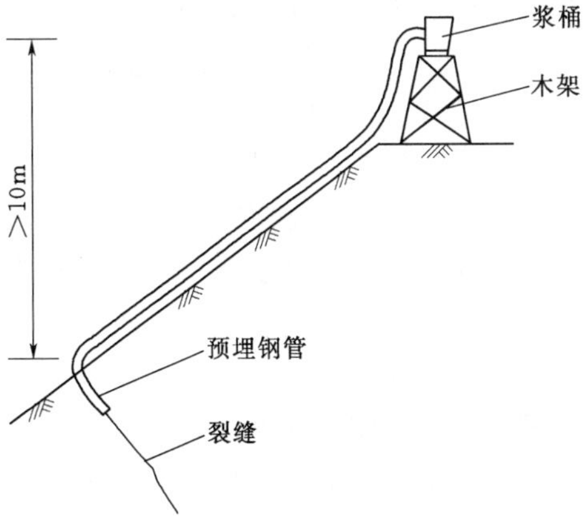

图2-13 重力灌浆示意图

(1) 灌浆顺序应由外向里，由稀到密，即灌浆时应先灌最外边的两个孔，将裂缝封闭后，再灌中间的孔，先灌孔距较大，然后逐渐缩小孔距。从图2-14可以看出，沿裂缝布置了9个孔。第一轮先灌1号孔、9号孔，孔距为24m，第二轮灌5号孔，孔距12m，第三轮灌3号孔、7号孔，孔距为6m，第四轮灌2号孔、4号孔、6号孔、8号孔，孔距（最终孔距）为3m。这种灌浆顺序的作用是使前轮孔有较长的时间析水固结，后轮孔作补充灌注，使裂缝得到密实充填，并可减少或避免冒浆串浆现象。对横向裂缝的处理可先灌上游孔，再灌下游孔，后灌中间孔。

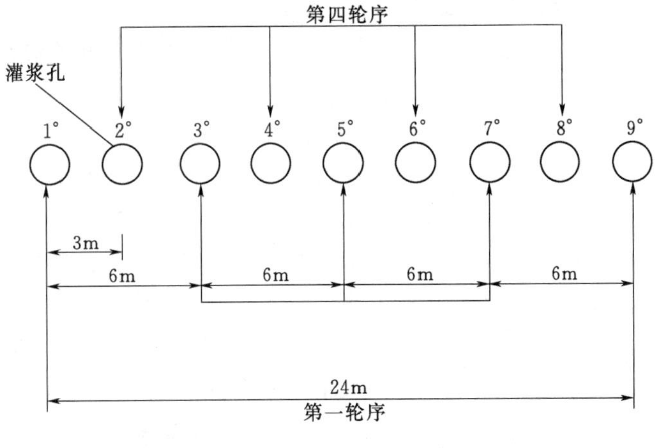

图2-14 灌浆顺序示意图

(2) 灌浆浓度应先稀后浓。首先灌入比重较小的稀浆，应视吃浆量增大而逐渐由稀到浓。

(3) 灌浆压力应由小到大，即指压力要先小后大，逐渐升高，这样可保证灌浆质量。一般充填灌浆处理土石坝裂缝的灌浆孔口压力控制在0.05～0.10MPa之间，即能保证灌浆质量。采用充填灌浆方式要尽量避免大的劈裂，因此要严格控制灌浆压力。

(4) 灌浆方法应少灌多复，分段灌注，少灌多复，每孔灌浆次数不得少于5次，每米孔深每次灌浆量应控制在 0.3～0.5m^3。若已知裂缝、洞穴很大可以适当增加灌浆量和提高浆液浓度。

（5）出现问题应及时处理。灌浆过程中经常可能发生冒浆、串浆现象，必须根据具体情况进行分析，及时处理。

1）发现冒浆现象应立即降低灌浆压力或停灌，采取开挖回填封闭冒浆口的措施，再慢慢提高灌浆压力，或者采取停→灌→停→灌间歇灌浆等措施。

2）在进行灌浆处理的裂缝上部，采取开挖回填黏土并夯实，形成阻浆盖。再钻孔灌浆，方能提高灌浆质量。阻浆盖厚一般为 0.5～1.0m，黑龙江省利用冻土层做阻浆盖以提高灌浆压力，如东方红水库每年 5 月、6 月仍有 0.5～1.0m 厚的冻土层埋在坝面以下 1m 深处，形成了冻壳，利用冻壳做阻浆盖，灌浆压力提高到 0.15～0.20kPa 使灌浆效果良好。

（6）灌浆结束标准及封孔。当浆液升至孔口，经连续复灌 3 次不再吃浆时，即可终止灌浆，每孔灌完后待孔周围泥浆不再流动时，将孔内浆液扫孔到底，用直径 2～3cm 含水量适中的黏土球分层回填捣实，均质坝体的灌浆封孔则可向孔内灌注稠浆或用含水量适中的制浆土料倒入孔中捣实。

任务总结：土石坝坝体裂缝是一种较为常见的病害现象，大多发生在蓄水运用期间，对坝体存在着潜在的危险。只要加强养护修理工作，分析裂缝产生的原因，及时采取有效的处理措施，是可以防止土坝裂缝的发展和扩大，并迅速恢复土石坝的工作能力的。

任务学习拓展：翻松夯实、开挖回填、充填灌浆分别适用于什么样的土石坝裂缝处理？

任务三 土石坝渗漏及其修理

任务描述：本任务介绍了土石坝渗漏的分类及成因，并针对不同的渗漏提出了相应的解决办法。培养学生具有初步处理土石坝渗漏处理能力。

案例导学：浙江省永乐县源口水库大坝为“照谷社”（即坝顶溢流的土石坝形），坝高 28m，总库容 157 万 m^3，集雨面积 6.21km^2，该坝是 1979 年在原坝高 13m 的照谷社坝基础上扩建而成的，扩建时，原坝体堆石埋置在新坝体内，未拆除。由于坝体内原有老坝的干砌石体、堆石体，黏土斜墙存在不均匀沉陷，反滤层施工质量差，斜墙土料不合设计要求等原因，致使大坝建成蓄水后长期渗漏，浑水、清水交替出现，并且大坝多次出现纵向裂缝并在高程 65.00m 和 61.50m 附近先后两次出现漏水通道，漏水洞的直径达 0.4m。1984 年在大坝上游面 65.00m 高程以上非溢流段铺设聚氯乙烯薄膜和溢流段铺设锦纶帆布氯丁橡胶膜，进行防渗处理，由于没有铺到坝底，1984 年又在 61.00m 高程出现漏水通道。于是，1986 年冬又在 65.00m 高程以下至坝底全部铺设聚氯乙烯薄膜。在上游坝坡底部及两岸坡周边开挖截水槽至基岩，并浇筑断面为 80cm×80cm 的混凝土锚固墙，将膜浇注在混凝土内锚固；坝顶干砌块石上亦浇注锚固墙，将膜的顶部锚固在其中。两岸周边锚固大坝内坡全部铺设聚氯乙烯薄膜，形成整体防渗塑膜斜墙。该工程经过处理后多年未见异常，效果显著。

问题：从上面的案例可以看出，渗漏问题直接影响着土石坝的正常使用。那么土石坝的渗漏都有几种途径和危害呢？当土石坝发生渗漏的时候我们应该怎么处理呢？

一、渗漏的途径及危害

土石坝的坝身填土和坝基都存在一定的透水性。因此，当水库蓄水后，在水压力作用下，库水必然会通过坝身土体、坝基以及坝端两岸的孔隙，或坝体与地基接触面发生渗漏，这是不可避免的。如果渗漏量符合设计范围，则属于正常的渗漏现象。但是，渗漏水量超过允许范围，或者渗流逸出点太高，下游坡面出现渗水散浸，这就是异常渗漏现象了。异常渗漏是土石坝工程的一种“多发病”。按照土石坝的渗漏部位和特征，其分类如下：

（1）坝体渗漏。水库蓄水后，库水通过坝体在下游坡面或坡脚附近逸出，可分散浸和集中渗漏两种。

（2）坝基渗漏。渗漏水流通过坝基的透水层，从坝脚或坝脚以外的覆盖层的薄弱部位逸出，一般情况可使坝后形成沼泽化，严重情况渗水由清变浑或冒水翻砂流出。

（3）绕坝渗漏。渗水绕过土石坝两端渗向下游，在下游岸坡逸出，这种渗漏远离坝肩慢慢减弱，如果是沿坝肩接触面上的接触渗漏则是危险的。

渗漏过大时将造成的危害有损失蓄水量、抬高浸润线、产生渗透破坏。

二、坝体渗漏及修理

（一）坝体渗漏的形式及原因

坝体渗漏的常见形式有散浸、集中渗漏、管涌及管涌塌坑、斜墙或心墙（斜墙）击穿等。坝体浸润线抬高，渗漏的逸出点超过排水体的顶部，下游坝坡呈大片湿润状态的现象，称为散浸。而当下游坝坡、地基或两岸山包出现成股水流涌出的现象，则称集中渗漏。坝体中的集中渗漏，逐渐带走坝体中的土粒，形成管涌。若没有反滤保护（或反滤设计不当），渗流将把土粒带走，淘成孔穴，逐渐形成塌坑。当集中渗流发生在防渗体内，亦会使土料随渗流带出，即所谓的心墙（斜墙）击穿。

造成坝体渗漏的主要原因有以下几个方面：

（1）坝体尺寸单薄，特别是塑性斜墙或心墙厚度不够，使渗流水力坡降过大，造成斜墙或心墙被渗流击穿而引起坝体渗漏。

（2）排水体在施工时未按设计要求选用反滤料或铺设的反滤料层间混乱，甚至被削坡的弃土或者因下游洪水倒灌带来的泥沙堵塞等原因，造成坝后排水体失效，而引起浸润线抬高。也有因排水体设计断面太小，排水体顶部不够高，导致渗水从排水体上部逸出坝坡。

（3）坝体施工质量差，如土料含砂砾太多，透水性过大，或者在分层填筑时已压实的土层表面未经刨毛处理，致使上下土层结合不良；或铺土层过厚，碾压不实；或分区填筑的结合部少压或漏压等，施工过程中在坝体内形成薄弱夹层和漏水通道，从而造成渗水从下游坡逸出，形成散浸或集中渗漏。

（4）坝体不均匀沉陷引起横向裂缝；或坝体与两岸接头不好而形成渗漏途径；或坝下压力涵管断裂，在渗流的作用下，发展成管涌或集中渗漏的通道。

（5）管理工作中，对白蚁、獾、鼠等动物在坝体内的孔穴未能及时发现并进行处理，以致发展成为集中渗漏通道。

（6）冬季施工中，填土碾压前冻土层没有彻底处理，或把大量冻土填入坝内，形成软弱夹层，发展成坝体渗漏的通道。

（二）坝体渗漏的处理方法

坝体渗漏的处理，应按照“上堵下排”的原则，针对渗漏的原因，结合具体情况，采取以下不同的处理措施。

1. 斜墙法

斜墙法即在上游坝坡补做或加固原有防渗斜墙，堵截渗流，防止坝身渗漏。此法适用于大坝施工质量差，造成了严重管涌、管涌塌坑、斜墙被击穿、浸润线及其逸出点抬高、坝身普遍漏水等情况。具体按照所用材料的不同，分为黏土斜墙、沥青混凝土斜墙及土工膜防渗斜墙。

（1）黏土斜墙。修筑黏土斜墙时，一般应放空水库，揭开护坡，铲去表土，再挖松10～15cm，并清除坝身含水量过大的土体，然后填筑与原斜墙相同的黏土，分层夯实，使新旧土层结合良好。斜墙底部应修筑截水槽，深入坝基至相对不透水层。如果坝身渗漏不太严重，且主要是施工质量较差引起的，则不必另做新斜墙，只需降低水位，使渗漏部分全部露出水面，将原坝上游土料翻筑夯实即可。

当水库不能放空，无法补做新斜墙时，可采用水中抛土法处理，即用船载运黏土至漏水处，从水面均匀抛下，使黏土自由沉积在上游坝坡，从而堵塞渗漏孔道，不过效果没有填筑斜墙好。

（2）沥青混凝土斜墙。在缺乏合适的黏土土料，而有一定数量的合适沥青材料时，可在上游坝坡加筑沥青混凝土斜墙。沥青混凝土几乎不透水，同时能适应坝体变形，不致开裂，抗震性能好，工程量小（因其厚度约为黏土斜墙厚度的1/40～1/20），投资省，工期短。我国在修筑沥青混凝土斜墙方面已积累了相当丰富的经验，故近年来，用沥青混凝土做斜墙处理坝身渗漏已受到广泛的重视。

（3）土工膜防渗斜墙。土工膜的基本原料是橡胶、沥青和塑料。当对土工膜有强度要求时，可将抗拉强度较高的绵纶布、尼龙布等作为加筋材料，与土工膜热压形成复合土工膜，成品土工膜的厚度一般为0.5～3.0mm。土工膜加固的优点是重量轻，运输量小，铺设方便；柔性好，适应坝体变形；耐腐蚀，不怕鼠、獾、白蚁破坏；施工简便，速度快，易于操作，节省造价；施工质量容易保证。缺点是施工时需要放空水库；抗老化性能不如混凝土材料；用于挡水水头超过50m的大坝需要进行专门论证。

2. 充填式灌浆法

灌浆法的主要优点是水库不需要放空，可在正常运用条件下施工，工程量小，设备简单，技术要求不复杂，造价低，易于就地取材。适用于均质土坝，或者是心墙坝中较深的裂缝处理。具体方法与裂缝灌浆法相同。

如某均质坝，坝高37m，因坝体压实质量差而造成渗漏，经研究分析，采用坝体灌浆处理。灌纯黏土浆，灌浆孔一排，孔距2m，采用分段灌注，每段5m。第一段灌浆压力为70～100kPa，以后深度每增加1m，压力提高10kPa，但控制最高压力不超过300kPa，灌浆期间水库最大水头为27.5m。经过处理后渗流量减少73%～86%，坝体浸润线也明显下降，如图2-15所示。

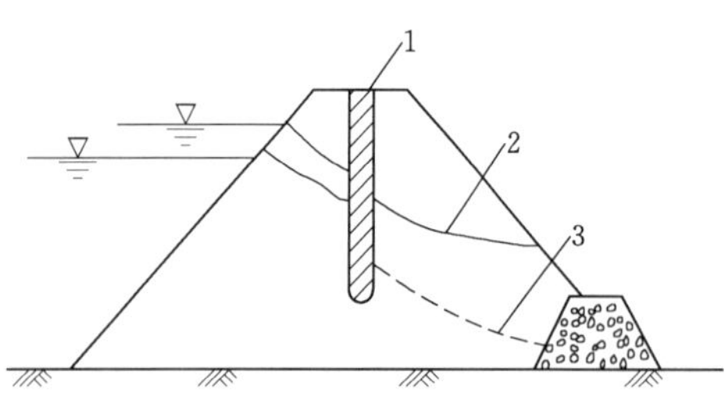

图2-15　某土坝灌浆前后浸润线
1—灌浆帷幕；2—灌浆前实测浸润线；3—灌浆后实测浸润线

3. 防渗墙法

防渗墙法即用一定的机具，按照相应的方式造孔，然后在孔内填筑防渗材料，最后在地基或坝体内形成一道防渗体，以达到防渗的目的。具体包括混凝土防渗墙、黏土防渗墙两种。

（1）混凝土防渗墙。混凝土防渗墙加固方法，就是沿土石坝的坝轴线方向建造一道混凝土防渗墙。防渗墙可建在坝体部分，也可深入到基岩以下一定深度，以截断坝体和坝基的渗漏通道。混凝土防渗墙加固的优点是适应各种复杂地质条件；可在水库不放空的条件下进行施工；防渗体采用置换方法，施工质量相对其他隐蔽工程施工方法比较容易监控，耐久性好，防渗可靠性高。

（2）黏土防渗墙。利用冲抓式打井机具，在土坝或堤防渗漏范围的防渗体中造孔，用黏性土料分层回填夯实，形成一个连续的黏土防渗墙。同时，在回填夯击时，对井壁土层挤压，使其井孔周围土体密实，提高坝体质量，从而达到防渗加固的目的。具体施工是在坝顶布置的防渗墙轴线上，用冲抓钻造孔，开孔直径一般要求110～120cm，第一，钻孔达到设计深度后，对钻孔进行检查并清除孔底浮土碎石。第二，回填符合设计要求的黏土。回填层厚25～35cm并夯实。第三，再打第二孔，相邻两孔之间应有一定的搭接宽度，以保证黏土防渗墙的有效厚度。具体厚度可由黏土允许水力坡降确定。

4. 劈裂灌浆法

所谓劈裂灌浆法就是应用河槽段坝轴线附近的小主应力面一般平行于坝轴线的铅垂面的规律，沿坝轴线单排布置相距较远的灌浆孔，利用泥浆压力，沿坝轴线劈开坝体并充填泥浆，从而形成连续的浆体防渗帷幕。

劈裂灌浆具有效果好、投资省、设备简单、施工方便等优点。对于均质坝及宽心墙坝，当坝体比较松散，渗漏、裂缝众多或很深，开挖回填困难时，可选用劈裂灌浆法处理。

5. 导渗法

上面几种均为坝身渗漏的"上堵"措施，目的是截流减渗，而导渗则为"下排"措施。主要针对已经进入坝体的渗水，通过改善和加强坝体排渗能力，使渗水在不致引起渗透破坏的条件下，安全通畅地排出坝外。按具体不同情况，可采用以下几种形式。

（1）导渗沟法。当坝体散浸不严重，不致引起坝坡失稳时，可在下游坝坡上采用导渗沟法处理。导渗沟在平面上可布置成垂直坝轴线的沟或人形沟（一般45°角），也可布置成两者结合的Y形沟，如图2-16所示。三种形式相比，渗漏不十分严重的坝体，常用I形导渗沟；当坝坡、岸坡散浸面积分布较广，且逸出点较高时，可采有Y形导渗沟；而当散浸相对较严重，且面积较大的坝坡及岸坡，则需用W形导渗沟。

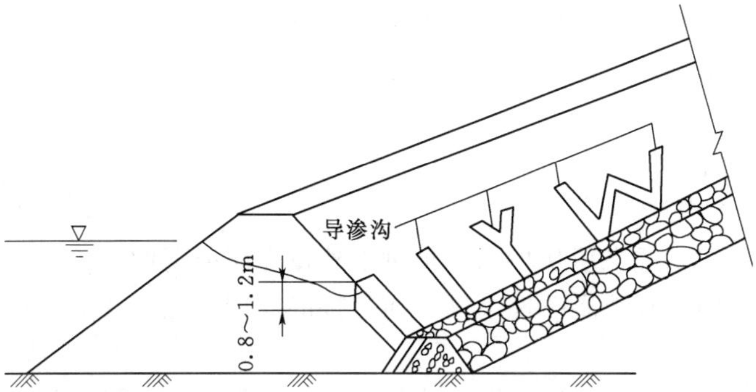

图2-16　导渗沟平面形状示意图

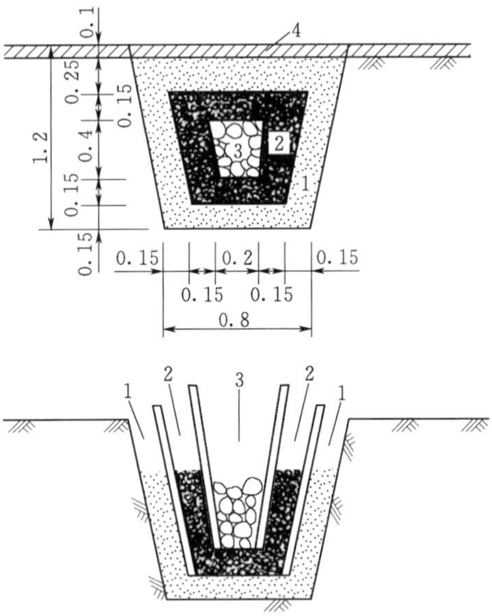

图 2-17 导渗沟构造图（单位：m）

1—砂；2—卵石或碎石；3—片石；4—护坡图

几种导渗沟的具体做法和要求为：①导渗沟一般深 0.8～1.2m、宽 0.5～1.0m，沟内按反滤层要求填砂、卵石、碎石或片石。②导渗沟的间距可视渗漏的严重程度，以能保持坝坡干燥为准，一般为 3～10m。③严格控制滤料质量，不得含有泥土或杂质，不同粒径的滤料要严格分层填筑，其细部构造和滤料分层填筑，如图 2-17 所示。④为避免造成坝坡崩塌，不应采用平行坝轴线的纵向或类似纵向（如口形、T 形等）导渗沟。⑤为使坝坡保持整齐美观，免受冲刷。

（2）导渗砂槽法。对局部浸润线逸出点较高和坝坡渗漏较严重，而坝坡又较缓，且具有褥垫式滤水设施的坝段，可用导渗砂槽处理。它具有较好的导渗性能，对降低坝体浸润线效果亦比较明显。其形状如图 2-18 所示。

（3）导渗培厚法。当坝体散浸严重，出现大面积渗漏，渗水又在排水设施以上出逸，坝身单薄，坝坡较陡，且要求在处理坝面渗水的同时增加下游坝坡稳定性时，可采用导渗培厚法。

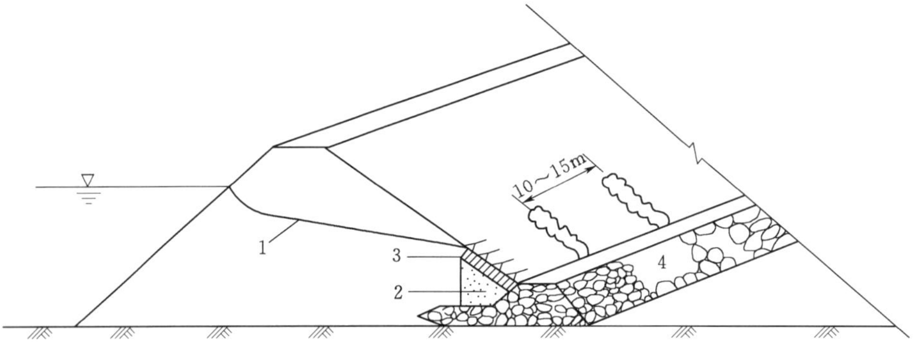

图 2-18 导渗砂槽示意图

1—浸润线；2—砂；3—回填土；4—滤水体

导渗培厚即在下游坝坡贴一层砂壳，再培厚坝身断面，如图 2-19 所示。这样，第一可导渗排水，第二可增加坝坡稳定。不过，需要注意新老排水设施的连接，确保排水设备有效和畅通，达到导渗培厚的目的。

三、坝基渗漏及处理

（一）坝基渗漏的原因

坝基渗漏是通过坝基透水层从坝脚或坝脚以外覆盖层薄弱的部位逸出的现象。坝基渗漏的根本原因是坝址处的工程地质条件不良，而直接的原因还是存在于设计、施工和管理 3 个方面。

（1）设计方面。对坝址的地质勘探工作做得不够，没有详细弄清坝基情况，未能针对性地采取有效的防渗措施，或防渗设施尺寸不够。薄弱部位未做补强处理，给坝基渗漏留下

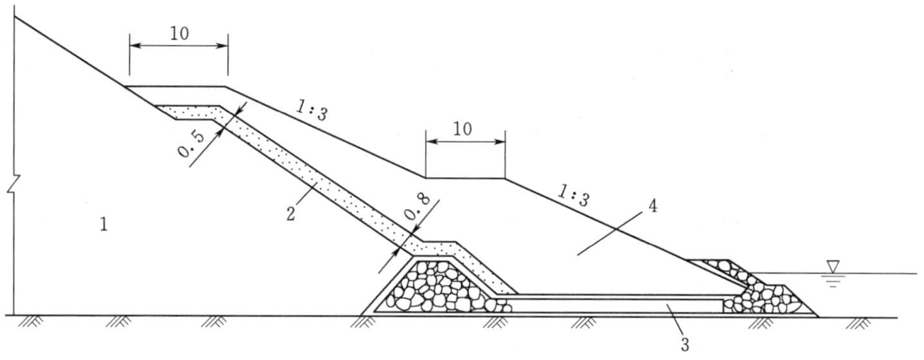

图 2-19　导渗培厚法示意图（单位：m）
1—原坝体；2—沙壳；3—排水设施；4—培厚坝体

隐患。

（2）施工方面。①对地基处理质量差，如岩基上部的冲积层或强风化层及破碎带未按设计要求彻底清理，垂直防渗设施未按要求做到新鲜基岩上。②施工管理不善，在库内任意挖坑取土，天然铺盖被破坏。③各种防渗设施未按设计要求严格施工，质量差。

（3）管理方面。①运用不当，库水位消落，坝前滩地部分黏土铺盖裸露暴晒开裂，或在铺盖上挖坑取土打桩等引起渗漏。②对导渗沟、减压井养护维修不善，出现问题未及时处理，而发生渗透破坏。③在坝后任意取土、修建鱼池等也可能引起坝基渗漏。

显然，合理的设计，严格的施工及正确的运用管理是防止坝基渗漏的重要因素。

（二）坝基渗漏的处理措施

坝基渗漏处理的原则，仍可归纳为上堵下排。即在上游采取水平防渗（如黏土铺盖）和垂直防渗（如截水槽、防渗墙等）两种措施，阻止或减少渗流通过坝基。在下游用导渗措施（如排水沟、减压井等）把已经进入坝基的渗流安全排走，不致引起渗透破坏。

下面分别介绍坝基渗漏常用的防渗、导渗措施。

1. 黏土截水槽

黏土截水槽，是在透水地基中沿坝轴线方向开挖一条槽形断面的沟槽，槽内填以黏土夯实而成，是坝基防渗的可靠措施之一，如图 2-20 所示。尤其对于均质坝或斜墙坝，当不透水层埋置较浅（10～15m 以内）、坝身质量较好时，应优先考虑这一方案。不过当不透水层埋置较深，而施工时又不便放空水库时，切忌采用，因施工排水困难，投资增大，不经济。对于均质坝和黏土斜墙坝，应注意使坝身或斜墙与截水槽的可靠连接，如图 2-21 所示。

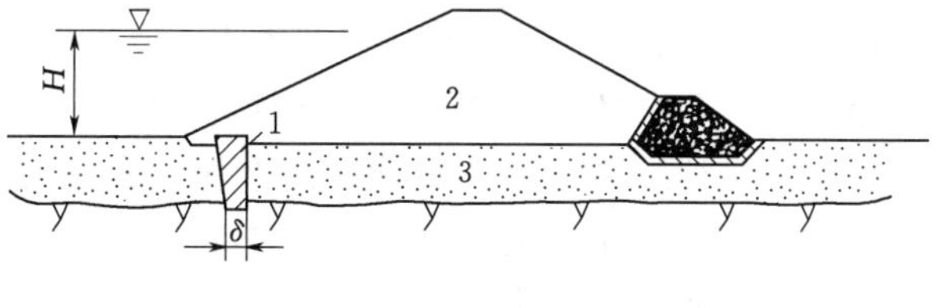

图 2-20　黏土截水槽
1—黏土截水槽；2—坝体；3—透水层

2. 混凝土防渗墙

如果覆盖层较厚，地基透水层较深，修建黏土截水槽困难大，则可考虑采用混凝土防渗墙。其优点是不必放空水库，施工速度快，节省材料，防渗效果好。

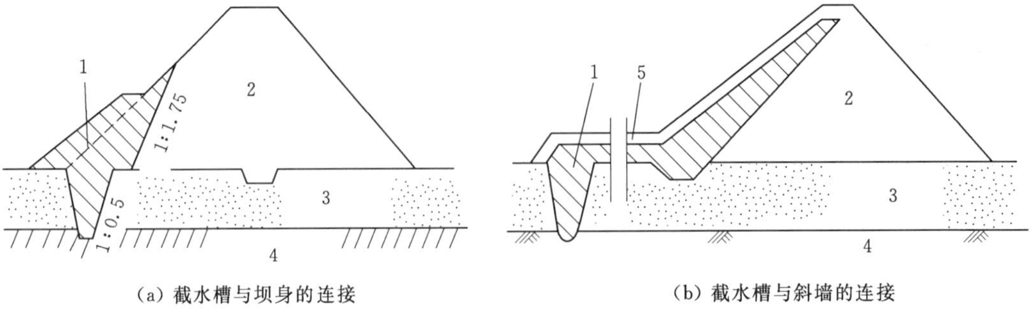

图 2-21　新挖截水槽与坝身或斜墙的连接

1—截水槽；2—原坝体；3—透水层；4—不透水层；5—保护层

混凝土防渗墙即在透水地基中用冲击钻造孔，钻孔连续套接，孔内浇注混凝土，形成的封闭防渗的墙体。其上部应插入坝内防渗体，下部和两侧应嵌入基岩，如图 2-22 所示。

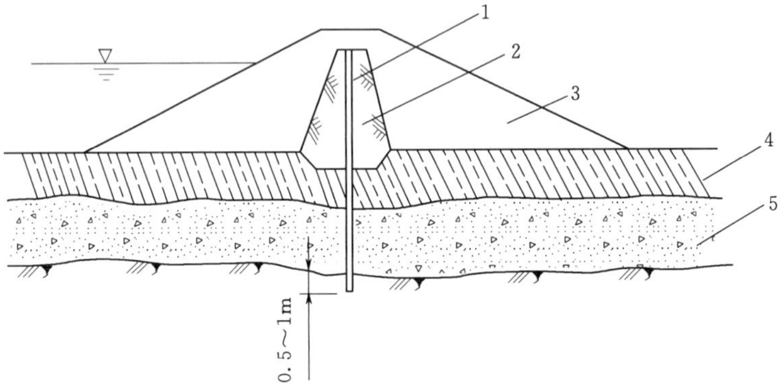

图 2-22　混凝土防渗墙的一般布置

1—防渗墙；2—黏土心墙；3—坝壳；4—覆盖层；5—透水层

3. 灌浆帷幕

所谓灌浆帷幕是在透水地基中每隔一定距离用钻机钻孔（达基岩下 2～5m），然后在钻孔中用一定压力把浆液压入坝基透水层中，使浆液填充地基土中孔隙，使之胶结成不透水的防渗帷幕，如图 2-23 所示。当坝基透水层厚度较大，修筑截水槽不经济；或透水层中有较大的漂石、孤石，修建防渗墙较困难时，可优先采用灌浆帷幕。另外当坝基中局部地方进行防渗处理时，利用灌浆帷幕亦较灵活方便。灌注的浆液一般有黏土浆、水泥浆、水泥黏土浆、化学灌浆材料等。在砂砾石地基中，多采用水泥黏土浆，对于中砂、细砂和粉砂层，可酌情采用化学灌浆，但其造价较高。

4. 高压喷射灌浆

高压喷射灌浆是采用高压射流冲击破坏被灌地层结构，使浆液与被灌地层的土颗粒掺混，形成桩柱或板墙状的凝结体，如图 2-24 所示。

高压定向喷射灌浆技术适用于在各种松散地层（如砂层、淤泥、黏性土、壤土层和砂砾层）中，具有适用范围广，设备简单，施工方便，工效高，有较好的耐久性，料源广，造价低，能在狭窄场地、不影响建筑物上部结构条件下施工等优点。另外，它能定向形成板墙，是静压帷幕灌浆所无法比拟的。

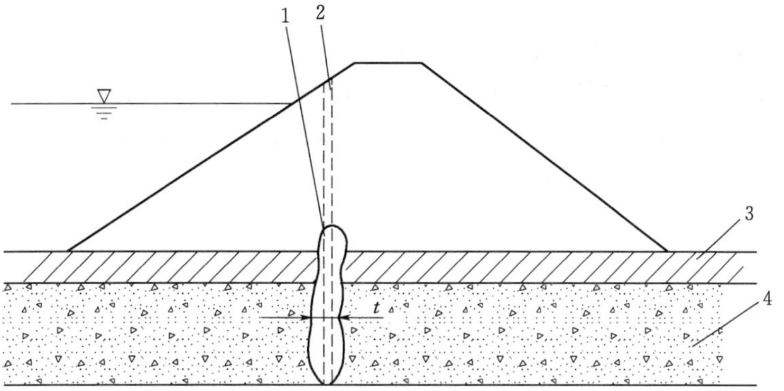

图 2-23　灌浆帷幕示意图

1—帷幕体；2—钻孔；3—覆盖层；4—透水层

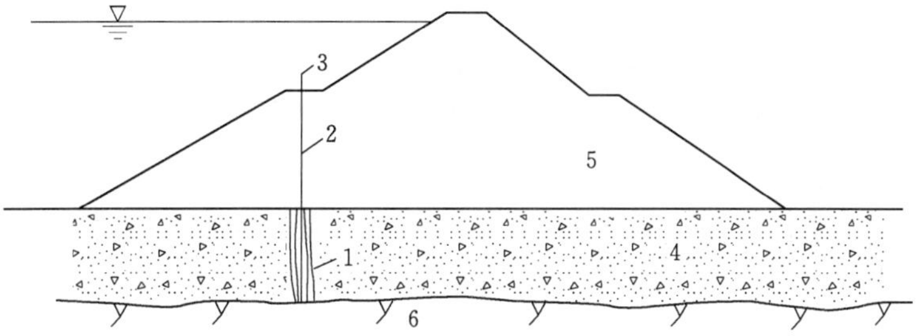

图 2-24　高压喷射帷幕示意图

1—喷射帷幕；2—施工轴线；3—施工平台；4—透水层；5—坝体；6—不透水层

5. 黏土铺盖

黏土铺盖是常用的一种水平防渗措施，是利用黏土在坝上游地基面分层碾压而成的防渗层。其作用是覆盖渗漏部位，延长渗径，减小坝基渗透坡降，保证坝基稳定，如图2-25所示。特点是施工简单，造价低廉，易于群众性施工，但需在放空水库的情况下进行。同时，要求坝区附近有足够合乎要求的土料。另外，采用铺盖防渗虽可以防止坝基渗透变形并减少渗漏量。但却不能完全杜绝渗漏。故黏土铺盖一般在不严格要求控制渗流量、地基各向渗透性比较均匀、透水地基较深，且坝体质量尚好，采用其他防渗措施不经济的情况下采用。

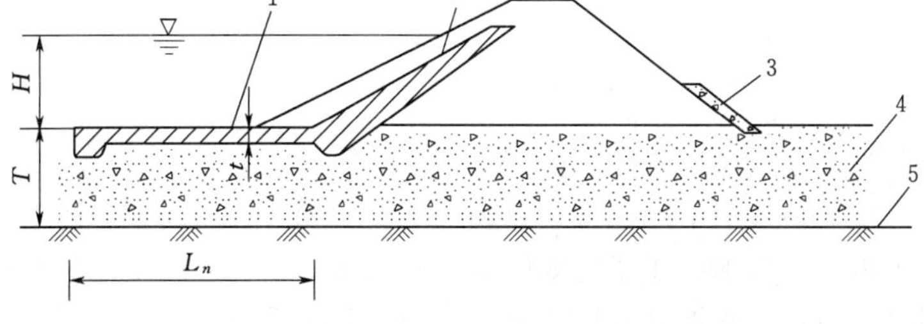

图 2-25　黏土铺盖示意图

1—黏土铺盖；2—斜墙；3—坝坡排水；4—砂卵石质；5—不透水层

6. 排渗沟

排渗沟是坝基下游排渗的措施之一，常设在坝下游靠近坝趾处，且平行于坝轴线，如图2-26所示。其目的是：一方面有计划地收集坝身和坝基的渗水，排向下游，以免下游坡脚积水；另一方面当下游有不厚的弱透水层时，尚可利用排水沟排水减压。

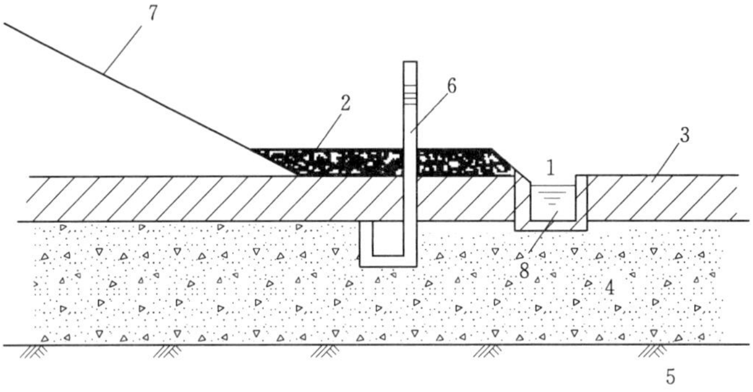

图2-26 排渗沟示意图

1—排渗沟；2—透水盖重；3—弱透水层；4—透水层；5—不透水层；6—测压管；7—下游坝坡；8—反滤层

对一般均质透水层沟只需深入坝基1～1.5m；对双层结构地基，且表层弱透水层不太厚时，应挖穿弱透水层，沟内按反滤材料设保护层；当弱透水层较厚时，不宜考虑其导渗减压作用。

为了方便检查，排渗沟一般布置成明沟；但有时为防止地表水流入沟内造成淤塞，亦可做成暗沟，但工程量较大。

7. 减压井

减压井是利用造孔机具，在坝址下游坝基内，沿纵向每隔一定距离造孔，并使钻孔穿过弱透水层，深入强透水层一定深度而形成，如图2-27所示。

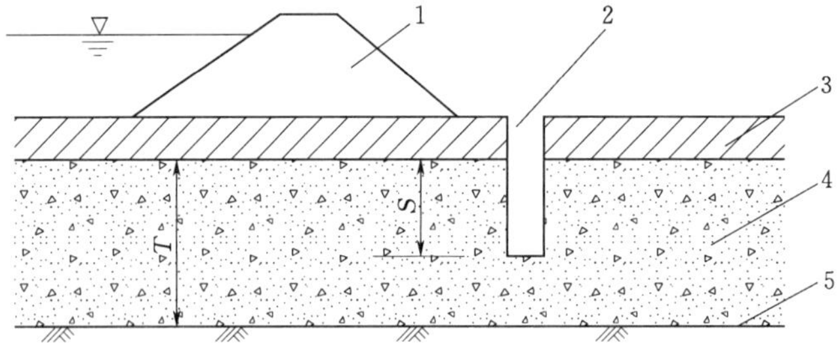

图2-27 减压井示意图

1—坝体；2—减压井；3—弱透水层；4—强透水层；5—不透水层图

减压井的结构是在钻孔内下入井管（包括导管、花管、沉淀管），管下端周围填以反滤料，上端接横向排水管与排水沟相连，如图2-28所示。这样可把地基深层的承压水导出地面，以降低浸润线，防止坝基渗透变形，避免下游地区沼泽化。当坝基弱透水层覆盖较厚，开挖排水沟不经济，而且施工也较困难时，可采用减压井。减压井是保证覆盖层较厚的砂砾石地基渗流稳定的重要措施。

减压井虽然有良好的排渗降压效果，但施工复杂，管理、养护要求高，并随时间的推移，容易出现淤堵失效的现象。所以，一般仅适用于下列情况：

(1) 上游铺盖长度不够或天然铺盖遭破坏，渗透逸出坡降升高，同时坝基为复式透水地基，用一般导渗措施不易施工，或其他措施处理无效。

(2) 不能放空水库，采用“上堵”措施有困难，且在运用上允许在安全控制地基渗流条件下，损失部分水量。

(3) 原有减压井群中部分失效，或减压井间距过大，致使渗透压力亦过大，需要插补。

(4) 在施工、管理运用和技术经济方面，都比其他措施优越。

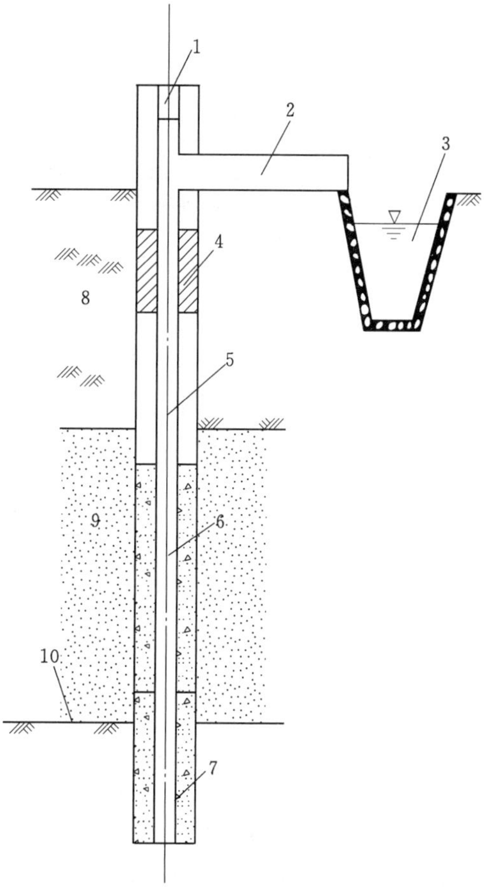

图 2-28　减压井结构示意图

1—井帽；2—出水管；3—排水沟；4—黏土或混凝土封闭；5—导管；6—有孔花管；7—沉淀管；8—弱透水层；9—透水层；10—不透水层

8. 透水盖重

透水盖重是在坝体下游渗流出逸地段的适当范围内，先铺设反滤料垫层，然后填以石料或土料盖重，它既能使覆盖层土体中的渗水导出又能给覆盖层土体一定的压重，抵抗渗压水头，故又称之压渗，如图 2-29 所示。

常见的压渗形式有两种：

(1) 石料压渗台。主要适用于石料较多的地区、压渗面积不大和局部的临时紧急救护，如图 2-29 (a) 所示。如果坝后有夹带泥沙的水流倒灌，则压渗台上面需用水泥砂浆勾缝。

(2) 土料压渗台。适用于缺乏石料、压渗面积较大、要求单位面积压渗重量较大的情况。需注意在滤料垫层中每隔 3～5m 加设一道垂直于坝轴线的排水管，以保证原坝脚滤水体排出通畅，如图 2-29 (b) 所示。

四、库岸、库底渗漏的处理方法

库岸、库底渗漏的水库多属石灰岩地区。我国南方石灰岩分布较广，如湖南、广西、云南、四川、贵州等省（自治区）不少地方均为石灰岩地区，岩溶发育。这些水库修建后库区漏水，坝基、绕坝渗漏均严重，有的甚至不能蓄水。库岸库底严重渗漏，虽对安全影响不大，但严重影响蓄水效益，若坝基或两岸坡绕渗还会危及大坝安全。

石灰岩地区的库底、库岸及坝基渗漏较为普遍，渗漏的形式有裂隙渗漏，破碎带渗漏以及溶洞、落水洞等导致的穿孔渗漏。对此，常常采用铺盖法、堵塞法、围井法、隔离法等 4 种方法进行处理，现分述如下。

1. 铺盖法

铺盖法是用黏土、塑料薄膜、复合土工膜、浆砌块石混凝土等作铺盖防渗，适用于库底

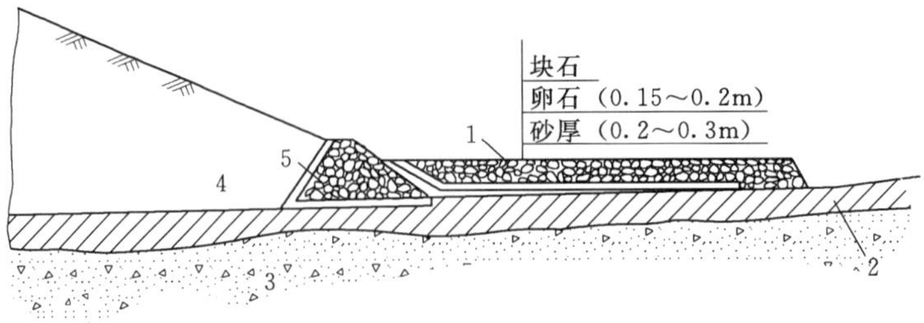

（a）石料压渗台

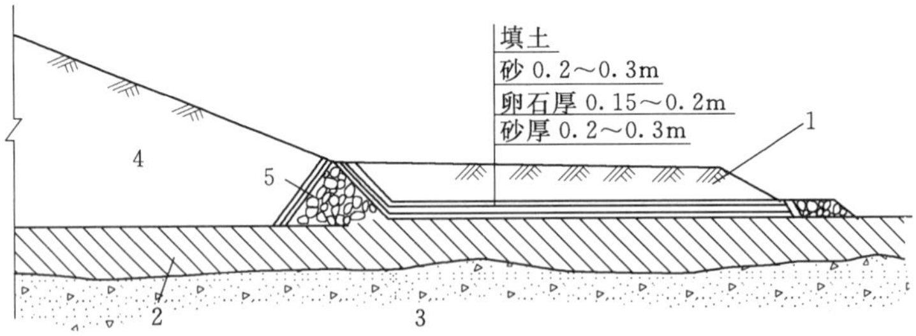

（b）土料压渗台

图 2-29　压渗台示意图

1—压渗台；2—覆盖层；3—透水层；4—坝体；5—滤水体

和库岸均匀岩溶裂隙漏水地带。

2. 堵塞法

堵塞法是在查明漏水洞穴和溶洞通道后，在其中段和上口加以堵塞切断漏水通道，起到防渗作用。此法适用于孤立的落水洞，溶洞或集中漏水处理。

3. 围井法

围井法是在库内有直径较大的落水洞竖井，深度宽度较大，大小溶洞连通，若将溶洞逐个堵塞，工程量大且不保险。可采用围井；还有的库区内有反复泉，即雨季出水，当旱季地下水位下降又落水，周期性反复出水落水，堵塞困难。不堵又是漏水通道，此时也可采用围井法。

具体做法是在反复泉或落水洞口四周筑围井，如图 2-30 所示，可用黏土也可用浆砌石。围井高度应高出最高洪水位。做围井的基础一定要放在不透水层或完整的基岩上。云南省长桥海水库用围井法处理落水洞，收到了好的效果。

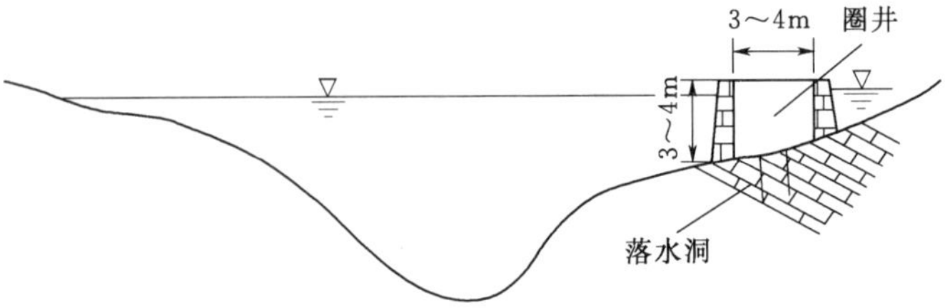

图 2-30　围井法处理示意图

4. 隔离法

隔离法是把落水洞集中的漏水地段作隔堤与水库隔开，以保证蓄水。

以上几种方法可以单独使用，也可综合使用。总之，对库岸、库底的渗漏处理，只要能掌握岩溶发育及渗漏的规律，在查清渗漏情况的基础上，定出合理的处理措施，是可以制止和减少其渗漏水量的。

任务总结： 水库蓄水后，在水压力的作用下，土石坝的渗漏是不可避免的。土石坝的渗漏主要有坝体渗漏、坝基渗漏以及绕坝渗漏，不同的渗漏有其特定的形成原因，而针对不同的渗漏所采取的做法也各有不同。对土石坝的异常渗漏必须引起重视，并及时采取措施处理。

任务学习拓展： 坝体渗漏、坝基渗漏以及绕坝渗漏的修理方法有什么异同点？

任务四　土石坝滑坡及其修理

任务描述： 本项目介绍了土石坝滑坡的类型、原因及相应的修理方法。培养学生具有土石坝滑坡修理的初步能力。

案例导学： 百丈水库位于四川省名山县百丈镇上游 1.7km 的临溪河上，主要承接引水主干渠尾水，水库坝址以上集雨面积 52.8km^2，设计总库容 2080 万 m^3，有效库容 1960 万 m^3，是一座以灌溉为主，兼有发电、养殖、旅游等综合效益的中型水利工程。百丈水库于 1958 年 7 月建成，设计控灌名山、邛崃、蒲江三县（市）农田 14.63 万亩，1978 年玉溪河引水主干渠建成通水后，年入库径流总量达到 3.61 亿 m^3，有效灌面扩大到 37.78 万亩，占全灌区有效灌面的 61%。水库枢纽工程由拦河大坝、溢洪道、放水洞、坝后式电站等枢纽建筑物组成，拦河坝为均质土坝，坝顶长 507m、宽 5.5m，最大坝高 28m，坝顶高程 697.06m，正常蓄水位 695.06m。坝坡历经 8 次整治放缓至 1∶2.0～1∶5.0，但仍存在裂缝滑坡现象。经勘察认为，该坝多次滑坡的原因为坝料设计不当以及传统的从坝坡尺寸着手处理的整治方法欠妥。因此采用级配好、抗剪强度大的优质土料换填滑坡体土料的办法处理，效果显著。

问题： 从上面的案例可以看出，滑坡是土石坝工程比较常见的病害现象，土石坝发生滑坡的时候应该怎么处理呢？预防土石坝的滑坡应该做好哪些工作呢？

一、滑坡的类型及原因

（一）滑坡的类型

土石坝滑坡按其性质不同可分为剪切性滑坡、塑流性滑坡和液化性滑坡；按滑动面形状不同可分为圆弧滑坡、折线滑坡和混合滑坡；按其部位不同分为上游滑坡和下游滑坡。下面主要讲述剪切破坏型、塑流破坏型及液化破坏型的特征。

1. 剪切破坏型

坝坡与坝基上部分滑动体的滑动力超过了滑动面上的抗滑力，失去平衡向下滑移的现象，即剪切破坏型滑坡。当坝体与坝基土层是高塑性以外的黏性土，或粉砂以外的非黏性土时，多发生剪切破坏型滑坡。

这类滑坡的主要特征为滑动前在坝面出现一条平行于坝轴线的纵向裂缝，然后随裂缝的不断延伸和加宽，两端逐渐向下弯曲延伸，形成曲线形。滑动时，主裂缝两侧便上下错开，错距逐渐加大。同时，滑坡体下部出现带状或椭圆形隆起，末端向坝脚方向推移。初期发展较慢，后期突然加快，移动距离可由数米至数十米不等，一般直到滑动力与抗滑力经过调整达到新的平衡以后，才告终止。

2. 塑流破坏型

塑流破坏型滑坡多发生于含水量较大的高塑性黏土填筑的坝体中，其主要原因是土的蠕动作用（塑性流动），即高塑性黏土坝坡，由于塑性流动的作用，即使剪应力低于土的抗剪强度，土体也将不断产生剪切变形，以致产生显著的塑性流动而滑坡，土体的蠕动一般进行得十分缓慢，发展过程较长，较易察觉，并能及时防护和补救。但当高塑性土的含水量高于塑限而接近流限时，或土体接近饱和状态而又不能很快排水固结时，塑性流动便会出现较快的速度，危害性也较大。如水中填土坝、水力冲填坝，在施工期由于自由水不能很快排泄，很容易发生塑流破坏型滑坡。

塑流破坏型滑坡发生前，不一定出现明显的纵向裂缝，而通常表现为坡面的水平位移和垂直位移连续增长，滑坡体的下部土被压出或隆起，如图 2-31 所示。只有当坝体中间有含水量较大的近乎水平的软弱夹层，而坝体沿该层发生塑流破坏时，滑坡体顶端在滑动前也会出现纵向裂缝。

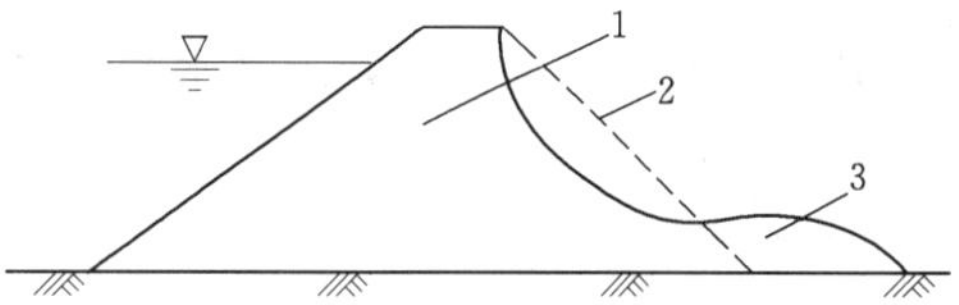

图 2-31 塑流破坏型滑坡示意图
1—原坝体；2—原坡线；3—隆起体

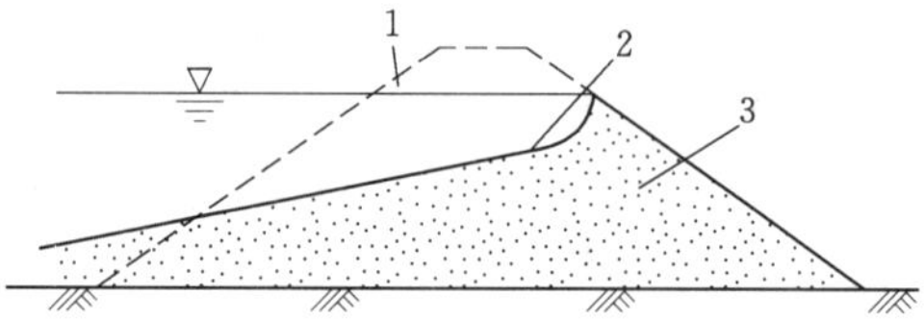

图 2-32 液化破坏型滑坡示意图
1—原坝坡线；2—滑动面；3—原坡体

3. 液化破坏型

对于级配均匀的中细砂或粉砂坝体或坝基，在水库蓄水砂体达饱和状态时，突然遭受强烈振动（如地震、爆炸或地基土层剪切破坏等），砂的体积急剧收缩，砂体中的水分无法流泻，这种现象即液化破坏型滑坡，如图 2-32 所示。

显然，液化性滑坡发生时间短促，事前没有预兆，大体积坝体顷刻之间便液化流散，很难观测、预报或抢护。例如美国的福特帕克水力冲填坝，坝壳砂料的有效粒径为 0.13mm，控制粒径为 0.38mm，由于坝基中发生黏土层的剪切滑动，引起部分坝体液化，10min 之内塌方达 380 万 m^3。

上述 3 类滑坡以剪切破坏最为常见，需重点分析这种滑坡的产生原因及处理措施。而塑流破坏型滑坡的处理基本与剪切破坏型滑坡相同。对于液化破坏型滑坡破坏，则应在建坝前进行周密的研究，并在设计与施工中采取防范措施。

（二）滑坡的原因

滑坡的根本原因在于滑动面上土体滑动力超过了抗滑力。滑动力主要与坝坡的陡缓有关，坝坡越陡，滑动力越大；抗滑力主要与填土的性质、压实的程度以及渗透水压力的大小有关。土粒越细、压实程度越差、渗透水压力越大，抗滑力就越小。另外，较大的不均匀沉陷及某些外加荷载也可能导致抗滑力的减小或滑动力的增大。总之，造成滑动力大于抗滑力而引起土坝滑坡的因素是多方面的，只是在不同情况下占主导地位的决定因素有所不同。一般可归纳为以下几个方面。

1. 勘测设计方面

(1) 坝基中有含水量较高的成层淤泥或其他高压缩性软土层，在勘测时没有查明，设计时未能采取适当措施，至使筑坝后软土层承载力不够，产生剪切破坏而引起滑坡。

(2) 土石坝坝坡过陡。即设计中坝坡稳定分析时，选择的土料抗剪强度指标偏高，导致设计坝坡陡于土体的稳定边坡，造成滑坡。

(3) 选择坝址时，没有避开坝脚附近的渊潭或水塘，筑坝后因坝脚局部沉陷而引起滑坡。

(4) 坝端岩石破碎，节理裂隙发育，设计时未采取适当的防渗措施，产生绕坝渗漏而引起滑坡。

(5) 下游排水设备设计不当，使下游大面积散浸而导致滑坡。

2. *施工方面*

(1) 筑坝土料不符合要求，筑坝土料黏粒含量较多，含水量大。雨后、雪后坝面处理不好，在含水量过高的情况下继续施工。或将草皮、耕作土、干土块、冻土块等不符合质量要求的土上坝，使坝内存在薄弱部位，抗剪强度过低而引起滑坡。

(2) 坝体填土碾压不密实。对碾压式土坝，由于施工时铺土过厚，碾压遍数不够或漏压，致使碾压不密实，未达到设计干容重，抗剪强度过低，从而引起滑坡。

(3) 冬季施工时没有采取适当的保温措施，没有及时清理冰雪，以致填方中产生冻土层，在解冻后或蓄水后，形成软弱夹层引起滑坡。

(4) 土坝施工期的接缝质量差。土坝加高培厚，新旧坝体之间没有妥善处理，均会通过结合面渗漏，从而导致滑坡。

3. *运用管理方面*

(1) 放水时库水位降落速度过快，或因闸门开关失灵，无法控制库水位的降落，上游坝体含水不能及时排出，形成较大的渗透压力，从而引起上游坡的滑坡。

(2) 由于坝面排水不畅，加之坝体填筑质量差，在长期持续降雨条件下，雨水沿裂缝渗入坝体，使下游坝坡土料饱和，抗剪强度降低，极易引起滑坡。

(3) 坝后减压设施堵塞（如减压井运用多年后淤堵失效），造成坝基渗透压力和浮托力增加。

4. *其他方面*

(1) 坝体土料中的水溶盐、氧化物等化学物质以及渗水中可能夹带的细颗粒堵塞了排水滤体，使浸润线抬高，降低了土体的抗剪强度。

(2) 强烈地震时，由于坝坡受地震惯性力和渗透压力的作用，部分坝体失去平衡造成滑坡，在某些情况下，地震还会造成软弱地基的剪切破坏或砂土液化等，同样影响坝坡的稳定。

(3) 持续的特大暴雨，使坝坡土体饱和，或因风浪淘刷，使护坡破坏，坝坡形成陡坎，均能引起滑坡。

(4) 在土坝附近爆破或者在坝坡上堆放重物等也可能造成局部滑坡。

二、滑坡的征兆

土石坝滑坡前都有一定的征兆出现，经分析归纳为以下几个方面：

(1) 产生裂缝。当坝顶或坝坡出现平行于坝轴线的裂缝，且裂缝两端有向下弯曲延伸的趋势，裂缝两侧有相对错动，进一步挖坑检查发现裂缝两侧有明显擦痕，且在较深处向坝趾方向弯曲，则为剪切性滑坡的预兆。应注意对滑坡性裂缝挖坑检查会加速滑坡的发展，故需慎重。

(2) 变形异常。在正常情况下，坝体的变形速度是随时间而递减的。而在滑坡前，坝体的变形速度却会出现不断加快的异常现象。具体出现上部垂直位移向下，下部垂直位移向上的情况，则可能发生剪切破坏型滑坡。例如山西省漳泽大坝，滑坡前即有坝顶明显下陷和坡脚隆起现象。若坝顶没有裂缝，但垂直和水平位移却不断增加，可能会发生塑流破坏型滑坡。

(3) 孔隙水压力异常。土坝滑坡前，孔隙水压力往往会出现明显升高的现象。例如山西省文峪河水库土坝，滑坡前孔隙水压力高，其值超过设计值的23.5%～36.3%。故实测孔隙水压力高于设计值时，可能会发生滑坡。

(4) 浸润线、渗流量与库水位的关系异常。一般情况下，随库水位的升高，浸润线升高，渗流量加大。可是，当库水位升高、浸润线亦升高，但渗漏量显著减少时，可能是反滤排水设备堵塞，而当库水位不变、浸润线急剧升高，渗漏量亦加大时，则可能是防渗设备遭受破坏。上述两种情况若不采取相应措施，亦会造成下游坝坡滑坡。

三、滑坡的修理

滑坡的处理原则，是设法减少滑动力，增加抗滑力，使坝坡满足稳定要求。其做法，可归纳为“上部减载”与“下部压重”。如因渗漏而引起的滑坡，还必须采取“前堵后排”的措施。“上部减载”的措施是在滑坡体上部与裂缝上侧陡坎部分进行削坡，或适当降低坝高，加防浪墙等减载措施。“下部压重”的措施是放缓坝坡，在坡脚处修建镇压台及滑坡段下部做压坡体等。

土石坝无论在什么时期发生滑坡都必须针对不同情况及时采取应急的临时处理措施。如首先用塑膜等覆盖封闭滑坡裂缝，以防雨水入渗加速其塌滑。对由于库水位骤降而引起上游滑坡，要立即减慢放水速度，或停止放水。对由于坝体渗漏或因雨水饱和而引起的下游滑坡，必须尽可能将库水位下降到适当的位置，以免下游坝体浸润线继续抬高增加滑动力。同时在下游坡开挖导渗沟，排除在坝体内的渗水等，以增加坝体的稳定性，防止滑坡险情进一步恶化。待查明滑坡体的位置、范围后，并针对产生滑坡的原因和不同的具体情况，确定整治方案，采用有效的方法及时进行加固。

（一）开挖回填

在彻底处理时，无论是坝体局部滑动还是深入基础的深层滑动都需要将滑坡体松散部分挖除，再用好土回填压实。但是滑坡体的开挖应视滑动土体的方量大小而定，对体积较小的局部滑坡最好全部挖去，再用与原来坝体相同的土料分层回填夯实。如果坝体内部夹有软弱层，则应将软弱土层全部挖去。如滑坡体方量很大，全部挖去确有困难时，也可将滑弧上部松土挖掉。然后由下而上分层填土夯压密实。在开始回填前应洒水湿润，将表层刨毛再填土夯实，以利层面结合。在开挖回填的同时，要翻筑维修好坝趾的排水设施，使其保持排水通畅，并起到压脚抗滑作用。

（二）放缓坝坡

对于坝坡过陡，坝体单薄而引起的滑坡应结合处理滑坡体时放缓坝坡，一般在滑坡体上部与裂缝上侧陡坎部分进行削坡。当坝体单薄，坝顶宽度较窄，无法进行削坡时，通常采取适当降低坝高，增设防浪墙，达到原坝顶高程，以减少上部荷载。上部放缓坝坡后，为维持原有坝顶宽度应适当加厚下游坝体断面，如图2-33所示。加厚坝体断面应将原坡面挖成阶梯，用与原坝体相同土料分层回填夯实再削成斜面。放缓下游坝坡或加厚下游坝体断面时，应将原有排水体延伸或接通新的排水体。确定计算指标时，可参照滑坡后的坝体稳定边坡确定放缓的坡度。坝坡太缓则会浪费资金和劳力，坝坡过陡又达不到稳定要求。

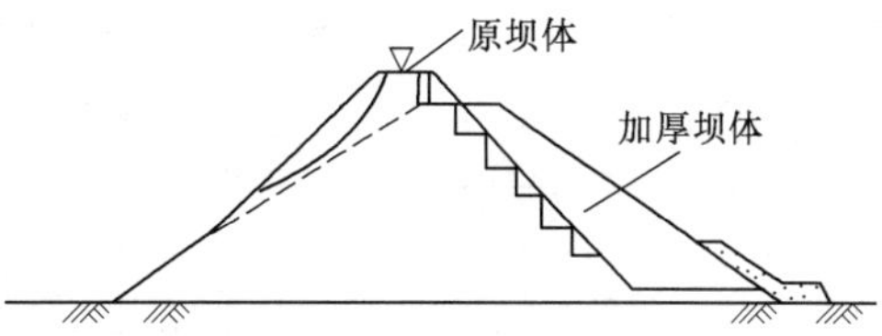

图 2－33　放缓坝坡处理示意图

（三）增设防滑体

对滑坡的处理常在滑坡段采取压重固脚的措施，以阻止坝体的下滑，特别是对于上游滑坡的处理一定要查清滑动位置、范围（是否连同基础滑动），然后在滑动坡脚增设阻滑体。如砌石固脚或抛石压脚，也有采用镇压台的。

1. *抛石压脚*

对死库容较大，库水不能放空的滑坡整治一般采用抛石压脚。但抛石位置和数量要得当，否则起不到固脚抗滑的作用。抛石压脚的部位应当在滑弧的下沿靠近坝脚处，如图 2－34 所示。圆弧中心线 *OM* 以左。抛石不能放在坝坡上，否则就不能起到增大抗滑力的作用，抛石的数量，要根据坝高及滑坡的严重程度等因素而决定，一般每米坝长在30～50m^3 以上，当压重厚度大于 1.5m 时，对阻止滑坡就会有显著效果。抛石压脚的石料应具有足够的强度，并且有耐水和耐风化的特性。石料的抗压强度一般不宜低于 29.4MPa。

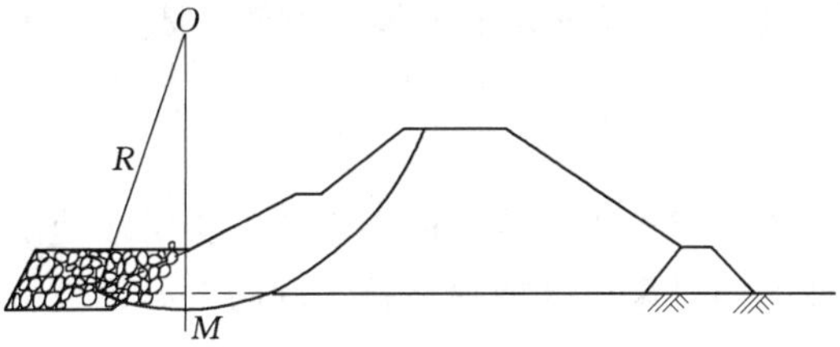

图 2－34　抛石压脚示意图

2. *镇压台*

对坝基存在淤泥夹层，清基时未作处理或处理不彻底而引起的滑裂面深入基础的严重滑坡，一般采用镇压台。压重固脚的材料最好用砂石料，在砂石料缺乏的地区也可用风化土料或与坝体相同的土料，但应夯压达设计要求的密实度。有排水要求的要同时考虑排水设施。镇压台的尺寸应根据使用材料和压实程度通过计算确定。当坝高小于 30m 时，压坡体的高度一般可采用滑坡体高度的 1/2 左右，镇压台的高度如采用石料可为 3～5m（或 1/3 压坡体高度），如采用土料，应比石料大 0.5～1.0m 倍。压坡体的坡度当采用土料时，可以放缓至 1∶4 左右。如某水库库容 250 万 m^3，由于坝基下存在软弱的淤泥夹层、坝坡陡于设计边坡和下游排水不畅等原因而造成深入基础的深层滑动。针对其产生的原因，经多方案比较，采取措施是在旧坝基础上不清除软土层坝基，放缓坝坡，在上、下游均做镇压台，为了尽量保持上游未滑动坝体，将坝轴线向上游移动 10m。于 1987 年整治竣工后的断面，如图 2－35 所示，上游镇压平台宽 22m，下游镇压台宽 24m，高 4m，并在下游镇压台底部向上游方向埋设间距（见方）为 3m，直径为 30cm，深度穿过软土层的 4 排混凝土管排水砂井。下游排水体外用 ϕ850 冲击钻造孔，钻至平台下 15.5m 粉细砂岩层面上，然后用 800mm 外径混凝土花管（按 200mm 间行距钻 ϕ10 的通水孔）外包土织物置钻孔中，可将排水体和淤泥层等渗水集中在混凝土管的井中，然后用潜水泵自动排水，控制井水位在淤泥层面以下。沿坝脚设 10 孔排水井，充分达到外排的目的，以保证坝坡的稳定性。

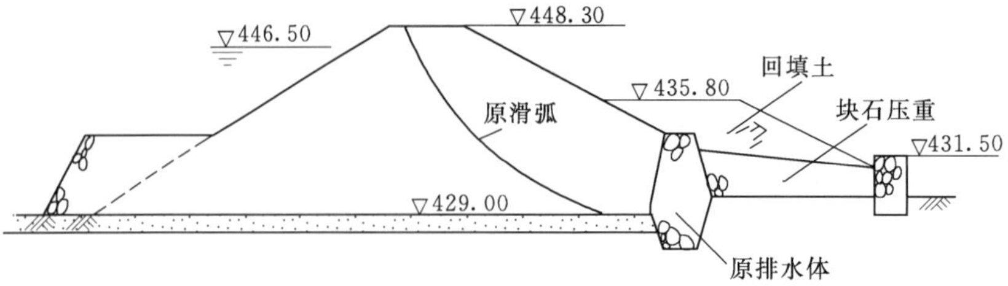

图 2-35　某水库坝坡处理（单位：m）

（四）多种土料掺和

对原筑坝土料物理力学指标差，而当地又缺乏适宜筑坝的土料时，可以采用多种土料掺和或用含石土（在黏性土料中掺入少量的砾石）来提高筑坝土料的物理力学指标。这样还可以节省工程量和造价。如某水库坝高 21m，库容 423 万 m^3。建成后 5 年中发生过 3 次大滑坡。修建及整治滑坡时回填土料含粉粒 41%，含黏粒高达 44%，内摩擦角值很小，仅有 5.75°。两次滑坡整治的回填土料不变，盲目地将 1∶2.7 的坝坡放缓到 1∶4，仍然发生滑坡。1982 年第三次滑坡整治时，将黏土、壤土、砂土、石渣等土料掺和碾压，提高了土料的物理力学指标，整治后已安全运行至今。

（五）增设防渗设施

对在高水位下，由于坝体渗漏引起的下游滑坡，或由于水位下降引起的上游滑坡使防渗斜墙受到破坏，均应根据具体情况，在整治滑坡的同时采取“前堵后排”的防渗导渗设施。

（六）裂缝处理

土石坝因滑坡而产生的裂缝，原则上不应采用灌浆的办法处理，因为浆液中所析出的水将会使滑裂面的土体软化。抗剪强度降低，对稳定不利，而且灌浆压力也会促使滑动体下滑。但当裂缝的宽度和深度较大，深部开挖回填比较困难，工程量太大时，可采用开挖回填与灌浆相结合的方法进行处理。即先开挖回填裂缝的上部，对深处的裂缝采用灌浆充填密实。但灌浆前应先进行砌石固脚，或压坡处理。必须待滑动体处理稳定后，再用较小的压力对深层的细小裂缝进行充填灌注，否则易造成病情加重和溃坝的严重后果。

任务总结：滑坡也是土石坝常见的病害之一，土石坝的滑坡破坏，多是由于滑动体的滑动力超过了滑裂面上的抗滑力所致，因此滑坡的修理思路多是减少滑动体的滑动力增加滑动体的抗滑力。在实际问题中，土石坝的滑坡破坏主要有剪切、塑流和液化型破坏，而发生滑坡的原因则可以有很多个方面。对于土石坝滑坡的修理主要采用开挖回填、放缓坝坡、增设防滑体以及改善土料等措施。

任务学习拓展：土石坝滑坡的开挖和填筑需要遵循什么样的原则？土石坝的抛石固脚应该怎样施工？

任务五　土石坝护坡的破坏及其修理

任务描述：本任务介绍了土石坝护坡的破坏类型、成因及修理方法。培养学生具有土石坝护坡破坏修理的初步能力。

案例导学：丹江口水库大坝位于湖北省丹江口市，在汉江及其支流丹江汇合口下游 800m 处，它是新中国成立后我国自行设计、自行建造和自行管理的以防洪为主，兼有发电、灌溉、航运和养殖等综合利用的大型水利枢纽工程。作为南水北调中线水源工程控制性工程，丹江口水库大坝于2005年启动了大坝加高工程，图2-36为丹江口水库大坝加高工程中右岸改线新建的黏土心墙坝，大坝采用混凝土格栅护坡。

图2-36　丹江口水库大坝护坡

问题：护坡是土石坝枢纽工程的重要组成部分，常见的土石坝护坡破坏有哪几种类型？土石坝护坡损毁后该如何抢护和修理？

一、土石坝护坡破坏的类型及原因

常见护坡破坏的类型有脱落破坏、塌陷破坏、崩塌破坏、滑动破坏、挤压破坏、鼓胀破坏、溶蚀破坏等。

护坡的破坏主要有以下几个方面的原因：

(1) 由于护坡块石设计标准偏低或施工用料选择不严，块石重量不够，粒径小，厚度薄，有的选用的石料风化严重，在风浪的冲击下，护坡产生脱落，垫层被淘刷，上部护坡因失去支撑而产生崩塌和滑移，如图2-37所示。

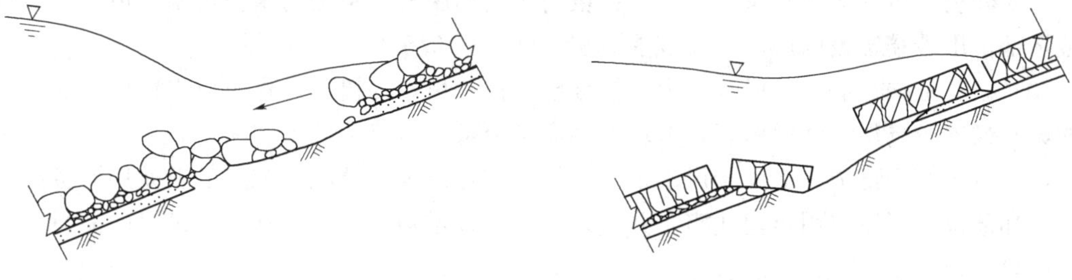

(a) 护坡石脱落　　(b) 护坡石崩塌

图2-37　护坡在风浪作用下的破坏形式

(2) 护坡的底端和护坡的转折处未设基脚，结构不合理或深度不够，在风浪作用下基脚被淘刷，护坡会失去支撑而产生滑移破坏，如图2-38所示。

(3) 砌筑质量差。砌筑块石时，块石上下竖向缝口没有错开，出现通缝，这样砌筑就失去了块石互相连锁的作用。块石砌筑的缝隙较大，底部架空，搭接不牢。受到风浪淘刷，块

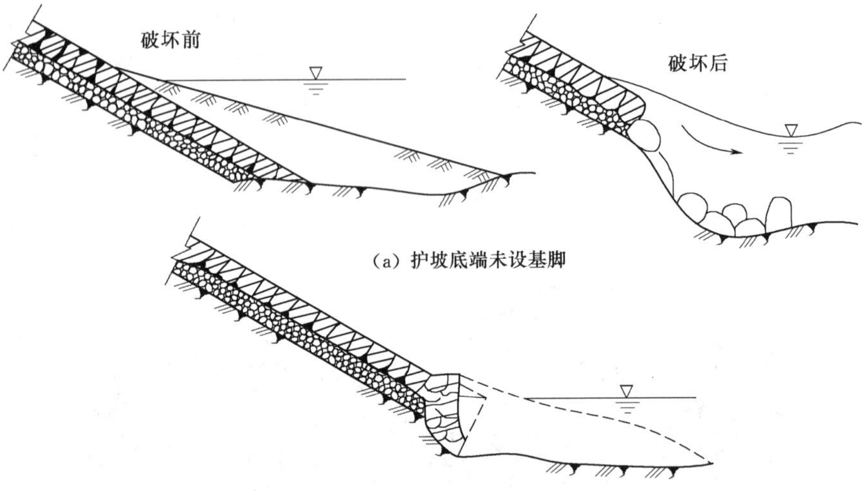

(a) 护坡底端未设基脚

(b) 护坡底部基脚深度不够

图 2-38 护坡基脚被淘刷破坏图

石极易松动脱出，遭到破坏。

(4) 没有垫层或垫层级配不好。护坡垫层材料选择不严格，未按反滤原则设计施工，级配不好，层间系数大（$D_{50}/d_{50}>10$），起不到反滤作用。在风浪作用下，细粒在层间流失，护坡被淘空，引起护坡破坏。

(5) 在严寒地区，冻胀使护坡拱起，冻土融化，坝土松软，使护坡架空；水库表面冰盖与护坡冻结在一起，冰温升降对护坡产生推拉力，使护坡破坏。

(6) 在土坝运用中，水位骤降和遭遇地震，均易造成护坡滑坡的险情。

二、护坡的抢护和修理

土石坝护坡的抢护和修理分为临时紧急抢护和永久加固修理两类。

(一) 临时紧急抢护

当护坡受到风浪或冰凌破坏时，为了防止险情继续恶化，破坏区不断扩大，应该采取临时紧急抢护措施。临时抢护措施通常有砂袋压盖、抛石和铅丝石笼抢护等几种。

(1) 砂袋压盖。适用于风浪不大、护坡局部松动脱落、垫层尚未被淘刷的情况，此时可在破坏部位用砂袋压盖两层，压盖范围应超出破坏区 0.5～1.0m 范围。

(2) 抛石抢护。适用于风浪较大，护坡已冲掉和坍塌的情况，这时应先抛填 0.3～0.5m 厚的卵石或碎石垫层，然后抛石，石块大小应足以抵抗风浪的冲击和淘刷。

(3) 铅丝石笼抢护。适用于风浪很大，护坡破坏严重的情况。装好的石笼用设备或人力移至破坏部位，石笼间用铅丝扎牢，并填以石块，以增强其整体性和抵抗风浪的能力。

(二) 永久加固修理

永久加固修理的方法通常有局部翻砌、浆砌石或混凝土框格、砾石混凝土或砂浆灌注、全面浆砌块石、混凝土护坡。

1. *局部翻砌*

这种方法适用于原有设计比较合理，只是由于土坝施工质量差，护坡产生不均匀沉陷，或由于风浪冲击，局部遭到破坏，可按原设计恢复。在翻砌前，先按坝原断面填筑土料和滤水料的垫层，再进行块石砌筑。有的在迎水坡上顺轴线方向设置浆砌石齿墙的阻滑设施，如

图 2-39 所示。如安徽省红旗水库上游坝坡采用干砌石护坡，水库运行 30 多年来，护坡块石出现风化、局部塌陷及不同程度损坏，对上游护坡加固采取局部翻修，对塌陷部位回填碎石，铺砌块石护坡，对严重风化块石予以更换。

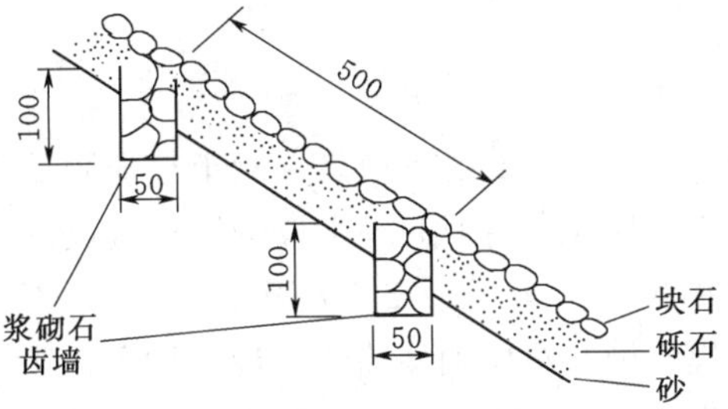

图 2-39　浆砌石齿墙护坡示意图（单位：cm）

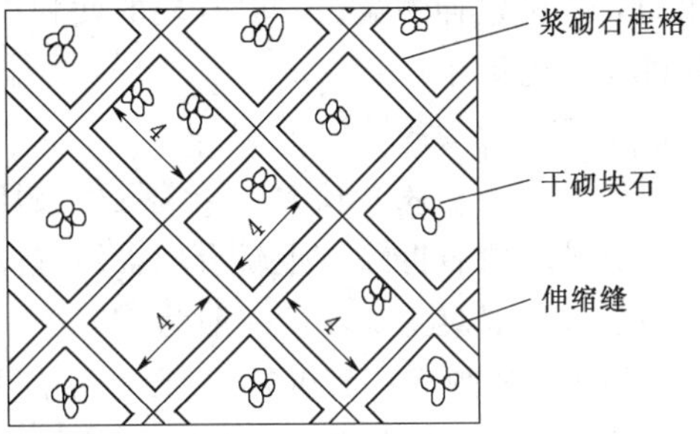

图 2-40　浆砌石框架护坡示意图（单位：cm）

2. 浆砌石或混凝土框格

由于河、库面较宽，风程较大，或因严寒地区结冰的推力，护坡大面积破坏，需全部进行翻砌，仍解决不了浪击冰推破坏时，可利用原护坡较小的块石浆砌框格，起到固架作用，中间再砌较大块石，如图 2-40 所示。框格形式可筑成正方形或菱形。框格大小，视风浪和冰情而定。如风浪淘刷或冰凌撞击破坏较严重，可将框格网缩小，或将框格带适当加宽。反之，可以将框格放大，以减少工程量和水泥的消耗。在采用框格网加固护坡时，为避免框格带受坝体不均匀沉陷裂缝，应留伸缩缝。在严寒地区，框格带的深度应大于当地最大冻层的厚度，以免土体冻胀，框格带产生裂缝，破坏框架作用。河南省某水库，曾采用正方形浆砌块石框格加固护坡。浆砌石带框格宽 1m，框格内干砌块石长宽各 2m。经过两次 6～7 级风浪淘刷，均未破坏。

3. 砾石混凝土或砂浆灌注

在原有护坡的块石缝隙内灌注砾石混凝土或砂浆，将块石胶结起来，连成整体，可以增强抗风浪和冰推的能力，减免对护坡的破坏。当前，有的护坡垫层厚度和级配符合要求，但块石普遍偏小；有的护坡块石大小符合要求，但垫层厚度和级配不合规定，经常遭遇风浪或冰冻，破坏了护坡。如更换块石或垫层，工程量都很大，采用上述浆砌框格加固，又不能避免破坏，可考虑采用这种措施加固护坡，如图 2-41 所示。具体的方法是先将坡面的脏物、杂草等清除干净，用水冲洗石缝，保证块石与混凝土或水泥浆结合牢固。在初凝前，将灌注的缝隙表面用水泥砂浆勾成平缝。为了排除护坡内渗水，一般在一定的面积内应留细缝或小孔作为渗水排除通道。灌缝混凝土应选用适合石缝大小的砾石作骨料，混凝土标号不宜过高，以节约水泥。如遇石缝较小，可改用砂浆灌入。

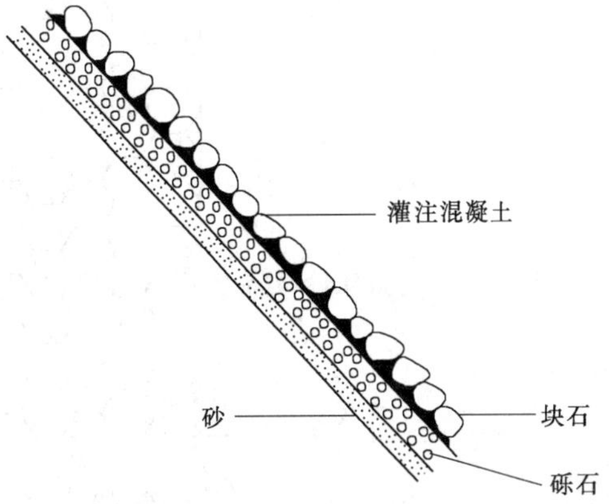

图 2-41　干砌石灌注混凝土护坡示意图

4. 全面浆砌块石

当采用混凝土或砂浆灌注石缝加固，不能抵御风浪淘刷和结冰挤压时，可利用原有护坡的块石进行全面浆砌。如广东省某水库干砌石护坡，最后采取了这一加固措施，解决了风浪的淘刷。在砌筑前，将原有的块石洗干净，以利于块石与砂浆紧密结合。砌筑块石时，必须保护好下边垫层，防止水泥砂浆灌入。为适应土坝边坡不均匀沉陷和有利于维修工作，应分块砌筑，并设置伸缩缝。一般分块的面积以 5～6m^2 为宜，并应留一个排水孔或排水缝以利于排除土体内渗水。

5. 混凝土护坡

对吹程较远，风浪较大，经常发生破坏的护坡，可采用预制或现浇混凝土板加固处理护坡。将原护坡块石拆除，重新沿坝轴线方向在一定范围内或整个上游坝坡采用预制或现浇混凝土板护坡。混凝土板厚度一般为 15～30cm，平面尺寸为 1.5m×2.5m 至 4m×4m，不宜过大，平面布置如图 2-42 和图 2-43 所示。并应按规定做好垫层和伸缩缝，设置排水孔。伸缩缝和排水孔应做好反滤保护，防止坝体材料在风浪作用下淘刷流失。为防止裂缝，可考虑在

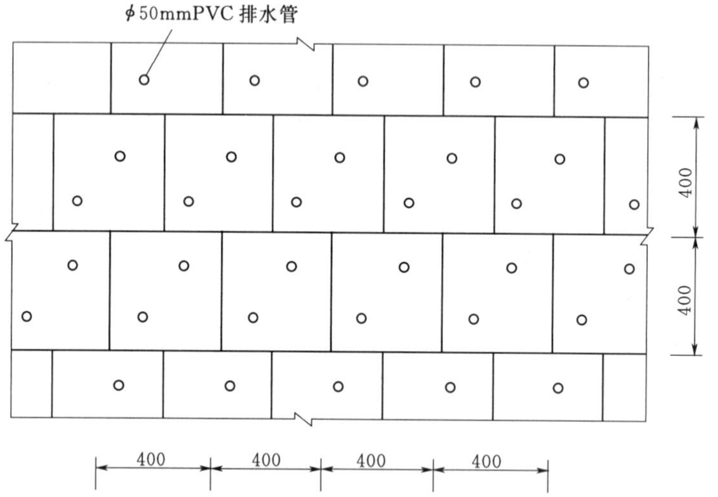

图 2-42 上游现浇混凝土护坡平面布置图（单位：cm）

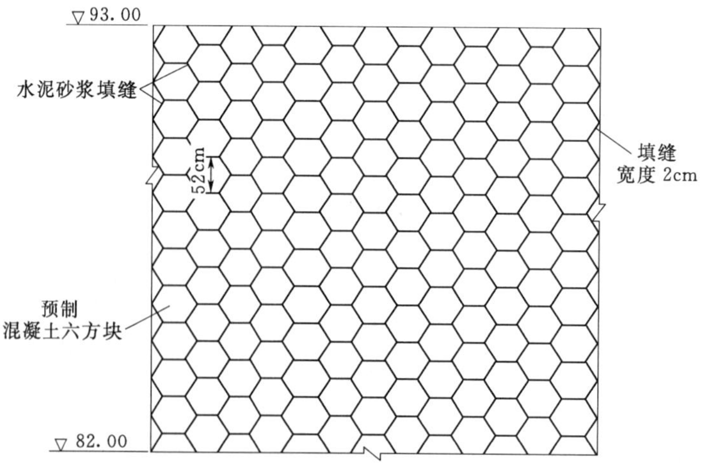

图 2-43 上游预制混凝土护坡布置图

混凝土板内配置适量钢筋。混凝土护坡，耐久性好，抗风浪冲刷能力强，缺点是比较光滑，风浪爬得比较高，在混凝土护坡上可采用加糙措施消浪，或将防浪墙上游面修成凹向水库的曲线，使浪花向库反溅，起到消浪的作用。

任务总结： 土石坝护坡是土石坝的重要组成部分，常见护坡破坏的类型有脱落破坏、塌陷破坏、崩塌破坏、滑动破坏、挤压破坏、鼓胀破坏、溶蚀破坏等，而发生破坏的原因则多种多样。土石坝护坡的修理分为临时紧急抢护、永久加固修理两种，应针对不同的需求选择合适的修理思路，做到技术可行、经济合理。

任务学习拓展： 护坡为什么是土石坝不可或缺的重要组成部分，土石坝护坡对土石坝枢纽工程主要起什么作用呢？

任务六　堤坝白蚁危害防治

任务描述： 本任务介绍了堤坝白蚁的产生原因、活动规律、白蚁危害的预防及治理措施。培养学生具有堤坝白蚁防治的初步能力。

案例导学： 汉江是长江中游最大的支流，2003—2010 年，汉江中下游出现过 3 次 20 年一遇的较大洪水，千里汉江干堤险象环生。在经过对汉江堤防白蚁进行普查后发现，危害的主要白蚁种类有黑翅土白蚁、家白蚁和散白蚁。其中汉江遥堤钟祥段经查仍有 5 处黑翅土白蚁危害；东荆河堤上不足 10km 的区段发现家白蚁和散白蚁隐患近 800 处；多处护堤林在家白蚁和散白蚁双重危害下，其生长、更新及经济价值已严重受到影响。白蚁隐患对堤防工程的安全运行和防堤林经济效益的取得已构成严重威胁。

问题： 白蚁对堤坝构成哪些危害呢？又该怎样对堤坝进行白蚁防治呢？

一、白蚁的危害

白蚁在堤坝内构筑巨大的蚁巢（直径可在 1m 以上）和数量众多的副巢（菌圃）以及四通八达的蚁道，蚁道往往贯穿堤坝上下游。在汛期水位上涨时，水流进入蚁道和蚁巢，在下游坡面造成渗水、管涌等险情，如不及时抢险或处理不当，则可能导致决堤垮坝，这便是“千里金堤，溃于蚁穴”之说。

二、堤坝白蚁的活动规律及检查

（一）白蚁活动规律

白蚁在堤坝的地表活动与季节有很大的关系，主要是温度和湿度的影响。据多年观察，在湿度适宜时，当日平均气温在 10℃以下时，白蚁仅在地表以下活动取食；当日平均气温达到 12℃时，白蚁就开始到地面采食。随着天气变暖、气温升高，白蚁在堤坝表面活动有所增加，活动范围逐渐扩大；当日平均气温达到 20℃左右时，活动显著增加，活动面也逐渐扩大。同时，秋季地表活动强于春季。

白蚁在堤坝上活动的具体部位也有一定的规律性。对于河道堤防，春季背水坡在离堤肩 1/3 坡长范围内，迎水坡在堤肩或离堤肩 1/5 坡长范围内；秋季背水坡在坡脚 1/5 坡长范围内，迎水坡在常水位和汛期高水位之间部位。对于水库大坝，靠近山坡林地的两端多于坝身中部，背水坡多在中上部（坝高 1/3 以上），迎水坡多在常水位以上 1～3m 范围内，严重的可向下蔓延到近水边。白蚁在堤坝内营巢分布规律是堤坝背水坡多于迎水坡，近丘陵山坡的堤段多于平原区堤段，水库大坝两端多于坝身中部，黏性土质堤坝多于砂性土质堤坝，堤防设防水位以上部位多于下部，水库多在浸润线以上，荒野堤坝多于居民集中地段堤坝。

（二）白蚁检查

白蚁活动非常隐蔽，其巢穴不易被发现。白蚁为了生存繁殖，需在地表进行采食活动而修筑泥被、泥线，其繁殖季节还会在地表修筑分飞孔。这些地表活动迹象，是发现堤坝工程遭受白蚁危害的标志。

堤坝白蚁的检查方法：一是地表活动迹象查找，主要是在枯枝、枯草茎、枯树桩及林木等处查找泥被、泥线采食迹象，在分飞季节应查找分飞孔；二是利用引诱物查找，即在堤坝坡面上用白蚁喜食的材料设置引诱桩、引诱堆（坑），以引诱白蚁采食。设置 1 周左右进行第一次检查，以后每隔 2～3d 检查一次，对已发现被白蚁采食的应做好标记，做好记录，并在平面图上标出。

三、堤坝白蚁产生的原因

（1）建造堤坝前，未清除堤坝基础内的白蚁巢穴，给堤坝留下隐患。

（2）在白蚁分飞季节（五月、六月），由于堤坝周围夜间灯火明亮，容易将附近山坡田野中白蚁有翅成虫吸引到堤坝上来，在堤坝内创造新群体，营巢繁殖。

（3）由于堤坝生态环境的优越性，堤坝周围的老蚁群，蔓延到堤坝内定居。

（4）经常在堤坝上晒柴草、堆放木材等，事后又不及时清理，再加上有的水库下游种植白蚁喜食的树木，这些容易人为地导致白蚁危害。

四、堤坝白蚁危害预防

堤坝白蚁预防措施：针对堤坝白蚁的分布规律，对有蚁患地区的堤坝工程应搞好预防工作，“防重于治，防治结合”，把白蚁消灭在危害堤坝之前，常用的方法如下。

1. 堤坝基础的处理

对于新建和加固培厚的堤坝工程，在施工前应对堤坝基础进行认真的检查和灭杀白蚁工作，处理的方法可直接挖去蚁巢或用药烟熏杀，也可在清基面喷洒农药。对加固培厚的堤坝工程，可结合土方加固设置毒土层防蚁。

2. 改变堤坝坡面的物理结构和性能

这是防止分飞落巢的一种方法，具体做法是用生石灰和食盐拌和土壤，在堤坝表面设置一层预防层。也可用炉渣、小石子、粗砂或加入少量生石灰混合在一起，在堤坝表面铺设一层预防层。

3. 药物防护

在白蚁分飞季节，可在堤坝表面喷洒农药，特别是发现繁殖蚁已降落在堤坝上，尤要抓紧喷洒农药，把繁殖蚁消灭在配对筑洞营巢之前。

4. 带药灌浆

在堤坝灌浆的浆液中掺入一定数量的农药，既可以加固堤坝，又可预防白蚁构筑贯穿堤坝的蚁道，并对白蚁起到一定的灭杀作用。

5. 加强堤坝管理

对堤坝工程必须严格杜绝人为招引白蚁活动，消除白蚁的食源，减少白蚁的蔓延。因此，不得在堤坝上堆晒柴草、放置木材、修坟造房等。水库大坝应清除树木、柴穗槐、枯树和杂草等。

五、堤坝白蚁危害的治理

堤坝白蚁灭杀主要运用方法有直接挖巢法、挖沟截道法、药烟熏杀法及药物诱杀法等4种。

1. 直接挖巢法

在堤坝表面白蚁采食点（也可在设置引诱坑、引诱堆的位置）附近找到采食道，沿蚁道追挖至主巢，捉到蚁王、蚁后，挖取菌圃，然后带药回填、夯实。一般适用于比较低矮和未加固过的堤坝。

2. 挖沟截道法

对白蚁在堤坝表面活动迹象较少时，可在堤坝背水坡常水位线以上，沿堤坝轴线方向开挖探测沟，挖到蚁道，沿蚁道追挖主巢，或先用药烟熏杀再追挖主巢。探测沟深一般为1.2～2.0m，底宽0.5～0.8m。为保证堤坝安全，探测沟宜分段开挖，治理一段即回填、夯实一段。

3. 药烟熏杀法

对堤坝查到分飞孔并已临近分飞期的，常用药烟熏杀法灭治。可用人力鼓风将药烟压入主巢，烟剂有化学药剂和草药两种，使用较多的为化学固体烟剂。

4. 药物诱杀法

药物诱杀法主要是以白蚁喜食的饵料作为引诱材料，加入适量的灭蚁灵配制成灭蚁灵毒饵诱杀袋。具体施药方法有以下几种：

(1) 普遍投放法。在有白蚁危害的堤坝背水坡设置2～3排引诱堆（坑），其设置要求，横距5～10m，纵距5m左右，坑的标准为30cm×30cm×5cm，每堆（坑）所用引诱材料（一般用鸡爪草）250g左右。具体施药方法是将灭蚁灵毒饵诱杀袋夹入引诱材料之中，引诱材料的上部要用土块或其他材料加以保护，诱杀袋投入10～15天后，翻堆检查诱杀袋被食情况。此种方法省工，但采食率低。

(2) 先引后投法。按上述方法设置引诱堆（坑），但不投药，经常检查，发现有白蚁在其内采食，速将诱杀袋投入，但要特别注意不要惊动白蚁，以免拒食。此方法采食率高，但要经常检查，并要防止在投药时白蚁受惊逃跑。

(3) 重点投放法。经常检查堤坝白蚁活动情况，发现新鲜的泥被、泥线时，即在其周围设置引诱堆（坑），并投放药物，此种方法采食率也高，但须勤检查投药。

任务总结：千里之堤，溃于蚁穴。土栖白蚁对水库堤坝具有危害性大、危害范围广、扩散性强、活动隐蔽等特点，白蚁个体的活动常处于地表以下土层等不易被察觉的部位，一旦发现坝体内往往已经蚁道纵横，千疮百孔，对大坝造成较大的损害。治理白蚁必须预防和治理双管齐下，才能保证堤坝的安全。

任务学习拓展：在进行挖巢回填的时候应该注意什么？白蚁对堤坝的危害最终是以什么形式实现的？

课 后 训 练

一、单项选择题

1. 土石坝坝基渗漏处理常用的处理措施有黏土防渗铺盖、截水槽、混凝土防渗墙、下游导渗及压渗以及（　　）。

A. 高压喷射灌浆　　B. 抛石压脚　　C. 翻松夯实　　D. 劈裂灌浆

2. 堤坝白蚁的灭杀主要有直接挖巢法、挖沟截道法、（　　）及药物诱杀法等4种。

A. 开挖回填法　　B. 药烟熏杀法　　C. 充填灌浆法　　D. 药物防护法

二、多项选择题

1. 土石坝裂缝的预防应该在（　　）等阶段进行。

A. 勘察阶段　　B. 设计阶段　　C. 施工阶段　　D. 运营管理　　E. 日常巡查

2. 土石坝护坡的临时紧急抢护措施分为（　　）。

A. 砂袋压盖　　B. 抛石抢护　　C. 铅丝石笼抢护　　D. 局部翻砌　　E. 浆砌石框格

三、判断题

1. 滑坡的处理原则，是设法减少滑动力，增加抗滑力。（　　）

2. 土石坝坝体不允许任何透水现象出现。（　　）

四、简答题

1. 土石坝的养护应该遵循怎样的思路?

2. 在土石坝常见的病害中，对滑坡的处理和对裂缝的处理有什么异同点?

项目三　混凝土坝和浆砌石坝的养护修理

项目描述：我国已建成水库85000多座，在水库大坝中，有一部分是混凝土和浆砌石坝，这些坝在长期运用过程中，受自然和人为因素的影响，受到不同程度的损坏，必须进行养护修理，确保工程安全。本项目共有6个学习任务，介绍了混凝土坝和浆砌石坝的养护，增加重力坝抗滑稳定性的措施，混凝土坝表层损坏、裂缝、渗漏的修理，浆砌石坝的病害及其修理。

项目学习目标：熟悉混凝土坝和浆砌石坝养护的内容及要求；掌握混凝土坝的裂缝和渗漏常用的处理方法；掌握混凝土表层损坏的修补措施；了解增加重力坝抗滑稳定性；了解浆砌石坝裂缝渗漏的处理措施。培养学生具有混凝土坝、浆砌石坝养护的能力以及维修加固的初步能力。

项目学习重点：混凝土坝表层损坏的修理方法，裂缝表层及内部处理方法，渗漏处理的措施。

项目学习难点：混凝土坝裂缝及渗漏的修理。

任务一　混凝土坝和浆砌石坝的养护

任务描述：本任务介绍了混凝土坝和浆砌石坝的养护内容和要求，培养学生具有混凝土坝、浆砌石坝养护的能力。

案例导学：新丰江水电站位于广东省河源市境内东江支流新丰江最后一个峡谷出口处，是一座以供水为主，兼顾发电、防洪、航运等综合利用的水利枢纽工程。

新丰江大坝为混凝土单支墩大头坝，由19个18m宽的支墩及两岸重力段组成，坝顶轴线长440m，坝顶高程124m，最大坝高105m，坝底最大宽度102.5m，上下游坡比均为1∶0.5。坝址坐落于中生代末期东西向的巨大花岗岩体上，坝基岩性以粗中粒花岗岩为主，位于左岸及河床的1～11号坝基置于新鲜基岩上，有部分陡倾角的小断层或裂隙密集带，局部成风化夹层的，已做槽挖回填混凝土塞或固结灌浆处理。12号坝段以右坝基（尤其是14号坝基煌斑岩脉以右）因受右岸构造断裂和煌斑岩脉侵入影响，致使岩石破碎，风化较深，风化壳最大厚度达40m，开挖后兼作固结灌浆处理。

大坝原有设计排水孔387个，由于大坝经过二期工程加固，坝腔现只有357个排水孔，分布于19个坝段，其中有30个受地理环境影响无从检查，剩余的327个孔中只有12个有水排出，315个孔没有水排出，主要原因是孔内污泥淤积、集水井淤积、排水沟堵塞等，导致大坝扬压力有偏高的趋势，甚至超出设计值，对大坝稳定性产生不利影响。后制定措施，对孔内污泥淤积用水加高压气进行冲洗，对集水井、排水沟的淤积及堵塞进行清理和冲洗，使排水畅通，降低了坝基扬压力，提高了大坝安全性。

问题：上面的案例表明，养护工作对保持大坝的安全、完整和正常运行至关重要。那么，混凝土坝和浆砌石坝的养护内容和要求有哪些？

一、一般规定

养护对象应包括建筑物表面、变形缝止水设施、排水设施、闸门及启闭设备、地下洞室、边坡、安全监测设施及其他辅助设施等，以及冻害、碳化与氯离子侵蚀、化学侵蚀等的防护。

养护应包括经常性养护、定期养护和专门性养护。经常性养护是指在日常巡查、年度检查或特别检查过程中发现缺陷与隐患后，能够及时进行处理的养护。定期养护是指为维持水工建筑物、地下洞室、边坡和设施等安全运行而定期进行的养护，一般应在每年汛前、汛后、冬季来临前或易于保证养护工程施工质量的时间段进行，包括年度养护、汛期养护、冬季养护等。专门性养护是指为了保证水工建筑物、地下洞室、边坡和设施等某个组成部分所具备的特定功能正常发挥而进行的针对性养护，专门性养护应在极有可能出现问题或发现问题后，制定养护方案并及时进行，若不能及时进行养护施工时，应采取临时防护措施。

二、混凝土表面养护和防护

（1）混凝土建筑物表面及沟道等应经常清理，保持表面清洁整齐，无积水、散落物、杂草、垃圾和乱堆的杂物、工具等。

（2）过流面应保持光滑、平整；泄洪前应清除过流面上可能引起冲磨损坏的石块和其他重物。

（3）混凝土建筑物表面出现轻微裂缝时，应加强检查与观测，并采取封闭处理等措施。

（4）出现渗漏时，应加强观测，必要时采取导排措施。

（5）混凝土表面剥蚀、磨损、冲刷、风化等类型的轻微缺陷，当单个缺陷面积较小，总体规模不大时，宜采用水泥砂浆、细石混凝土或环氧类材料等及时进行修补。

（6）混凝土碳化可能引起钢筋锈蚀的混凝土表面应采用涂料涂层全面封闭防护。碳化与氯离子侵蚀引起钢筋锈蚀时，应采用涂料涂层封闭等防护措施。对有氯离子侵蚀的钢筋混凝土表面还可采用阴极保护。

（7）对已形成渗透通道或出现裂缝的溶出性侵蚀，可采用灌浆封堵或加涂料涂层防护。对由酸类和盐类导致的轻微侵蚀可采用涂料涂层防护，严重侵蚀可采用浇筑或衬砌形成保护层防护。

（8）在北方地区，针对混凝土建筑物可能遭受的冻害应采取破冰、排干积水、保温等措施，及时修补因冻融导致的剥蚀或裂缝。

三、变形缝止水设施养护

（1）各类变形缝止水设施要保持完整无损，无渗水或渗漏量不超过允许范围。应定期清理各类变形缝止水设施下游的排水孔，保持排水通畅。

（2）沥青井的出流管、盖板等设施应经常保养，溢出的沥青应及时清除。沥青井应每5～10年加热一次，沥青不足时应补灌，沥青老化时应及时更换，更换的废沥青应回收处理。

（3）变形缝充填材料老化脱落时应及时更换相同材料或应用较为成熟的新材料进行充填封堵。变形缝填充施工前应将变形缝清理干净。若存在渗漏现象，应先进行渗漏处理，保持缝内干燥。

四、排水设施养护

（1）坝面、廊道、地下洞室、边坡及其他表面的排水沟、排水孔应经常进行人工或机械清理，保持排水通畅。

（2）坝体、基础、溢洪道边墙及底板、地下洞室、护坡等的排水孔应经常进行人工掏挖或机械疏通。疏通时不应损坏孔底反滤层。无法疏通时，应在附近增补排水孔。

（3）集水井、集水廊道的淤积物应及时清除。抽排设备应经常进行维护，保证正常抽排。

（4）地下洞室的顶拱、边墙等部位出现渗漏时，应增设排水孔，并设置导排设施。

此外，应保持闸门启闭灵活，泄洪时闸门应对称开启，保持水流对称，防止局部冲刷，有问题要及时处理。应保护好各种观测设备，如有损坏或失效的，应及时处理。应定期监测坝前泥沙淤积和泄洪设施下游冲淤情况，淤积影响枢纽正常运行时，应进行冲沙或清淤，冲刷严重时应进行防护。应加强安全护栏、防汛道路、界桩、告示牌等管理设施的维护与维修。

对于浆砌石坝的养护，要注意是否存在坝体裂缝和灰浆脱落，当发现裂缝时，应查明原因并及时进行维修，一般表面裂缝和灰浆脱落，可用水泥砂浆填塞，如发现严重裂缝时，应做专门研究处理。如发现有渗水现象，应首先加强上游面勾缝处理，必要时再专门处理。

任务总结：养护包括经常性养护、定期养护和专门性养护。养护对象包括建筑物表面、变形缝止水设施、排水设施、闸门及启闭设备、地下洞室、边坡、安全监测设施及其他辅助设施等，以及冻害、碳化与氯离子侵蚀、化学侵蚀等的防护。养护工作应做到及时消除大坝的表面缺陷和局部工程问题，随时防护可能发生的损坏，保持工程安全、完整和正常运用。

任务学习拓展：坝基排水孔养护对大坝稳定性的影响。

任务二　增强重力坝抗滑稳定性的措施

任务描述：本任务介绍了重力坝抗滑稳定性不足的原因及增强重力坝抗滑稳定性的措施，为培养学生具有混凝土坝、浆砌石坝维修加固的初步能力打下基础。

案例导学：四川省黑龙滩浆砌条石重力坝于1971年建成，最大坝高55m，总库容3.6亿m^3，是一座大型的灌溉蓄水工程。由于设计考虑不周，勘测条件较差，加之施工质量控制不严，因此，蓄水后出现了坝体抗滑稳定性不够、裂缝、渗漏、廊道排水沟淤积及部分排水孔堵塞等多方面的病害。其中最主要的病害是坝体抗滑稳定性不够，这是由于施工时发现坝基内有黏土夹层，但未能全部清除，致使实际的摩擦系数远小于设计采用值0.55而造成的。

根据病害情况，采用了坝身灌浆、坝基帷幕补强灌浆和加厚坝体的综合处理方案。坝身灌浆采用坝顶钻孔灌浆方法，经过处理后，坝身裂缝多已闭合，渗漏情况也大为好转，渗漏范围大为减小，廊道内和下游坝坡已能基本上保持干燥状态。帷幕灌浆时，排距2m，孔距3m，部分坝段孔距加密至1.5m。河床段深入基岩40m，两岸坝肩段深入基岩25～30m。帷幕补强后，坝基渗漏也明显减少。通过坝身灌浆和帷幕灌浆后，1974年初测得渗流量已减少为26L/min，仅约为原渗流量的1/4。并通过计算将坝体加宽13m，如图3-1所示。加固结束后，核算表明稳定系数满足要求，水库蓄水运用正常。

问题：上面的案例表明，用混凝土或石料等材料修筑，主要依靠坝体自重保持稳定的重

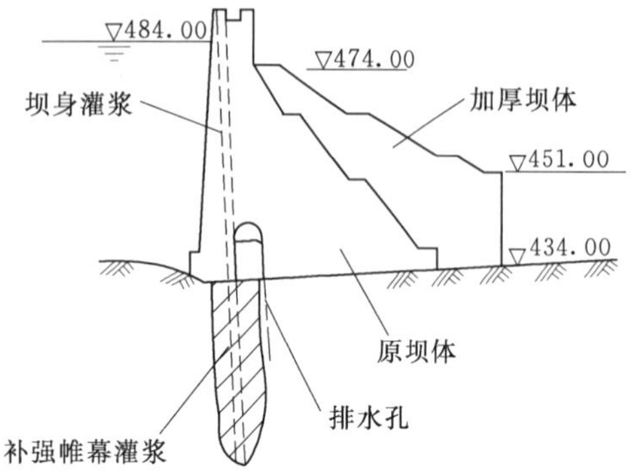

图 3-1　四川省黑龙滩浆砌条石重力坝病害处理示意图

力坝，在各种荷载组合作用下，必须要有足够的抗滑稳定性。抗滑稳定性不足是重力坝最危险的病害之一，当发现坝体存在抗滑稳定性不足，或已产生初步滑动迹象时，必须仔细检查和分析坝体抗滑稳定性不足的原因，提出合理经济的措施，及时处理，保证大坝安全。那么，导致重力坝抗滑稳定性不足的原因有哪些？增加重力坝抗滑稳定性的措施有哪些？

一、重力坝抗滑稳定性不足的原因

（一）影响重力坝稳定的因素

重力坝在水压力及其他荷载作用下，主要依靠坝体自重产生的抗滑力来满足稳定要求，因此影响稳定的因素主要是坝和地基或软弱夹层之间的摩擦系数和抗剪指标，以及所有作用于坝体的垂直荷载和水平荷载，特别是地基的抗剪强度指标起关键作用。

（二）重力坝失稳原因

通过对已建重力坝由于抗滑稳定性不足导致大坝失事情况的调查分析，坝体抗滑稳定性不足，主要是由于重力坝在勘测、设计、施工和运用管理中存在的问题造成的。

(1) 在勘测工作中，由于对坝基地质条件缺乏全面了解，或是对坝基的地质勘测深度不够，特别是忽略了地基中存在的软弱夹层、破碎带，往往因为采用了过高的摩擦系数而造成抗滑稳定性不足。

(2) 设计的坝体断面过于单薄，或者坝体内设有较多的孔洞、廊道，导致坝体自重不够，或防渗排水设施设计不合理，使得扬压力加大，减小了坝体的有效重量，使坝体稳定性不够。

(3) 施工质量较差，基础处理不彻底，使坝底与地基接触不良，摩擦系数达不到设计要求，且坝底透水性增大，超过设计计算数值，造成不稳定。

(4) 由于管理运用不善，使水库水位经常处于超设计水位，增大了坝体所受的水平推力，或排水设施失效，增加了浮托力，均会减小坝体的抗滑稳定性。

二、增强重力坝抗滑稳定性的主要措施

增强坝体的抗滑稳定，也就是增大安全系数，其途径为增加坝体所受铅直向下的力，提高抗剪强度指标，减少扬压力和减少水平推力等。现将具体措施分述如下。

（一）增加坝体所受铅直向下的力

(1) 利用水重。设置倾斜的上游坝面，利用坝面上水重增加稳定。当坝底面与基岩间的抗剪强度参数较小时，常将坝的上游面做成倾向上游，利用坝面上的水重来提高坝的抗滑稳定性。但上游面的坡度不宜过缓，应控制在 1：0.1～1：0.2 范围内，否则，在上游坝面容易产生拉应力，对强度不利。

(2) 加大坝体剖面。加大坝体断面可从坝的上游面或从坝的下游面进行。从上游面增加断面时，既可增加坝体重力，又可增加垂直水重，同时还可改善防渗条件，但需放空水库或降低库水位修筑围堰挡水才能施工，如图 3-2 (a) 所示。从坝的下游面增大断面，施工比较方便，但也应适当降低库水位进行施工。这样，有利于减少上游坝面拉应力，如图 3-2 (b) 所示。坝体断面增加部分的尺寸，应通过稳定计算确定，施工时还应注意新旧坝体之

间结合紧密。此法简单可靠但不经济。

(3) 预应力锚固是从坝顶钻孔到坝基，孔内放置钢索，锚索一端锚入基岩中，在坝顶另一端施加很大的拉力，使钢索受拉、坝体受压，从而增加坝体抗滑稳定，如图 3-3 所示。用预应力锚固来提高坝体抗滑稳定性，效果良好，但施工工艺复杂。且预应力可因锚索松弛而受到损失。适应于夹层深而多，下伏坚硬完整岩石时的大坝加固情况。

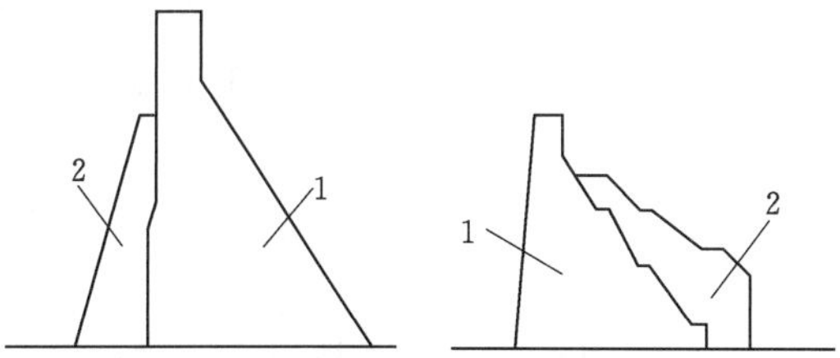

(a) 从上游面增加坝体断面　(b) 从下游增加坝体断面

图 3-2　增加坝体断面的方式

1—原坝体；2—加固坝体

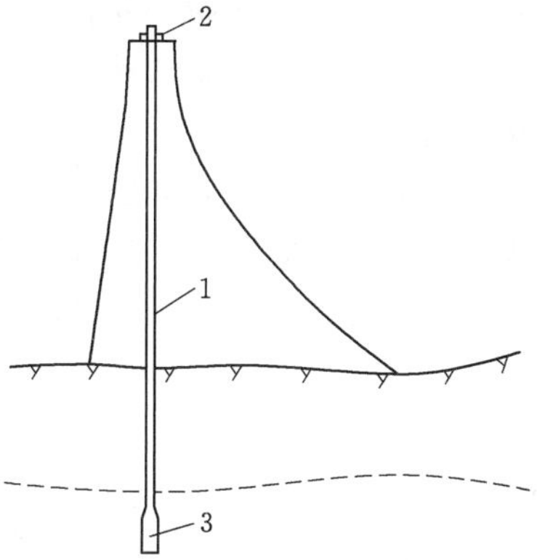

图 3-3　预应力锚固示意图

1—锚索孔；2—锚头；3—扩孔段

（二）提高抗剪强度指标

(1) 设置齿墙。如图 3-4 (a) 所示，当基岩内有倾向下游的软弱面时，可在坝踵部位设齿墙，切断较浅的软弱面，迫使可能的滑动面由 abc 成为 $a'b'c'$，这样既增大了滑动体的重量，同时也增大了抗滑体的抗力。也可在坝趾部位设置齿墙，将坝趾放在较好的岩层上，如图 3-4 (b) 所示，则可更多地发挥抗力体的作用，可在一定程度上改善坝踵应力，同时由于坝趾的应力较大，设在坝趾下的齿墙的抗剪能力也会相应增加。

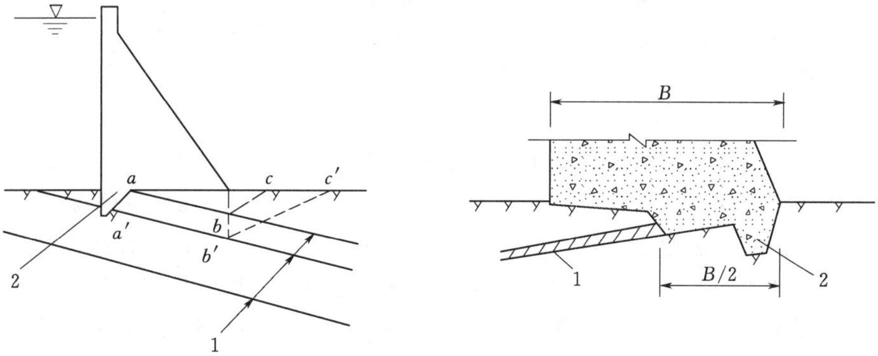

(a) 坝踵设齿墙　(b) 坝趾设齿墙

图 3-4　齿墙设置

1—泥化夹层；2—齿墙

(2) 加固地基。对于原坝体与地基的结合，只能通过固结灌浆的措施加以改善，从而提高坝体的抗滑稳定性，除此之外，通过固结灌浆还能增强基岩的整体性及弹性模量，增加地基的承载能力。固结灌浆孔的深度，在上游部分坝基中，由于坝基可能产生拉应力，要求基岩有较高的整体性，故对钻孔要求较深为 8～12m。在坝基的下游部分，应力较集中，也要求较深的固结灌浆孔，孔深也为 8～12m，其余部分可采用 5～8m 的浅孔。固结灌浆孔距一般为 3～4m，呈梅花形或方格形布置。

（三）减少扬压力

扬压力包括两个部分，即渗透力和浮托力，因此减少扬压力有两种措施即加强防渗以减小渗透力和加强排水以减小浮托力。

（1）加强防渗。可采用补强帷幕灌浆，对减少扬压力的效果非常显著。灌浆可在坝体灌浆廊道中进行，如图 3－5（a）所示。当没有灌浆廊道时，可从坝顶上游侧钻孔，穿过坝身，深入基岩进行灌浆，如图 3－5（b）所示。当既无灌浆廊道，从坝顶钻孔灌浆又困难，又不能放空水库时，可以采用深水钻孔灌浆，如图 3－5（c）所示。灌浆材料以水泥为主。

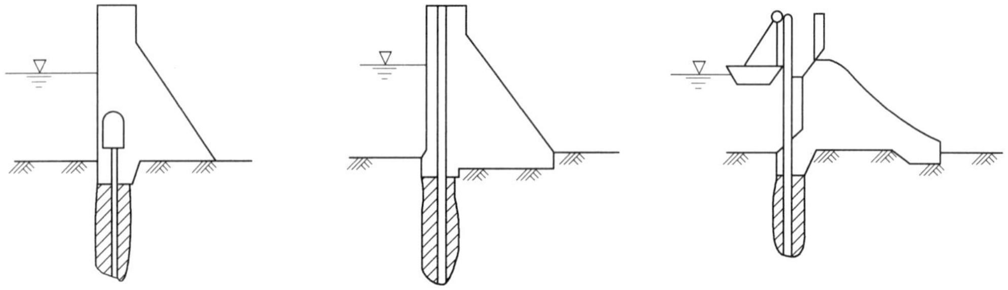

(a) 在坝体廊道中进行灌浆　　(b) 在坝顶钻孔进行灌浆　　(c) 深水钻孔灌浆

图 3－5　补强帷幕灌浆方式

（2）加强排水。为减少扬压力，除在坝基上游部分进行补强帷幕灌浆以外，还应在帷幕下游部分设置排水系统，增加排水能力。两者配合使用，更能保证坝体的抗滑稳定性。排水系统的主要形式是排水孔，排水孔的排水效果与孔距、孔径和孔深有关，常用的孔距为 2～3m，孔径为 15～20cm，孔深为 0.4～0.6 倍的帷幕深度。原排水孔过浅或孔距过大的，应进行加深或加密补孔，以增加导渗能力；如原有的排水孔受泥沙等物堵塞时，可采用高压气（或水）冲孔或用钻机清扫以恢复其排水能力。

（四）减小水平推力

减小水平推力可采用控制水库运用和在坝体下游面加支撑等方法。

（1）控制水库运用。主要用于病险水库度汛或水库设计标准偏低等情况。对病险库来讲，通过降低汛前调洪起始水位，可减小库水对坝的水平推力。对设计标准偏低的水库，通过改建溢洪道，加大泄洪能力，控制水库水位，也可达到保持坝体稳定的作用。

（2）坝体下游面加支撑。可使坝体上游的水平推力通过支撑传到地基上，从而减少坝体所受的水平推力，又可增加坝体重力。支撑的形式如图 3－6 所示，可根据建筑物的形式和地质地形条件加以选用。

任务总结：对于重力坝，抗滑稳定性不足是导致大坝失事的主要原因，当重力坝抗滑稳定性不足时，必须分析造成稳定性不足的原因，然后针对原因，采用增加坝体所受铅直向下的力、提高抗剪强度指标、减少扬压力和减少水平推力等措施，从多方面着手，综合处理，来提高重力坝的抗滑稳定性，确保安全运用。

任务学习拓展：了解坝基灌浆的施工工艺。

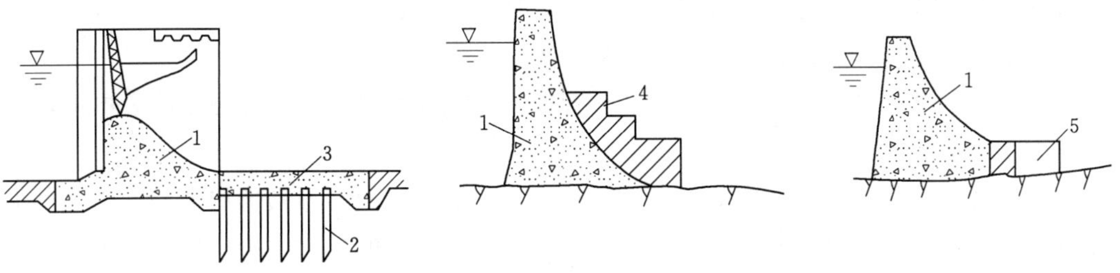

(a) 溢流坝下游护坦设桩　　(b) 非溢流坝重力墙支撑　　(c) 钢筋混凝土水平拱支撑

图 3-6　坝体下游面加支撑的形式

1—坝体；2—支撑桩；3—护坦；4—重力墙；5—水平拱

任务三　混凝土坝表层损坏及其修理

任务描述：本任务介绍混凝土坝表层损坏的现象、原因、危害及修理方法，培养学生具有混凝土坝表层损坏修理的初步能力。

案例导学：云峰混凝土重力坝始建于1959年，大坝施工因没有采取严格保温措施，使部分浇筑块早期受冻，形成受冻夹层，降低了混凝土的各种性能，大坝老化病害严重。主要表现在以下几个方面：

（1）溢流面破损。大坝运行后，经过溢流或未曾溢流的坝面普遍出现层状剥蚀、脱落和局部钢筋裸露，破损面积达 $11000m^2$，占溢流面的33.6%，其中破损深度小于10cm的占90%。经分析破损是冻融造成的。

（2）下游坝面破损。1998年调查，下游坝面破损比较严重，高程越低破损越严重，坝趾处破损最为严重。有的坝面初看完整，但内部已经被破坏，剥蚀分层，即将脱落。调查总面积为 $22331.55m^2$，破损面积为 $13640.0m^2$，破损率为60.5%。破损深度最深的出现在14号坝段达28cm。

（3）上游坝面破损。2003年调查发现，上游面不仅破损面范围广，破损深度也较深，个别深度达25cm。尤其是溢流坝所有闸墩破损尤为突出，混凝土脱落，钢筋裸露锈蚀。

大坝采取的修理措施如下：

（1）溢流面补强加固。溢流面挖除破损混凝土0.3m，按梅花形布置系统锚筋，铺设钢筋网，采用真空作业浇筑新混凝土。反弧段一般凿除老混凝土0.5m，按梅花形布置系统锚筋，铺设钢筋网，采用真空作业浇筑高标号补强混凝土。

（2）大坝下游面补强加固。开挖深度为60cm，按梅花形布置系统锚筋，铺设钢筋网，浇筑补强混凝土。

（3）上游面补强加固。采用无声破碎剂进行大面积混凝土开挖，按梅花形布置系统锚筋，铺设钢筋网，浇筑补强混凝土。

经补强加固后，工程运行正常。

问题：上面的案例表明，混凝土坝表层损坏会造成局部剥蚀、钢筋锈蚀等，如任其发展，势必向内部深入，严重时甚至会削弱结构强度，必须通过调查，分析其产生的原因，采取针对性的措施来修理，确保工程安全。那么，混凝土坝表层损坏的现象及成因有哪些？表层损坏修理应遵循什么原则？表层损坏的修理措施有哪些？

一、混凝土坝表层损坏的现象、成因及危害

由于设计考虑不周、施工质量差、运行管理不善或其他原因导致混凝土坝表层损坏，主要表现在以下几个方面：

（1）剥蚀。混凝土坝表面发生麻面、露石、起皮松软和剥落等老化病害的统称，是由于环境因素与混凝土材料间产生一系列机械的、物理的、化学的复杂作用而形成大于混凝土的抵抗能力（强度）的破坏力所致，包括冻融剥蚀、风化剥蚀、水质侵蚀、钢筋锈蚀及碱骨料反应等，广义上还包括磨损和空蚀。

（2）磨损。指携带泥、沙、石的高速水流对混凝土坝表面形成机械作用而引起的破坏。

（3）空蚀。由于承受高速水流作用的泄水建筑物的体形设计不当或表面施工不平整等因素，使平顺水流与边界分离，造成局部压强降低产生空穴，空穴被水挟带到高水压区而溃灭，在瞬间产生相当大的冲击力，导致混凝土疲劳破坏或剥蚀，引起边壁破坏的现象。

（4）碳化。指混凝土中的氢氧化钙吸收空气中的二氧化碳生成碳酸钙和水的化学作用。碳化作用使混凝土 pH 值下降，破坏了混凝土中的高碱介质，失去对钢筋的保护作用。

混凝土坝表层损坏会造成局部剥蚀、钢筋锈蚀等，严重时甚至会削弱结构强度。如任其发展，势必向内部深入、缩短建筑物的使用年限，甚至导致建筑物失稳和破坏。

二、混凝土坝表层损坏的修理

（一）表层损坏调查

混凝土坝表层损坏修理前，应进行剥蚀、磨损、空蚀及碳化调查，了解表层损坏的基本资料及原因，便于采用针对性的修理措施。

（二）表层损坏修理应遵循的原则

表层损坏修理应遵循下列原则：

（1）应以“凿旧补新”方式为主，即清除损伤的老混凝土，浇筑回填能满足特定耐久性要求的修补材料。

（2）清除损伤的老混凝土时，应保证不损害周围完好的混凝土，凿除厚度应均匀，不应出现薄弱断面。

（3）应选用工艺成熟、技术先进、经济合理的修补材料，并按有关规范和产品指南严格控制施工质量。

（三）表层损坏修理方法

在混凝土表层损坏修理之前，不论采用什么办法，均应先凿除并清理干净已损坏的混凝土，凿除部分应形成整齐规则的边缘，轮廓线间的夹角不宜小于 90°，并暴露钢筋锈蚀面，修补厚度大于 150mm 时，应布设锚筋。凿除的方法，主要有人工凿除、人工结合风镐凿除、小型爆破为主结合人工凿除、机械切割凿除等。

选择修补材料时应遵循性能相似原则，修补材料的力学性能和物理性能应与基底混凝土相似。修补厚度小于 20mm 时宜选用聚合物水泥砂浆或树脂砂浆；厚度为 20～50mm 时宜选用水泥基砂浆；厚度为 50～150mm 时宜选用一级配混凝土；厚度大于 150mm 时宜选用二级配混凝土。

混凝土表层修理一般有以下几种方法。

1. 水泥砂浆修补法

首先，凿除已损坏的混凝土，然后进行凿毛、清洗，使其表面保持湿润，再用铁抹子将拌制好的砂浆抹到修补部位，反复压光，最后按照普通混凝土的要求进行养护。当修补深度较大时，可掺适量砾料，以增强砂浆强度和减少砂浆干缩。砂浆强度不得低于原混凝土强度，以相同为宜。

2. 预缩砂浆修补法

对处于高流速区的表层缺陷，为保证强度和平整度，减少砂浆干缩，可采用预缩砂浆修补法。预缩砂浆，是经拌和好后再归堆放置 30～90min 才使用的干硬性砂浆。预缩砂浆具有较高的强度，而且收缩性小，成本低廉，施工方便。

预缩砂浆配置时，水灰比为 0.3～0.34，灰砂比为 1∶2～1∶2.5，并掺入水泥重量1/1000的加气剂，以提高砂浆的流动性。

修补时，对凿毛、清洗过的湿润表面，先涂一层水泥浆，然后再填入预缩砂浆，分层以木槌捣实，直至表面出现少量浆液为止。每次铺料层厚 4～5cm，捣实后为 2～3cm，层与层之间用硬刷刷毛，最后一层表面必须用铁抹子反复压实抹光，并与原混凝土接头平顺密实。施工完成 4～8h 内进行养护，最好能使用湿草袋盖住，经常洒水，保持草袋湿润。

3. 喷浆修补法

喷浆修补法有干料法和湿料法两种：湿料法是将水泥、砂、水按一定比例拌和后，利用高压空气喷射至修补部位；干料法是把水泥和砂的混合物，通过压缩空气的作用，在喷头中与水混合喷射。工程中一般多用干料法。

喷浆设备主要包括喷浆机、干料拌和机、皮带运输机、喷头、水箱、空气压缩机、空气滤清器等，喷浆系统布置如图 3-7 所示。

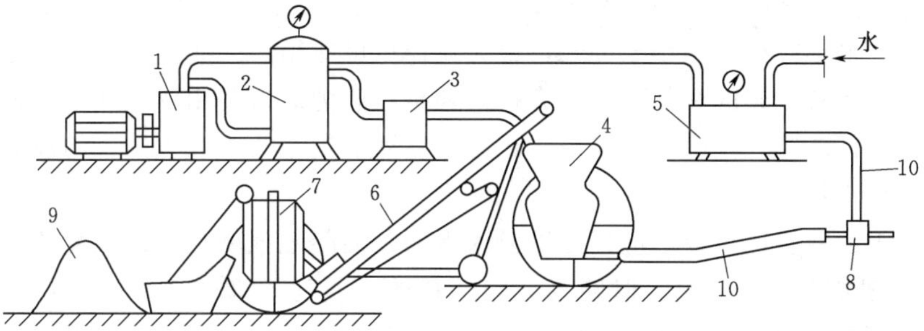

图 3-7　喷浆系统布置图

1—空气压缩机；2—储气罐；3—空气滤清器；4—喷浆机；5—水箱；6—皮带运输机；7—干料拌和机；8—喷头；9—堆料处；10—输料、输气和输水软管

喷浆修补法按其结构特点，又可分为刚性网喷浆、柔性网喷浆、无筋素喷浆 3 种。刚性网指喷浆层有承受结构中全部或部分应力的金属网；柔性网指金属网只起加固连接作用，不承担结构应力；无筋素喷浆，多用于浅层缺陷的修补。

当喷浆层较厚时，应分层喷射，每次喷射厚度，应根据喷射条件而定，仰喷为 20～30mm，侧喷为 30～40mm，俯喷为 50～60mm。层间间歇时间为 2～3h。每次喷射前先洒水，已凝固的应刷毛，保证层间结合牢固。喷浆修补工效快、强度大、密实性好、耐久性高，但由于水泥用量多、层薄、不均匀等因素，喷浆层易产生裂缝，影响使用寿命，因此使用上受到了一定限制。

4. 喷混凝土修补法

喷混凝土是通过高压将混凝土拌和料以很高速度注入修补部位。与普通混凝土相比，具有密实性大、快速、高效、不用模板以及运输、浇筑、振捣结合在一起的优点，因此得到广泛应用。

喷混凝土工作原理、施工方法、养护要求与喷浆基本相同。一次喷射层厚，一般不宜超过最大骨料粒径的 1.5 倍。粗骨料的粒径一般不大于 25mm。为防止混凝土脱落，可掺用适量速凝剂。

5. 钢纤维喷射混凝土修补法

钢纤维混凝土是用一定量乱向分布的钢纤维增强的，以水泥为黏结料的混凝土，属于一种新型的复合材料，其抗裂性特强、韧性很大、抗冲击与耐疲劳强度高、抗拉与抗弯强度高。

搅拌是保证钢纤维在混凝土中均匀分布的重要环节。由于钢纤维混凝土在拌制过程中容易结团而影响混凝土性能，故在拌制过程中要采取合理的投料顺序以及正确的拌制方法。在施工中采用以下投料顺序：石、砂、钢纤维、水泥、外加剂、水。采用强制式搅拌机拌和，先加砂、钢纤维干拌，石、钢纤维逐渐洒散加入，再加入胶凝材料和外加剂干拌，最后加水湿拌。加料时不允许直接将钢纤维加到胶凝材料中，以防结团。

6. 压浆混凝土修补法

压浆混凝土是将一定级配的洁净骨料预先埋入模板内，并埋入灌浆管，然后通过灌浆管用泵把水泥砂浆压入粗骨料的间隙中，通过胶结而形成密实的混凝土。

压浆混凝土用到的材料有砂、粗骨料、掺和料、外加剂。砂宜采用细砂，超过 2.5mm 的颗粒应预先筛除，细度模数最好在 1.2～2.4 范围内；粗骨料应为洁净的卵石或碎石，宜采用间断级配，最小粒径不得小于 2cm，最大粒径尽可能用的大些，使孔隙率降低；掺和料可以节约水泥，改善砂浆的和易性，提高抗渗和抗蚀能力。最常用的掺和料有火山灰质混合材料和粒状高炉矿渣等，其中以粉煤灰应用最广；外加剂是为了改善砂浆的性能，常掺用加气剂、塑化剂和铝粉等。

压浆混凝土的配合比设计，应根据试验求得压浆混凝土强度与砂浆强度的关系，再按要求的砂浆强度确定砂浆配合比。但砂浆与胶结料的重量比不超过 1.6。为了满足施工的需要，使砂浆在压力作用下，通过管道输送时砂粒处于悬浮状态，提高输送效率，用压浆法浇注混凝土的砂浆，应具有一定的流动性和保水性。

压浆系统的布置（图 3-8），除应满足压浆作业顺利进行外，还应使其移动次数最少，且输浆管线路最短。

压浆混凝土与普通混凝土相比，具有收缩率小、拌和工作量小、可用于水下加固等优点。同时对于钢筋稠密、埋件复杂不易振捣或埋件底部难以密实的部位，也能满足质量要求。

7. 环氧材料修补法

环氧树脂是含有环氧基的树脂的总称。能溶于有机溶剂，与固化剂反应变成网状结构的不熔也不溶的固化物。固化后的环氧树脂具有强度高、黏结力大、收缩性小、抗冲耐磨和化学稳定性好的特点。对金属和非金属有优异的黏合力，俗称万能胶。

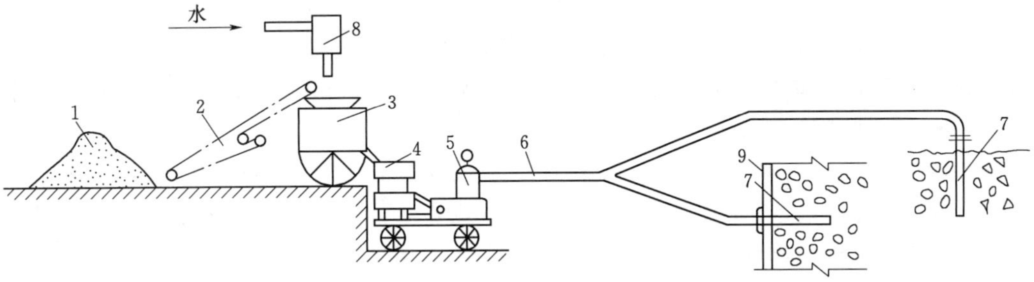

图 3-8　压浆系统布置示意图

1—水泥、砂材料；2—皮带输送机；3—强制式砂浆搅拌机；4—带有搅拌装置的砂浆储备器；5—砂浆泵；6—输浆泵；7—灌浆泵；8—称水装置；9—模板

修补时混凝土的表面应凿毛，做到平整而粗糙，无松动颗粒及灰尘。对有油污的表面，要用丙酮或甲苯等有机溶剂洗净。采用普通环氧材料修补时，修补表面应保持干燥，必要时可用喷灯吹干。采用潮湿或水下环氧材料修补时，对渗水部位应采取措施将渗水堵住或引走。金属表面除锈可用风砂枪或砂轮磨光。为使修补材料能与混凝土表面有牢固的结合力，需在处理好的混凝土表面涂刷一层厚度不超过 1mm 的环氧基液，力求薄而均匀。要注意凹凸不平难以涂刷的部位和修补的边缘位置，均应被环氧基液所湿润，基液表面应注意保护，防止杂物和灰尘落于其上。等待 30～60min，使基液中的气泡消除，再填筑环氧砂浆或环氧混凝土。平面填筑环氧砂浆应铺摊均匀，并分层充分插捣、用铁抹反复压抹，使表面翻出浆液。每层厚度不超过 1.0～1.5cm，底层厚度为 0.5～1.0cm。斜面、立面涂抹时，为避免浆液流淌，可适当增加填料以增大稠度，每层的厚度以 0.5～1.0cm 为宜，架立贴有聚氯乙烯薄膜的模板，插捣密实，并用铁抹不断向上压抹。环氧材料修补后，应注意养护。夏季要避免阳光直照，冬季要注意保温，养护温度以 20℃左右为宜。养护期间应避免水浸和其他冲击，养护时间一般在夏季约 2d，冬季至少 7d。

任务总结：混凝土坝表层损坏主要有剥蚀、磨损、空蚀和碳化等，混凝土坝表层损坏必须及时修补，防止向内部深入。修补前应进行调查，分析表层损坏的原因，有针对性采取水泥砂浆修补法、预缩砂浆修补法、喷浆修补法、喷混凝土修补法、钢纤维喷射混凝土修补法、压浆混凝土修补法、环氧材料修补法等措施，确保工程的安全运用。

任务学习拓展：了解环氧材料的配制及施工工艺。

任务四　混凝土坝裂缝及其修补

任务描述：本任务介绍混凝土坝裂缝种类、特征、成因、预防方法及修补措施，培养学生具有混凝土坝裂缝修补的初步能力。

案例导学：汾河二库坐落在山西省太原市境内的汾河干流上，距太原市 30km，集雨面积 2348km^2，总库容 1.33 亿 m^3，是一座以防洪、灌溉为主兼发电、旅游等综合利用的重点工程。整个工程由大坝、供水发电洞、水电站组成，大坝坝体为碾压混凝土重力坝，坝顶高程 912m，坝高 88m，坝顶长 228m，碾压混凝土达 42.7 万 m^3。主体工程于 1996 年 12 月 1 日正式开工，于 1999 年 12 月 12 日大坝主体工程建设完成。

裂缝是大坝混凝土的病害之一，几乎所有的大坝混凝土工程都有不同程度的裂缝，只是裂缝的部位、多少、大小不同而已，汾河二库拦河大坝也未能避免裂缝的产生，工程建成运行几年后，上下游坝面均发现纵横裂缝，表面宽度0.3～3.0mm不等，其中纵向裂缝贯通大坝上下游，水平裂缝从左岸延至右岸达153.25m。

汾河二库库区地处峡谷山区，属于大陆季风气候，夏季炎热，月极端最高气温达39.4℃，冬季寒冷，进入10月中旬气温就开始出现负温，而且昼夜温差很大，月平均温差16.5℃，从而造成混凝土内外温差过大，这是导致混凝土裂缝的主要因素。

裂缝处理方式主要有以下两种：

(1) 表面裂缝。对于缝宽小于0.1mm缝深小于1m及延伸长度小于3m的浅层裂缝，在上游坝面做全坝面的聚氨酯保温防水层，下游坝面无需处理；对于贯通纵向裂缝的表面进行凿槽，并粘补橡皮弹性防渗材料；对于裂缝大于0.1mm缝深大于1m及延伸长度大于3m的深层裂缝进行水泥灌浆。

(2) 内部裂缝处理。对于裂缝大于0.5mm的下游坝体裂缝采用水泥灌浆，水泥标号不低于500号，要求灌浆的水泥有膨胀性；对于缝宽大于0.1mm、小于0.5mm的上下游坝体裂缝进行化学灌浆，灌浆材料要求在坝址寒冷气候条件下，具有耐久性、弹性好、黏聚力高，能适应裂缝缝宽可能发展的要求。

裂缝经过处理后，坝面处理达到了保温效果，阻止了裂缝的生成和蔓延；坝内处理提高了碾压混凝土坝块的整体性和抗渗性；经过几年运行考验，多次检查，情况良好。

问题：上面的案例表明，裂缝是影响混凝土耐久性及大坝安全运行的突出问题。毫无疑问，预防是最好的办法，但对已产生的裂缝，必须分析其成因及类型，采取相应措施来修补，确保工程安全。那么，混凝土坝裂缝的类型、特征及成因有哪些？如何预防混凝土坝裂缝？如何修补混凝土坝裂缝？

一、混凝土坝裂缝类型、特征及产生原因

（一）裂缝的类型及特征

1. 裂缝类型

(1) 按其成因分为沉陷裂缝、干缩裂缝、温度裂缝、荷载裂缝、钢筋锈蚀裂缝、冻胀裂缝及碱骨料反应裂缝等。

(2) 按其开度变化分为静止裂缝、活动裂缝和尚在发展的裂缝。

(3) 按其深度分为表层裂缝、深层裂缝和贯穿裂缝。

2. 裂缝特征

(1) 沉陷裂缝。这类裂缝属于贯穿性的，其走向一般与沉陷走向一致。裂缝宽度受温度变化影响较小。对于大体积混凝土与砌石建筑物，较小的不均匀沉陷引起的裂缝，一般看不出错距；较大的不均匀沉陷引起的裂缝，则常有错距。对于轻型薄壁的结构，往往有较大的错距。

(2) 干缩裂缝。这类裂缝可能是表面的，也可能是贯穿性的，与结构物的厚度有关。在同等约束条件下，若等强度配筋，则裂缝纵横交错，无一定规律性。在非同约束条件下，裂缝走向与约束条件有关。缝宽及长度一般都很小，如发丝一般。

(3) 温度裂缝。有表层、深层和贯穿性的3种。表层裂缝的走向一般没有一定的规律性，钢筋混凝土建筑物的深层或贯穿性裂缝，方向一般与主钢筋方向平行或接近于平行，与

架立钢筋（构造或温度钢筋）方向垂直或接近于垂直。裂缝宽度大小不一，但每一条裂缝沿长度方向没有大的变化。缝宽受温度变化而产生的热胀冷缩影响明显。

(4) 荷载裂缝。这类裂缝属于深层或贯穿性的，走向基本上与主拉应力方向垂直。钢筋混凝土建筑物的裂缝方向与主钢筋方向垂直或接近于垂直。裂缝宽度一般较大，且沿长度或深度方向有显著的变化，由较宽一端向较细一端伸展。缝宽受温度变化的影响较小。

(5) 静止裂缝。指形态、尺寸和数量已稳定不再发展的裂缝，即一旦混凝土硬化有足够的强度时就稳定不变了，如混凝土塑态时表面收缩或沉降时产生的裂缝。该缝可以用刚性材料充填处理。

(6) 活动裂缝。指现有工作环境和条件下始终不能稳定、易随结构受力、变化或温度变化而时张时合的裂缝。如果用刚性材料处理，一般讲是要失败的，不是原缝拉开，就是在别的薄弱环节重新拉开一条新缝。处理这种缝一般用柔性材料，或者处理成伸缩缝。

(7) 尚在发展的裂缝。指长度、宽度、数量仍在发展，但经历一段时间后将会终止的裂缝。这种裂缝由于外力作用存在而不断发展，如钢筋不断锈蚀产生的裂缝，或地基不均匀沉降产生的裂缝。处理这种裂缝必须治本断根，首先消除产生裂缝的根源，然后再对裂缝进行适当处理，否则不易限制裂缝的发展。

(二) 裂缝产生的原因

裂缝产生原因与设计、施工、运用管理等有关。

(1) 设计时结构强度不够、分缝分块不当、块长或分缝间距过大，在荷载作用下使混凝土受拉，而混凝土抗拉强度低，很容易出现裂缝.

(2) 设计不合理，水流运行不稳定造成振动，使混凝土出现开裂。

(3) 大体积混凝土施工时，混凝土内部产生的大量水化热没有采取有效措施，得不到散发，温度高，而表面散热好，温度较低，这种内外过大温差导致混凝土内外的不均匀变形，内压外拉，当表面混凝土的拉应力超过混凝土凝结初期的抗拉强度时，即出现温度裂缝。

(4) 混凝土浇筑后硬化过程中体积收缩，受到约束作用，当收缩应力大于混凝土的抗拉强度时，就会出现收缩裂缝，常见的有收缩裂缝、自身收缩裂缝、干燥收缩裂缝等。

(5) 在施工过程中，如果遇到高温和大风等恶劣的气候条件，混凝土表面失水很多，由于收缩应力，会产生塑性收缩裂缝。

(6) 由于设计或施工的原因，造成基础出现不均匀沉陷，产生沉陷裂缝，随着沉陷的发展，裂缝也会不断扩大。

(7) 钢筋混凝土处于水下，当混凝土保护层厚度有限、密实性较差、而水体侵蚀强时，溶于水中的氯离子和氧会使混凝土中的钢筋生锈，生成氧化铁，体积膨胀，造成混凝土胀裂。

(8) 在施工中还有很多原因造成混凝土出现裂缝：如模板制作不良；过早拆模，导致混凝土承载力不足，结构开裂；浇筑的过程中振捣不充分使混凝土的强度达不到设计要求；未按设计要求，浇筑仓面过大，或未分段、分层浇筑；养护过程中洒水、保温工作没有做好等。

(9) 大坝在运用过程中，超设计荷载使用，使建筑物承受的应力大于设计应力产生裂缝。大坝维护不善，或者在北方地区受冰冻影响而又未做好防护措施，也容易引起裂缝。

(10) 其他方面，如地震、爆破、台风和特大洪水等引起的坝体振动或超设计荷载作用，常导致裂缝发生。含有大量碳酸氢离子的水，对混凝土产生侵蚀，造成混凝土收缩也容易引起裂缝。

二、混凝土坝裂缝的预防

裂缝的存在，轻则影响建筑物美观和寿命，重则破坏建筑物的完整性，危害建筑物安全运行，造成渗水、漏水、降低建筑物的稳定安全系数等，因此应该首先尽力预防裂缝的出现。

我们已经掌握裂缝成因的一般规律，因此主要从以下几个方面来预防裂缝的产生。

（一）合理选择原材料及配合比

合理选择原材料及配合比，能有效地改善混凝土的热学和力学性能，提高混凝土容重和密实性，是预防混凝土裂缝的基础。

设计单位应该提出混凝土施工温度控制的具体要求和混凝土养护的基本要求，控制外加剂的品种和掺量，确保混凝土收缩与膨胀相抵消。

配制大体积混凝土宜使用低水化热水泥，如硅酸盐水泥或普通硅酸盐水泥、矿渣水泥，此外可掺加膨胀剂、适量的粉煤灰等，掺粉煤灰是一种既能减少由温度应力而使大坝开裂的危险，又能提高混凝土某些性能的经济有效的措施，同时要采用塑料薄膜和草袋覆盖，以确保混凝土内外温差小于25℃。

混凝土配合比设计时，在保证混凝土具有良好工作性的情况下，应尽可能地降低混凝土的单位用水量，采用“三低（低砂率、低坍落度、低水胶比）二掺（掺高效减水剂和高性能引气剂）一高（高粉煤灰掺量）”的设计准则，生产出“高强、高韧性、中弹、低热和高极拉值”的抗裂混凝土。施工时严格控制混凝土配合比，计量要准确，坍落度抽检工作要加强，不能流于形式。

（二）优化结构形式

合理选择结构形式、尺寸，合理分缝分块，限制相邻块高差小于10～12m，基础块浇筑高度1.5m，坝体每次浇筑升高不超过3.0m。并按《水工混凝土结构设计规范》（SL 191—2008）要求设置必要的变形缝，根据构造要求情况配置必要的钢筋起到限裂的作用。

（三）严格温控

众所周知，温度和湿度变化是混凝土产生温度裂缝和干缩裂缝的主要原因，因此应做好温控和保温措施。热天浇筑混凝土时减少浇筑厚度，利用浇筑层面散热或采用搭设遮阳板等辅助措施控制混凝土的温升，也可以在拌和混凝土时加水或用水将碎石冷却以降低混凝土的浇筑温度，浇筑混凝土时，预留温度收缩缝。

（四）控制施工质量

混凝土施工质量控制与管理贯穿于混凝土浇筑全过程，包括原料制备、拌和、运输、入仓、平仓、振捣和立模等都按规范和技术要求严加控制与管理，严格控制配合比、坍落度和离差系数，提高混凝土的均匀性。

浇筑过程中要进行振捣方可密实，振捣时间应均匀一致以表面泛浆为宜，间距要均匀，以振捣力波及范围重叠1/2为宜，浇筑完毕后，表面要压实、抹平，以防止表面裂缝。另外，浇筑混凝土要求分层浇筑，分层流水振捣，同时要保证上层混凝土在下层初凝前结合紧密。避免纵向施工缝，提高结构整体性和抗剪性能。尽量避开在太阳辐射较高的时间浇筑，若由于工程需要在夏季施工，则尽量避开正午高温时段，浇筑尽量安排在夜间进行。

施工过程中应经常观察模板的位移和混凝土浇捣的密实情况，不能漏振、过振，且在第一次振捣后要进行第二次振捣。

（五）加强养护和保温

在施工过程中，对混凝土夏季养护和冬季保温十分重要。混凝土浇筑后，及时用湿润的草帘、麻片等覆盖，并注意洒水养护，适当延长养护时间，保证混凝土表面缓慢冷却。长期暴露的混凝土浇筑块表面或薄壁结构，在寒冷季节采取保温措施，以防止寒潮袭击。

总之，通过上述一系列适当预防措施，避免混凝土表面龟裂，控制收缩裂缝。

三、混凝土坝裂缝调查及修补应遵循的原则

（一）混凝土坝裂缝调查

裂缝调查分为基本调查、补充调查及专题研究。基本调查应包括裂缝状况、裂缝附近情况、裂缝发展情况、影响使用情况、设计资料、安全监测资料、施工情况、建筑物运行及周围环境情况。补充调查应包括建筑物结构尺寸、混凝土劣化度、钢筋及其锈蚀状况、实际作用（荷载）、基础变形、裂缝详查、建筑物运行及环境变化条件详查。专题研究应包括结构计算、混凝土材料试验、构件静荷载试验、结构振动试验。裂缝调查应制定详细的调查方案，明确调查手段和调查方法。通过裂缝调查推断开裂原因，判别裂缝类型，便于采取相应的修补措施。

（二）混凝土坝裂缝修补应遵循的原则

裂缝修补应遵循下列原则：

(1) 裂缝尚未威胁到混凝土构件的耐久性或防水性时，应根据裂缝宽度判断是否需要修补。裂缝宽度大于钢筋混凝土结构允许的最大裂缝宽度时，应进行裂缝修补。裂缝宽度不大于钢筋混凝土结构允许的最大裂缝宽度时，可根据裂缝规模、外观要求等决定是否进行修补。

(2) 确认必须进行修补的裂缝，应根据裂缝的类型制定修补方案，确定修补材料、修补方法和修补时间。

(3) 静止裂缝可即时进行修补，并根据裂缝宽度和干湿环境选择修补材料和修补方法。

(4) 活动裂缝应先消除其成因，并观察一段时间，确认已稳定后，再按静止裂缝的修补方法进行修补。不能完全消除成因，但确认对结构、构件的安全性不构成危害时，可使用具有弹性或柔韧性较好的材料进行修补。

(5) 尚在发展的裂缝应分析其原因，采取措施制止或减缓其发展，待裂缝停止发展后，再选择适宜的材料和方法进行修补或加固。

四、混凝土坝裂缝的修补

混凝土裂缝的修补可以归纳为 3 个方面：表面处理、内部处理、结构补强法。

（一）表面处理

当裂缝不稳定，随着气温或结构的变形而变化，但又不影响建筑物整体受力时，只进行表面处理即可。常用的裂缝表面处理的方法有喷涂法、粘贴法、充填法等。

1. 喷涂法

喷涂法宜用于修补宽度不大于 0.3mm 的表层微细裂缝。

表面喷涂材料可选用环氧树脂类、聚酯树脂类、聚氨酯类、改性沥青类等涂料。

喷涂法施工工艺如下：

（1）用钢丝刷或风沙枪清除表面附着物和污垢，并凿毛、冲洗干净。

（2）用树脂类材料充填混凝土表面气孔。混凝土表面凹凸不平的部位应先涂刷1层树脂基液，后用树脂砂浆抹平。

（3）喷涂或涂刷2～3遍。第1遍喷涂应采用经稀释的涂料。涂膜总厚度应大于1mm。

2. 粘贴法

粘贴法分为表面粘贴法和开槽粘贴法。粘贴材料可选用橡胶片材、聚氯乙烯片材等。

（1）表面粘贴法。可采用玻璃布修补裂缝，玻璃布的种类很多，一般采用无碱玻璃纤维织成，它具有耐水性能好、强度高、耐水性好、气泡易排除，施工方便的特点。

玻璃布使用前需要除去油脂和蜡，以便在粘贴时有效地与环氧树脂结合。方法有两种：一种是加热蒸煮，即将玻璃布放置在碱水中煮0.5～1h，然后用清水洗净；另一种是先加热烘烤再蒸煮，即将玻璃布放在烘烤炉上加温到190～250℃，使油蜡燃烧，然后，再将玻璃布放在浓度为2%～3%的碱水中煮沸约30min，然后取出洗净晾干。

施工工艺：先用钢丝刷或风砂枪清除表面附着物和污垢，并凿毛、冲洗干净。若表面不平，可用环氧砂浆抹平。粘贴时，先在粘贴面上均匀刷一层环氧基液，厚度不小于1mm，并使粘贴表面均为基液所浸润，无气泡产生，然后将玻璃布（厚度一般为0.2～0.4mm）展开放置并使之紧贴在混凝土面上，再用刷子在玻璃布面上刷1遍环氧基液，使环氧基液浸透玻璃布，接着再在玻璃布上刷环氧基液，按同样方法粘贴第2层玻璃布，但上层应比下层玻璃布宽1～2cm，以便压边。一般粘贴2～3层即可，如图3-9所示。

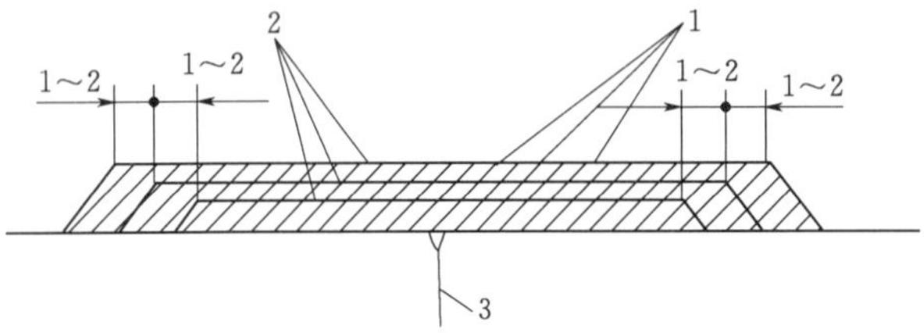

图3-9　表面粘贴修补裂缝（单位：cm）
1—玻璃布；2—环氧基液；3—裂缝

（2）开槽粘贴法。

施工工艺如下：

1）沿裂缝凿矩形槽，槽宽180～200mm、槽深20～40mm、槽长超过缝端150mm，并清洗干净。

2）槽面涂刷一层树脂基液，再用树脂基砂浆找平。

3）将准备好的橡皮（橡皮厚度宜采用3～5mm）放入浓硫酸中浸5～10min，取出冲洗晾干。沿缝铺设50～60mm宽的隔离膜，再在隔离膜两侧干燥基面上涂刷胶粘剂，粘贴刷有胶粘剂的橡皮，并用力压实。

4）槽两侧面涂刷一层胶粘剂，回填弹性树脂砂浆，并压实抹光。回填后表面应与原混凝土面齐平，如图3-10所示。

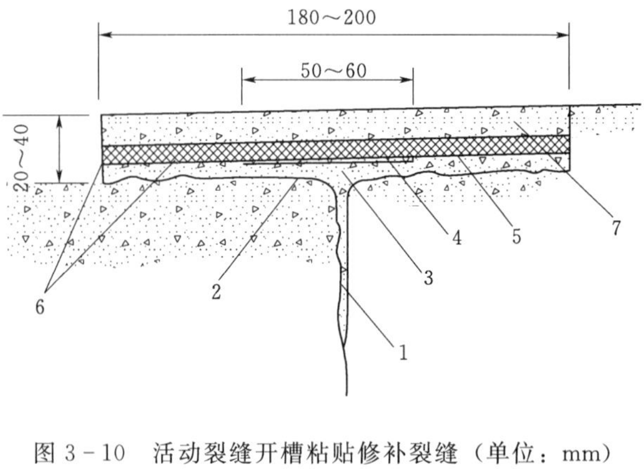

图3-10　活动裂缝开槽粘贴修补裂缝（单位：mm）
1—裂缝；2—树脂基液；3—树脂砂浆；4—隔离膜；
5—橡胶片材；6—胶粘剂；7—弹性树脂砂浆

3. 充填法

充填法宜用于修补宽度大于 0.5mm 的活动裂缝和静止裂缝。

充填材料应根据裂缝的类型进行选择。静止裂缝可选用水泥砂浆、聚合物水泥砂浆、树脂砂浆等；活动裂缝宜选用弹性树脂砂浆和弹性嵌缝材料等。

静止裂缝充填法施工工艺：①沿裂缝凿 V 形槽，槽宽、深 50～60mm，并清洗干净。②槽面应涂刷基液，涂刷树脂基液时应使槽面处于干燥状态，涂刷聚合物水泥浆时应使槽面处于潮湿状态。③向槽内充填修补材料，并压实抹光。

活动裂缝充填法施工工艺：①沿裂缝凿 U 形槽，槽宽、深 50～60mm，并清洗干净。②用砂浆找平槽底面，并铺设隔离膜。③用胶粘剂涂刷槽侧面，再嵌填弹性嵌缝材料，并用力压实。④回填砂浆应与原混凝土面齐平，如图 3-11 所示。

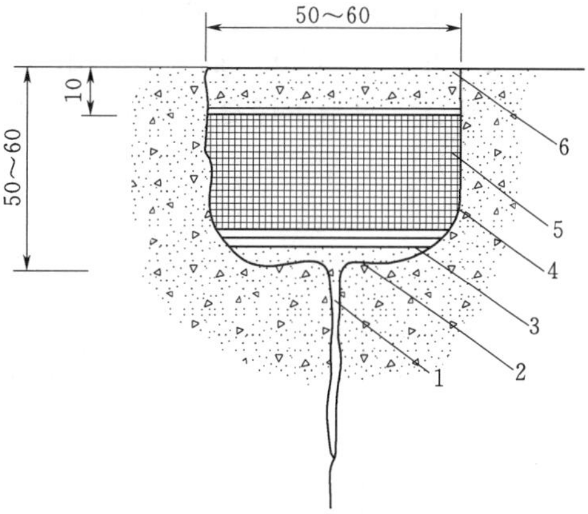

图 3-11　活动裂缝充填法修补（单位：mm）

1—裂缝；2—水泥基砂浆；3—隔离膜；4—胶粘剂；5—弹性嵌缝材料；6—水泥基砂浆

（二）内部处理

裂缝的内部处理，通常采用灌浆法，可分为低压慢注法和压力灌浆法两种，前者宜用于修补宽度为 0.2～1.5mm 静止的独立裂缝、贯穿性裂缝以及蜂窝状局部缺陷；后者宜用于修补大型结构贯穿性裂缝、大体积混凝土的蜂窝状严重缺陷以及深而蜿蜒的裂缝。

常用灌浆材料有水泥和化学材料，可按裂缝的性质、开度以及施工条件等具体情况选定。静止裂缝可选用水泥浆材、环氧浆材、高强水溶性聚氨酯浆材等；活动裂缝可选用弹性聚氨酯浆材等。对于开度大于 0.3mm 的裂缝，一般可采用水泥灌浆；对开度小于 0.3mm 的裂缝，宜采用化学灌浆；对于渗透流速大于 600m/d 或受温度变化影响的裂缝，则不论其开度如何，均宜采用化学灌浆处理。

宽度不小于 0.2mm 的裂缝，宜按 200mm 等间距设置灌浆孔；宽度小于 0.2mm 的裂缝，宜按 100～150mm 等间距设置灌浆孔。对于浅缝或仅需防渗堵漏的裂缝，可用骑缝灌浆法。

1. 水泥灌浆

水泥作为灌浆材料具有强度高、耐久性好、无毒、无味、材料来源方便、价格低廉等优点，一般灌浆多采用普通水泥。但普通水泥粒径较大，粗颗粒多，最大粒径可达 90～100μm。水灰比较大时，浆液的稳定性差，易析水回浓，不能有效灌入细微裂隙，且硬化时伴有析水，固相体积收缩，使硬化结石与被灌基体的黏结强度降低，形成新的渗水通道。特别是针对基体细微裂隙的灌浆，普通水泥已很难满足工程要求，可采用超细水泥和细水泥灌浆。

水泥灌浆的施工程序为钻孔→冲洗→止浆或堵漏→管路安装→压水试验→灌浆→封孔→质检。

2. 化学灌浆

化学灌浆主要用于处理开度小于 0.3mm 的裂缝。

目前，应用于混凝土裂缝处理的化学灌浆材料可分为两大类：一是防渗止水类，有水玻璃、丙烯酸盐、水溶性聚氨酯、弹性聚氨酯和木质素浆等；二是加固补强类，有环氧树脂、甲基丙烯酸甲酯、非水溶性聚氨酯浆等。

一般宽度大于 0.2mm 的裂缝采用聚氨酯浆材进行灌浆处理；小于 0.2mm 裂缝采用环氧树脂胶封缝（对于干燥缝，采用改性环氧树脂基液封堵；对于潮湿缝，尽可能采用水溶性聚氨酯灌浆）。

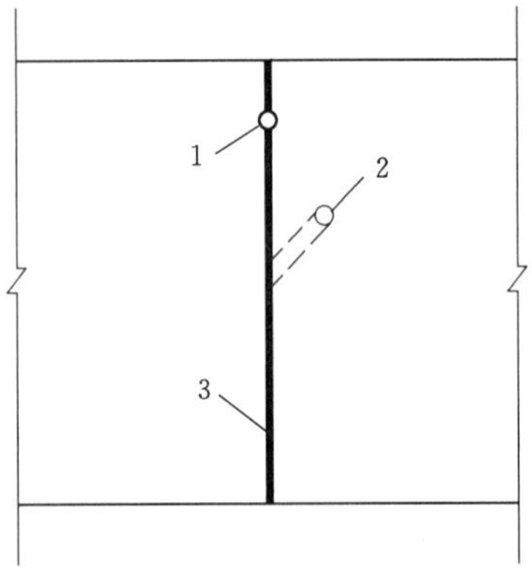

图 3-12　钻孔布置方式
1—骑缝孔；2—斜孔；3—裂缝

灌浆工艺流程如下：

（1）缝口打磨。沿裂缝走向用砂轮将结构表面打磨平整，打磨宽度为裂缝两侧各 8cm，打磨长度应磨至裂缝端部后再延长 50cm。

（2）钻孔。钻孔有骑缝孔和斜孔两种形式，如图 3-12 所示。布置要求如下：

1）当裂缝深度不大于 1.0m 时，一般采用骑缝孔，骑缝孔钻孔深度 15～20cm，钻孔间距 30～50cm，在钻进过程中，应密切观察裂缝缝面的走向，顺缝面钻进。

2）当裂缝深度大于 1.0m 时，采用骑缝布孔和斜孔结合布置，斜孔深度应穿过裂缝缝面至少 20cm，当裂缝深度较深时，斜孔可分为浅孔、中孔、深孔等多层布置，以保证浆液均匀填满缝面灌浆，斜孔倾角 45°～60°，孔斜误差不大于 2°。钻孔过程中可以通过压水或压风检查钻孔是否已穿过裂缝缝面。

3）在进行裂缝检查的部位，具备条件的前期裂缝检查孔可作为灌浆孔，为减小灌浆量，孔内可放置一根短钢筋。

（3）裂缝清洗。钻孔完毕，将冲洗枪头插入孔底采用高压水和无油高压风轮换冲洗，吹净孔内粉屑。考虑到固结化学灌浆材料主要是环氧树脂类材料在无水或少水的情况下可获得更高的强度，从而保证灌浆质量，故规定如采用环氧树脂类材料作为灌浆材料时，宜以压丙酮代替压水。

（4）灌浆嘴埋设及缝口封闭。将灌浆嘴埋入灌浆钻孔，吹干裂缝表面灰尘后，采用环氧胶泥对灌浆嘴周边和裂缝表面进行封闭，确保灌浆时浆液不外漏。

（5）压水压风检查。逐孔进行水、风轮换冲洗，查明管道畅通、缝面外漏情况，若有外漏应及时处理，灌浆前用无油高压风吹尽孔、缝内的积水待灌。

（6）灌浆。进行化学灌浆时，浆液温度应根据选定的灌浆材料确定，浆液温度应有利于延长其凝结时间、降低浆液黏度，并不得高于 20℃。灌浆压力采用 0.2～0.3MPa。灌浆压力应逐级升至设计压力值。灌浆顺序按“自内而外，自下而上，由一端至另一端”的原则有序进行，以单孔或多孔并灌的进浆方式进行，灌浆压力不得超过设计压力，灌浆结束标准为孔内不吸浆，屏浆 20min 结束。

（7）表面处理。灌浆完成后，割除外漏灌浆嘴（割除部位在结构表面以下 1cm），灌浆嘴管口涂抹环氧胶泥封闭，然后将结构表面打磨平整，以满足相应部位结构平整度要求。

(8) 灌浆效果检查。灌浆效果检查采用钻孔取芯和压水试验的方法进行。对芯样进行外观检查外，确认裂缝是否已灌填密实；压水孔可结合取芯孔进行，也可单独钻孔，压水检查压力 0.2MPa，合格标准为透水率不大于 0.1Lu。检查以抽检形式进行，检查不合格的部位应进行补灌。

(三) 结构补强法

混凝土结构经确认需要加固时，应进行加固设计。补强加固可采用灌浆法、锚固法、预应力法、粘贴玻璃钢法、粘贴碳纤维法、粘贴钢板（筋）法、增大断面法、喷射混凝土法、置换混凝土法、外包钢法等。

另外，近年出现的仿生自愈合法是一种新的裂缝处理方法，它模仿生物组织对受创伤部位自动分泌某种物质，而使创伤部位得到愈合的机能，在混凝土的传统组分中加入某些特殊组分（如含黏结剂的液芯纤维或胶囊），在混凝土内部形成智能型仿生自愈合神经网络系统，当混凝土出现裂缝时分泌出部分液芯纤维可使裂缝重新愈合。

任务总结：裂缝是混凝土坝最常见的病害，直接影响混凝土耐久性及大坝安全运行，预防是最好的办法，但对已产生的裂缝，必须通过调查与分析，正确认识和判断裂缝发生的原因及类型，根据具体情况，采取表面处理、内部处理、结构补强法等来修补，确保工程安全运行。

任务学习拓展：了解混凝土坝裂缝修补的新方法。

任务五　混凝土坝渗漏及其处理

任务描述：本任务介绍混凝土坝渗漏的类型、原因、危害及处理方法，培养学生具有混凝土坝渗漏处理的初步能力。

案例导学：珠窝水库于 1960 年蓄水后，发现坝体漏水严重，故于 1961 年和 1966 年先后两次进行了坝体防渗水泥灌浆。灌浆后漏水情况有显著改善。1969 年 11 月发现每个溢流坝段的中部，都有一条顺河向的、贯穿整个坝体的裂缝。开始出现裂缝的确切时间不详，裂缝的宽度一般为 2～3mm。据调查温度应力是引起裂缝的主要原因，大坝混凝土质量差也是裂缝产生的原因之一。裂缝出现后，库水沿裂缝向下游渗漏。在压力水长期渗漏冲蚀和冻融作用下，裂缝不断发展，由表面向深部延伸。

为了消除漏水，防止裂缝继续发展和提高坝体的整体性，必须对裂缝渗漏进行处理。坝缝灌浆分两步进行。第一步先用化灌动水堵漏。动水堵漏灌浆材料为聚氨酯，浆材黏度为 0.228Pa·s，密度为 $1.15g/cm^3$，胶凝时间为 1～3s。选择靠近上游的堰顶处顺水长 3m、深度为 5m 的裂缝区域为堵漏灌浆区。沿裂缝两侧打 8 个灌浆斜孔，在高度不同的预定位置与裂缝相交。斜孔布置为三排，孔距 1.0m，排距 1.5m；灌浆前，先对各灌浆孔进行压水试验。为了防止浆液向外流失，用水泥一水玻璃封堵了下游溢流面上的裂缝。另外，每隔 0.5～1.0m 用风钻打浅孔做灌浆封堵。灌浆顺序为先上游后下游，先灌深部后灌上部。第二步再灌注环氧树脂浆材补强加固。裂缝渗漏处理取得较好效果。

问题：上面的案例表明，混凝土坝渗漏，使混凝土产生侵蚀破坏而降低强度，必须查明原因、渗漏水来源及渗漏途径，采取针对性措施处理，确保工程安全。那么，混凝土坝渗漏的类型、成因有哪些？渗漏处理应遵循什么原则？渗漏处理的措施有哪些？

一、混凝土坝渗漏类型、原因及危害

（一）渗漏类型

（1）按渗漏部位分为坝体渗漏、坝基渗漏、绕坝渗漏。

（2）按渗漏现象分为散渗和集中渗漏。

（3）按对坝体的危害分为正常渗漏和异常渗漏。

（二）渗漏原因

混凝土建筑物产生渗漏的原因是多方面的，即使最密实的混凝土，其本身仍存有气孔和小孔隙，在水压力作用下也具有一定的渗透性。一般水工混凝土由于设计或施工上的缺陷，在运用中管理不当或遭受意外破坏，都容易导致建筑物发生渗漏。一般有以下几个方面：

（1）因勘探工作不细，地基中留有隐患未能发现和处理，水库蓄水后引起渗漏，或地基产生不均匀沉陷导致坝体裂缝漏水。

（2）由于设计不当，使混凝土在某种应力作用下产生裂缝，成为漏水通道。

（3）施工质量差。如灌浆帷幕质量不好；对大坝混凝土的温控不严，使坝体内外温差过大产生裂缝；振捣不密实，使坝体内部产生局部缝隙；地基处理不当，使坝体产生沉陷裂缝；混凝土与基岩接触不良等，都会导致渗漏的产生。

（4）运行期间由于物理、化学等因素的作用，引起帷幕损坏、伸缩止水结构破坏或沥青老化、混凝土抗渗性能降低等，以及强烈地震和其他破坏作用，都可能产生渗漏。

（三）渗漏的危害

坝体的渗漏，将使坝体内部产生较大的渗透压力，甚至影响坝体的稳定。对于侵蚀性的水，渗漏会使混凝土产生侵蚀破坏而降低强度，缩短使用寿命。在严寒地区，还会使渗漏水露头处产生冻融破坏。坝基和接触渗漏不仅影响水库蓄水，还可能使地基产生渗透变形，严重时将危及大坝安全。因此，必须加强监测，发现渗漏，及时查明原因，分析危害性，并进行妥善处理。

二、混凝土坝渗漏调查及处理应遵循的原则

（一）混凝土坝渗漏调查

发现渗漏现象时，应首先进行调查分析，查明原因、渗漏水来源及渗漏途径，判断渗漏的危害性，采用针对性措施处理。

渗漏调查分为基本情况调查、调查分析及专题研究。基本情况调查应包括渗漏状况，溶蚀状况，安全监测资料，设计资料，施工情况，运行管理状况，建筑物使用功能、安全性、耐久性、美观等。调查分析应包括：渗漏状况详查，分析渗漏量与库水位、温度、湿度、时间关系；工程水文地质状况和水质分析；按实际作用（荷载）进行设计复核；取样测定混凝土抗压强度、容重、抗渗等级和弹性模量等。经基本情况调查和调查分析仍不能查明渗漏水来源及途径时，应进行专题研究。

（二）混凝土坝渗漏处理应遵循的原则

渗漏处理一般宜在枯水期内进行，应遵循“上截下排、以截为主、以排为辅、先排后堵”的原则。对于坝体渗漏的处理，以上游面封堵为主；对于基础渗漏的处理，以截为主，以排为辅；对于绕坝渗漏的处理，应先封堵，以排为辅。

三、混凝土坝渗漏处理

渗漏处理应根据渗漏的部位、危害程度以及修补条件等具体情况采取相应措施。

（一）坝体渗漏处理

1. 集中渗漏处理

当渗水压力小于 0.1MPa 时，可用直接堵漏法、导管堵漏法木楔堵塞法处理；当渗水压力大于 0.1MPa 时，可用灌浆堵漏法。堵漏材料可选用快凝止水砂浆或水泥浆、化学浆材。

（1）直接堵漏法。以漏点为圆心，剔成直径 10～30mm，深 20～50mm 的圆孔，并用水冲洗干净。将快凝止水砂浆捻成与圆孔直径接近的锥形小团，待其将凝固之际，迅速堵塞于孔内，并向孔壁四周挤压，经 30s，检查无渗漏后，表面抹防水面层。

（2）导管堵漏法。清除漏水孔壁松动的混凝土，凿成适合下管的孔洞，将导管插入孔中，使渗漏水顺管导出。导管四周用快凝止水砂浆封堵，凝固后拔出导管，最后用快凝止水砂浆封堵导管孔。

（3）木楔堵塞法。先把漏水处凿成圆孔，将铁管插入孔内，使渗漏水顺管导出，注意管长应小于孔深。在铁管的四周用快凝止水砂浆封堵，待砂浆凝固后，将裹有棉纱的木楔打入铁管，以达到堵水的目的。

（4）灌浆堵漏法。将孔口扩成喇叭状，冲洗干净后，用快凝砂浆埋设灌浆管，使漏水从管内导出，再用高强砂浆回填管口四周至混凝土坝面。砂浆强度达到设计标准后，进行顶水灌浆。灌浆压力宜为 0.2～0.4MPa（一般为渗水压力的 1～2 倍）。漏水封堵后，表面选用水泥防水砂浆、聚合物水泥砂浆或树脂砂浆保护，如图 3-13 所示。

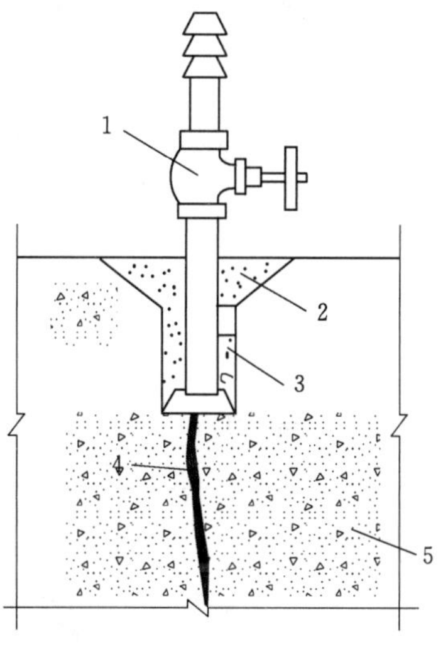

图 3-13　灌浆堵漏法集中渗漏处理图

1—注浆阀门；2—高强砂浆；3—快凝止水砂浆；4—渗漏通道；5—混凝土

2. 散渗处理

混凝土坝下游坝面易发生大面积散渗。根据散渗的严重程度，可以进行表面涂抹粘贴法、喷射混凝土（砂浆）、防渗面板法、修筑防渗层法、回填混凝土法等。

（1）表面涂抹粘贴法。对大面积的细微散渗及水头较小的部位，可采取表面涂抹处理；对面积较小的散渗可采取表面贴补处理。

（2）喷射混凝土（砂浆）。有渗水的受喷面宜采用干式喷射；无渗水的受喷面宜采用半湿式喷射或湿式喷射。喷射厚度在 50mm 以下时，宜采用喷射砂浆；厚度为 50～100mm 时，宜采用喷射混凝土或钢丝网喷射混凝土；厚度为 100～200mm 时，宜采用钢筋网喷射混凝土或钢纤维喷射混凝土。施工工艺参见本项目任务三。

（3）防渗面板法。当坝体本身质量差、抗渗等级低、大面积渗漏严重时，可在上游坝面增设防渗面板。

防渗面板一般用混凝土材料，施工时需先放空水库，然后在原坝体布置锚筋并将原坝体凿毛、刷洗干净，最后浇筑混凝土。混凝土防渗面板的两端和底部都应深入基岩 1～1.5m，为防止面板产生温度裂缝，应设伸缩缝，分块进行浇筑，缝间设止水。

（4）修筑防渗层法。此法适用于大面积的散渗情况。防渗层一般做在坝体迎水面，一般有水泥浆及砂浆防渗层等形式。

（5）回填混凝土法。对于局部混凝土疏松，或有蜂窝、空洞而造成的渗漏，可先将质量差的混凝土全部凿除，再用现浇混凝土回填。

3. 裂缝渗漏处理

（1）表面处理。坝体裂缝渗漏按裂缝所在位置可采取直接堵塞法和导渗止漏法来处理。

1）直接堵塞法。沿缝面凿U形槽，并用水冲洗干净。将快凝止水砂浆捻成条形，逐段塞入槽中，挤压密实，使砂浆与槽壁紧密结合，堵住漏水。

2）导渗止漏法。该法可分为缝内开槽排水管导渗和缝侧钻斜孔排水管导渗。

缝内开槽排水管导渗，是沿漏水裂缝在混凝土表面凿“△”形槽，并在裂缝渗漏集中部位埋设引水铁管（其数量视渗漏的情况而定），然后用旧棉絮沿裂缝填塞，使漏水集中从引水管排出，再用快凝灰浆或防水快凝砂浆迅速回填封闭槽口，最后把引水管封堵，如图3-14所示。

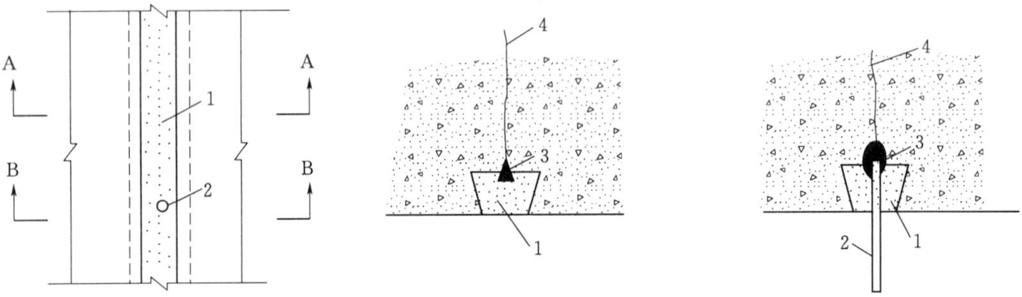

(a) 平面图　(b) A—A剖面图　(c) B—B剖面图

图3-14　埋管导渗示意图

1—沿裂缝凿出的△形槽内填快凝灰浆；2—引水管；3—塞进的棉絮；4—向内延伸的裂缝

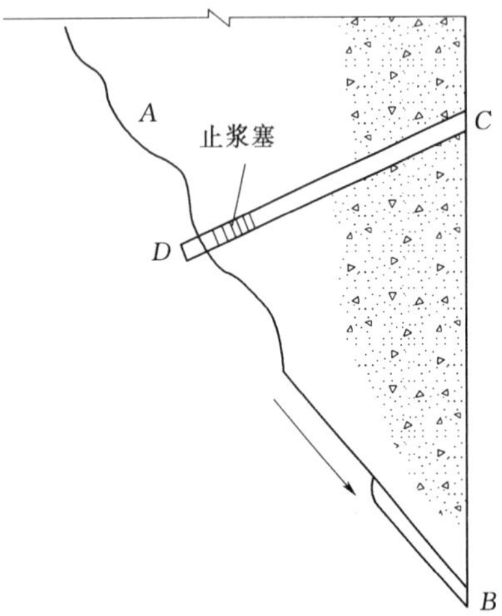

图3-15　缝侧钻斜孔排水管导渗示意图

缝侧钻斜孔排水管导渗，是在裂缝一侧（水平缝则在缝的下方）钻斜孔，斜孔穿过缝面，并在孔内埋设排水管导渗。然后封闭裂缝，裂缝修补后灌浆封闭排水管，如图3-15所示。

（2）内部处理。内部处理与任务四所介绍的裂缝内部处理的方法相同，采用灌浆充填漏水通道，达到堵漏的目的。需要注意的是有时为了灌浆的顺利进行或保证灌浆的可靠性，须先在裂缝上游面采取表面处理堵漏或在裂缝下游面采取导渗并封闭裂缝的措施。

（3）结构处理结合表面处理。对于影响建筑物整体性或破坏结构强度的渗水裂缝，除了内部处理外，有的还要采取结构处理与表面处理结合的措施，以达到防渗、结构补强或恢复整体性的要求。结构补强措施多种多样，必须通过专门验算和进行技术经济比较选定。图3-16是利用插筋结合止水塞处理大坝水平渗水裂缝的一个实例，其具体措施是：在上游面沿缝隙凿一个宽20～25cm、深8～10cm的槽，向槽的两侧各扩大约40cm的凿毛面，共宽100cm。并在槽的两侧钻孔埋设两排锚筋。槽底涂沥青漆，然后在槽内填塞沥青水泥和沥青麻布2～3层，槽内填满后，再在上面铺设宽50cm的沥青麻布2层，最后浇筑宽100cm、厚25cm的钢筋混凝土盖板作为止水塞。从坝顶钻孔两排孔插钢筋锚固坝体，最后进行接缝灌浆。

4. 变形缝渗漏处理

（1）止水破坏的修补。止水破坏的修补有以下几种方法：

1）补灌沥青。对沥青止水结构，应先采用加热补灌沥青的方法堵漏，沥青井的加热，可采用电加热法，也可采用蒸汽加热法。

2）补做止水。坝上游面补做止水，应先降低水位，然后加镶铜片或镀锌片，如图3-17所示。

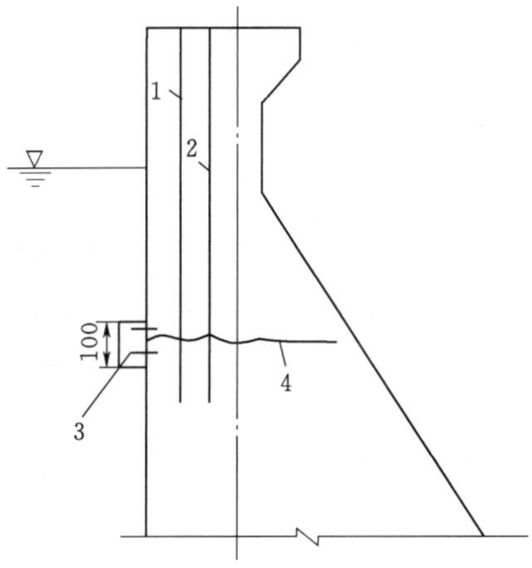

图3-16　插筋结合止水塞处理渗水裂缝示意图（单位：cm）

1—5ф28第一排插筋；2—5ф28第二排插筋；3—止水塞；4—裂缝

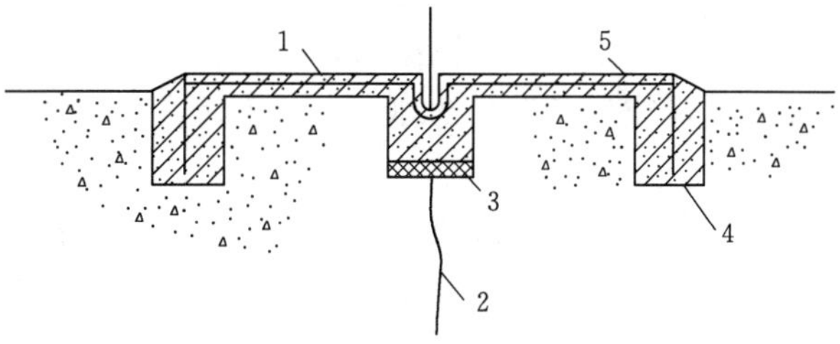

图3-17　坝面加镶片示意图

1—环氧基液与沥青漆；2—裂缝；3—沥青石棉绳；4—环氧砂浆；5—紫铜片

（2）伸缩缝渗漏的处理。伸缩缝渗漏的处理可采用嵌填法、粘贴法、锚固法、灌浆法。

1）嵌填法。施工方法为：①沿裂缝凿出宽、深均为50～60mm的V形槽，清除缝内杂物及失效止水材料，冲洗干净。②槽面涂刷胶粘剂，槽底缝口设隔离棒。③嵌填橡胶类、沥青基类或树脂类材料。④回填弹性树脂砂浆，与原混凝土面齐平。

2）粘贴法。与普通混凝土裂缝粘贴法相同，其选用材料为厚3～6mm的橡胶片材。

3）锚固法。锚固法主要是用于迎水面的伸缩缝处理，其防渗材料有橡胶、紫铜、不锈钢等片材，锚固件可采用锚固螺栓、钢压条等。

4）灌浆法。这种方法多用于迎水面伸缩缝的局部处理，灌浆材料可选用弹性聚氨酯、改性沥青浆材等。

（二）坝基渗漏的处理

混凝土坝如出现扬压力升高，或排水孔涌水量增大等情况，可能是由于原有帷幕设计尺寸不够或失效、岩基断层破碎带没有处理彻底或裂隙扩大、坝体与基岩接触不良、排水系统设计不合理或堵塞等原因所致。因此，首先要检测观测有关部位的渗水压力的变化情况，然后根据原设计要求、施工情况进行综合分析，确定处理方法。

（1）加深加密帷幕。对于原防渗帷幕深度不够或防渗性能较差的情况，应采取加深原帷幕的处理方法，如孔距过大，还需加密钻孔。对于断层破碎带垂直或斜交与坝轴线、贯穿坝基、渗漏严重的情况，除加深还要加厚帷幕。帷幕孔深小于 8m 宜采用风钻钻孔，超过 8m 的深孔宜采用机钻钻孔。

（2）接触灌浆。若由于施工质量差导致坝体混凝土与基岩接触不良，产生渗漏，可采用该方法。接触灌浆钻孔的孔深，一般至基岩面以下 2m；当同时补做帷幕时，接触灌浆段应单独划分为一孔段，并先行钻灌。

（3）帷幕加深加厚结合固结灌浆。若为垂直或斜交于坝轴线且贯穿坝基的断层破碎带造成的渗漏，可进行帷幕加深加厚和固结灌浆综合处理，这样不仅可以切断断层破碎带，截断渗流，也可以加固地基，提高地基的抗渗性。

（4）增设排水孔改善排水条件。若是排水设备被堵塞或设计不当导致排水不畅，可先清除杂物疏通排水管，必要时增设排水孔以改善排水条件。

（三）绕坝渗漏的处理

对于绕坝渗漏，可在上游面封堵，也可进行灌浆处理。在下游则采用导渗排水措施进行综合处理。对于土质地基的绕坝渗流，可采用上游加长防渗铺盖，下游增设反滤、排水设施进行处理；对于岩石岸坡渗漏，如岩体破碎可采用水泥灌浆形成帷幕；岩石节理裂隙发育的可采用水泥或化学灌浆处理；岩溶渗漏可采用灌浆、堵塞、阻截、铺盖和下游导渗等综合措施处理。

任务总结：混凝土坝渗漏，不仅影响水库蓄水，还可能使混凝土产生侵蚀破坏、使地基产生渗透变形、使渗漏水露头处产生冻融破坏等危害，严重时将危及大坝安全。因此，必须加强监测，发现渗漏现象时，应首先进行调查分析，查明原因、渗漏水来源及渗漏途径，判断渗漏的危害性，遵循“上截下排、以截为主、以排为辅、先排后堵”的原则，针对渗漏具体情况，采用相应的处理措施，确保工程安全。

任务学习拓展：了解混凝土坝渗漏处理的新方法、堵漏的新材料。

任务六　浆砌石坝的病害及其修理

任务描述：本任务介绍浆砌石坝常见病害裂缝和渗漏的原因及处理措施，培养学生具有浆砌石坝渗漏处理的初步能力。

案例导学：福清市十八重溪水库浆砌石拱坝裂缝在福建省浆砌石拱坝中具有典型的特点和普遍性，两坝端 1/4 拱处 33.00～43.70m 高程以上出现少数细缝，其中两条径向竖直裂缝较宽，左坝端缝宽 2～3mm，右坝端略小。

分析原因主要是在施工中温度应力变化引起一些细缝，细缝自顶向下发展（上宽下窄），部位近于拱端。卸荷回弹这是该大坝产生两条径向竖直较宽裂缝的主要原因，由于十八重溪水库大坝边修建边蓄水，因此在放水后产生这种裂缝。

处理方案采用“先堵后灌”的处理方法，在上游坝面裂缝部位凿成楔形刀口，然后在低温下回填 C25 细骨料混凝土，最后在下游坝面对整个裂缝进行以环氧树脂为主剂的化学灌浆处理。经处理后运行情况良好。

问题：上面的案例表明，针对浆砌石坝易发生的裂缝、渗漏等病害，应加强监测，发现问题，及时查出原因进行处理，确保工程安全。那么，浆砌石坝裂缝和渗漏的类型和成因有哪些？裂缝和渗漏的修理方法有哪些？

一、浆砌石坝的主要病害类型

浆砌石坝的主要病害有以下几个方面：

（1）坝体本身和地基抗滑稳定性不够。浆砌石坝主要靠重力维持稳定，其抗滑稳定往往是坝体安全的关键。当地基存在软弱夹层或缺陷，在设计和施工中又未及时发现和妥善处理时，往往使坝体与地基抗滑稳定性不够，而成为危险的病害。

（2）裂缝和渗漏。由于温度变化、应力过大或不均匀沉陷，都可能使坝体产生裂缝，并沿裂缝产生渗漏。坝基的缺陷和防渗排水措施的不完善，也可能形成基础渗漏并导致渗流破坏。

（3）剥蚀破坏。剥蚀破坏是混凝土结构表面发生麻面、露石、起皮、松软和剥落等老化病害的统称。在这里主要针对砌石坝中的混凝土结构部分。

二、浆砌石坝的主要病害修理

对于浆砌石坝的抗滑稳定性不足及剥蚀破坏的处理措施，分别在本项目任务二和任务三中已讲过，这里不再重复。下面主要介绍砌石坝的渗漏和裂缝的修理措施。

（一）裂缝的修理

1. 裂缝的类型及表现特征

（1）温度裂缝。此种裂缝常常发生在水库蓄水位以上部位，多为径向竖直裂缝，自坝顶向下发展（上宽下窄），裂缝常对称出现在两拱端附近，缝宽随气温变化而变化，冬季气候寒冷，裂缝变宽，而夏季气候炎热，裂缝缩窄。

（2）沉陷裂缝。这类裂缝一般出现在坝基中；水库蓄水后，可能继续发展往往自底部向上发展（上窄下宽）贯穿至坝顶；缝两侧坝体常常有垂直方向或水平方向的错动；缝宽一般较大，随气温变化甚微。

（3）应力裂缝。这类裂缝一般为深层或贯穿性的，走向与工作缝面一致，竖直施工缝开裂宽度较大（一般大于0.5mm），水平施工缝一般宽度较小。特别是水平灰缝，一般是通缝。

2. 裂缝的产生原因

浆砌石坝体裂缝产生的原因如下：

（1）温度裂缝。浆砌石坝体温差主要是由于外部气温变化而引起的。特别是浆砌石拱坝，坝体比较单薄，受外界气温变化影响更为显著。裂缝主要是在修建时，在气温高时进行坝体砌筑，特别是拱坝封拱时的温度高，而坝体又未专门设置伸缩缝，当冬季气温下降时将坝体拉裂而产生裂缝。

（2）沉陷裂缝。浆砌石坝对地基的要求是河床及两岸山坡岩石较完整、坚硬。由于修建时，对坝基中存在的软弱夹层、风化严重的破碎带或较易压缩的黏土岩类岩层未全部清除或做妥善处理，蓄水后，在坝体自重等荷载作用下，产生不均匀沉陷；当溢流坝坝基遭受冲刷或漏水造成局部淘空时也可引起坝体产生不均匀沉陷缝；由于坝址附近发生地震、爆破或进行地下深部采掘等均会使地表产生变形导致坝体裂缝。

（3）应力裂缝。由于坝体石料强度和砂浆标号低，砌筑时，施工控制不严，砌体灰缝不饱满，在坝体受力后，因强度不够而产生应力裂缝。浆砌石坝的灰缝是薄弱环节。

3. 裂缝的修理方法

浆砌石坝坝体裂缝破坏了坝体的整体性，降低了坝体的结构强度。贯穿上、下游的裂缝还会产生渗漏，将造成水库无法蓄水，并严重威胁大坝的安全。因此，必须根据裂缝的规模和部位，针对产生裂缝的原因采取相应的措施进行处理，以增强坝体的整体性达到加固坝体的目的。

裂缝修理的措施有填塞封闭裂缝、表面粘补、加厚坝体和灌浆等方法。较常采用的方法是填塞封闭裂缝和加厚坝体。

（1）填塞封闭裂缝。此种方法简单易行，适用于缝不深且不再继续开裂的一般表层浅缝，或坝体石料质量好仅砌筑质量差的灰缝。当库水位下降到裂缝部位以下后，可沿缝凿槽5cm，宽2～3cm，然后将缝内松动的原砂浆体冲洗干净，使之露出砌石面，再用高标号水泥砂浆填塞压实，表面抹光。对内部裂缝孔隙则用水灰比适度的砂浆充填密实。注意水灰比不能过大，否则砂浆在干缩后，可能产生新的裂缝，处理时应在冬季进行，尤其是温度裂缝更应该这样，填塞后能局部恢复坝体的整体性，提高抗渗能力。

（2）加厚坝体。此种方法能增加坝体的整体性能和防渗能力，还可改善坝体的应力状态，适用于坝体发生严重的贯穿整个坝体的沉陷裂缝和由于坝体单薄强度不够所造成的应力裂缝。

坝体的加厚，应根据结果特点，在上游或下游坝面安砌加厚体，如施工条件允许（水库能放空，坝前淤积不严重），最好能在上游面安砌加厚体，从坝底基础开始，至少加至裂缝产生的高程以上，加厚体可以是上下等厚，也可自下而上增厚，加厚尺寸可根据裂缝情况，通过计算确定。当原坝的石质和施工质量差以及坝体过于单薄时，加厚部分要适当增大，以弥补原坝身的不足。

处理时，应放空水库，注意新旧坝体的结合。一般采用浆砌石加厚，同时在新旧坝体之间设混凝土防渗墙，墙厚最小厚度上部20cm，下部30cm。利用浆砌石体当作模板代替立模，这种处理办法既经济又可靠，不仅增强坝体的整体结构强度，而且大大提高坝体的防渗能力。

（3）灌浆处理。对于多种原因造成的数量众多的贯穿性裂缝，常用灌浆处理。灌浆材料可根据裂缝的大小、渗漏情况和施工条件选定。一般当裂缝宽度大于0.1～0.2mm时，多用水泥灌浆，宽度小于0.1～0.2mm时，应采用硅酸钠或其他化学灌浆。

（4）表面粘补。对于随气温或坝体变形而变化，但尚未稳定的裂缝，可采用表面粘补法处理，以防止沿裂缝渗漏并适应裂缝的变化。粘补材料，通常采用环氧基液粘贴橡皮、玻璃丝布或塑料布等。表面粘补不能恢复坝体的整体性和提高坝体强度。

（二）渗漏的修理

1. 渗漏的种类及原因

（1）坝体渗漏。坝体产生渗漏的明显标志是下游渗水处往往有乳白色碳酸盐沉积物。主要原因有：坝体产生裂缝而引起渗漏；上游防渗部分，施工质量差或分缝不当，受温度影响，产生裂缝、接触冷缝或其他漏水通道；砌筑时砌缝中砂浆不够饱满，孔隙较多，或施工时砂浆过稀，干缩后产生裂缝，引起渗漏；砌石石料本身抗渗标号较低，库水渗过石料而形成阴湿面等。

（2）坝基和绕坝渗漏。由于各种地质因素的作用，坝基岩石均存在不同程度的裂隙，如在施工中未经妥善处理，水库蓄水后将产生坝基渗漏。坝基渗漏不仅影响水库蓄水，增加坝基扬压力，减小坝体稳定性，还可能使坝基在长期渗漏过程中产生过大的渗透变形，进而引起大坝失事。

2. 渗漏的修理方法

浆砌石坝渗漏修理通常有以下几种：

（1）重新勾缝。当坝体石料质量较好，仅局部地方由于施工质量差，砌缝中砂浆不够饱满，有孔隙或者砂浆干缩产生裂缝而造成渗漏时，均可采用水泥砂浆重新勾缝处理。一般浆砌石坝，当石料质量较好时，渗漏多沿灰缝发生。因此，认真进行勾缝处理后，渗漏途径可全部堵塞。

勾缝前先将原勾缝砂浆凿除，露出砌石并冲洗干净，然后在缝内刷一层水灰比为0.45～0.50 的水泥浆，再以水灰比为 0.50～0.55、灰砂比为 1：1 的水泥砂浆填塞压实，表面抹光。

（2）迎水面增设防渗层。对于渗漏范围较大的浆砌石坝需按此方法处理，防渗层设置一般可采用以下 4 种形式：

1）增设混凝土防渗面板。将迎水面凿毛，冲洗并布置插筋，以加强与原坝体的连接，防渗面板的两端和底部应嵌入基岩 1.0～1.5m。面板应设缝分块浇筑，并在表面布置温度筋。面板底部厚度常取最大水头的 1/20～1/30，顶部厚度不小于 30cm，混凝土强度等级一般选用 C15～C20。

2）迎水面加厚坝体。在迎水面加厚坝体虽可起到防渗作用，但工程量较大，仅适用于原坝体单薄需要增厚加固的情况。

3）增设喷射混凝土面板。与增设混凝土防渗面板相比，这种方法不需要架立模板，施工相对比较简单。喷射混凝土的面板厚度一般为 10～15cm，由于面板厚度较薄，其防渗效果不如混凝土防渗面板明显。

4）在迎水面涂抹表面覆盖材料。这种方法是在迎水面加筑防渗层中最简单易行的一种方法。与上述 3 种方法相比，施工简单易行，工期将大大缩短。常用的表面覆盖材料有沥青砂浆、橡胶片材及丙乳砂浆等。

（3）坝体钻孔灌浆。适用于因混凝土含浆量不足或漏振等原因造成混凝土不密实而引起的坝体渗漏，按钻孔机械与灌浆部位不同，可分为从坝顶用地质钻机或潜孔钻钻孔与从迎背水面风钻钻孔两类。

1）从坝顶用地质钻机钻孔进行灌浆。从坝顶用地质钻机钻孔进行灌浆是对坝体大面积散浸或局部坝段进行渗漏处理的主要方法之一。通过从坝顶钻孔灌浆，在坝体内形成一道防渗帷幕。一般在坝顶靠近上游侧布置单排灌浆孔，孔距 2.0～3.0m，孔深根据坝体的渗漏情况确定，以达到渗漏处高程即可。灌浆压力为 0.3～0.5MPa，一般可采用自上而下灌浆法，下一段的钻灌宜在上段灌浆结束后 2～3d 后进行，浆液比级及灌浆结束标准等可参考帷幕灌浆的相关要求，考虑到各个钻孔灌浆在坝体内形成帷幕的连续性，施工中要严格控制好钻孔的垂直度。

2）使用风钻在迎背水面钻孔灌浆。这种处理方法施工设备简单，处理费用也比较省。但由于受到施工条件的限制，一般钻孔深度不大，常用于倒悬度较大，从坝顶钻孔有困难的浆砌石拱坝以及坝体厚度较小的浆砌石坝进行钻孔灌浆，也可用于坝体局部渗漏或作为坝顶地质钻机钻孔灌浆的辅助处理方法。

任务总结：浆砌石坝出现的主要问题是裂缝和渗漏，裂缝的处理方法有填塞封闭裂缝、加厚坝体、表面粘补和灌浆等方法，前面两种方法在实际工程中较常采用。对于渗漏常采取的处理措施有重新勾缝、迎水面增设防渗层、坝体钻孔灌浆。

任务学习拓展：了解浆砌石坝裂缝和渗漏处理的新方法、新材料。

课　后　训　练

一、填空题

1. 混凝土坝裂缝修补的表面处理方法有________、________、________。

2. 混凝土坝渗漏按部位分为________、________、________。

3. 混凝土坝渗漏处理的原则是____________________________。

4. 浆砌石坝渗漏处理的方法有________、________、________。

二、单项选择题

1. 重力坝裂缝的宽度受温度影响较大的是（　　）。

A. 沉陷缝　B. 干缩缝　C. 温度缝　D. 应力缝

2. 下列哪项不是混凝土裂缝处理的方法（　　）。

A. 环氧砂浆涂抹　B. 橡皮贴补　C. 预缩砂浆嵌补　D. 开挖回填

3. 下列哪项不是提高重力坝稳定性的措施（　　）。

A. 减小坝体剖面　B. 设置齿墙　C. 加强防渗　D. 加强排水

4. 下列哪项不适用于处理混凝土坝集中渗漏的措施（　　）。

A. 直接堵漏法　B. 导管堵漏法　C. 灌浆堵漏法　D. 导渗沟法

5. 下列哪项不是浆砌石坝裂缝处理的措施（　　）。

A. 黏土铺盖　B. 填塞封闭裂缝　C. 加厚坝体　D. 灌浆处理

三、多项选择题

1. 减少扬压力的方法有（　　）。

A. 抬高水位　B. 坝体下游面加支撑

C. 加强防渗　D. 加强排水

2. 混凝土坝表层损坏主要表现为（　　）。

A. 剥蚀　B. 磨损　C. 空蚀　D. 碳化

3. 混凝土坝产生裂缝的原因有（　　）。

A. 坝体温差过大　B. 地基不均匀沉陷

C. 结构强度不足　D. 施工过程中混凝土表面失水

4. 混凝土坝止水破坏的修补方法有（　　）。

A. 补灌沥青　B. 修筑防渗层　C. 补做止水　D. 回填混凝土

四、判断题

1. 接触灌浆或固结灌浆不能提高坝体的抗滑稳定性。（　　）

2. 环氧砂浆易老化，适用于温度变化小、日光不易照到部位的修补。（　　）

3. 温度变化对混凝土坝的沉陷裂缝影响较大。（　　）

4. 灌浆法可用于迎水面伸缩缝的局部处理，灌浆材料应选用刚性材料。（　　）

五、案例分析题

某浆砌石重力坝，坝高30m，上游防渗面板为150号混凝土，厚0.7m。大坝于1967年底建成，1970年8月封孔蓄水。由于施工中的缺陷和夏季施工的影响，1967年建成时即发现上游面有纵向发丝裂缝，但未进行处理。蓄水后廊道内有渗漏水，其中左岸5处漏水较大，漏水量0.028～15L/min，随气温而变化。1972年11月放水检查，坝面共有纵向裂缝20条，最长的18m，延伸至水下的有8条，最长的1条延至水下6.5m。缝宽一般0.1mm，左右岸端的4条较大，宽0.5～1mm。请制订修理方案。

六、简答题

1. 增强重力坝抗滑稳定性的途径有哪些？
2. 混凝土坝表层损坏常用的处理方法有哪些？
3. 混凝土坝裂缝分哪些种类？如何修理？
4. 混凝土坝的坝体渗漏如何处理？
5. 浆砌石坝的裂缝处理方法有哪些？

项目四　堤防的养护修理

项目描述： 本项目有4个学习任务，分别为堤防工程概述，堤防的养护与病害修理，穿堤、跨堤建筑物及其与堤防结合部养护修理，生物防护工程养护修理。

项目学习目标： 通过学习，掌握堤防工程养护与病害修理方法。

项目学习重点： 堤防工程养护与病害修理方法。

项目学习难点： 堤防工程常见病害修理施工方法。

任务一　堤防工程概述

任务描述： 本任务单元重点阐述堤防工程的一般概念、分类、工程级别，以及堤防工程管理范围与保护范围的定义，为后面堤防工程病害维修知识的学习打下基础。

案例导学： 黄河上、中游多为山区河流，只在部分受洪水威胁的河段有堤防；下游处在冲积平原上，为保护沿岸平原安全，除右岸东平湖至济南为山岭外，其余两岸均修有堤防。

黄河下游现行河道两岸，已修筑成了一个比较完整的堤防系统。主要堤防长1460.64km，其中左岸长795.48km，右岸长665.16km。

黄河下游经过4次较大规模的加高加固大堤，形成了目前的状况。黄河下游临黄大堤高度一般为7～11m，最高达14m，临背河地面高差4～6m，最大10m以上，堤防断面顶宽7～15m。临、背河边坡，艾山以上均为1∶3，艾山以下临河边坡1∶2.5、背河边坡1∶3。

问题： 堤防工程在黄河防洪中发挥了重要的作用，更是整个黄河水利工程的重要组成部分，那么，堤防的定义、分类、标准与管理保护范围又是如何进行规定的呢？

一、堤防的概念

依据我国水利部颁布的《堤防工程养护修理规程》（SL 595—2013），堤防是指沿江河、湖、海、渠道或行洪区、分洪区、围垦区的边缘修筑的挡水建筑物，包括堤身、堤基、临背河戗堤、防渗导渗工程。按其修筑的位置不同，分为江堤、河堤、湖堤、海堤（塘）以及水库、蓄滞洪区、低洼地区的围堤等。其主要作用是防洪、束水、输水、防潮、防浪等。

典型的堤防断面形状一般为梯形，如图4-1所示。其顶部平面称为堤顶；两侧坡面称为堤坡，临水侧堤坡称为临水坡（外坡），背水侧堤坡称为背水坡（内坡）；堤顶与堤坡交界的地方称为堤肩；堤防与地面相交的地方称为堤脚；堤脚以外，按堤防级别划定的一定范围地面称为护堤地；护堤地外根据堤防级别划定的一定区域称为工程保护范围。堤防浸润线以下土体承受着渗透动水压力，并使土的内摩擦角和黏聚力减小，对堤坡稳定不利，为增加其稳定性和利于排渗，堤防背水坡宜加设一定宽度的戗台（压浸台）。

二、堤防的分类

堤防按其作用通常分为防洪堤、海堤、渠堤3类。

防洪堤包括江河堤、湖堤、库区堤和蓄滞洪区堤。江河堤是修建于江河两侧的堤防；湖

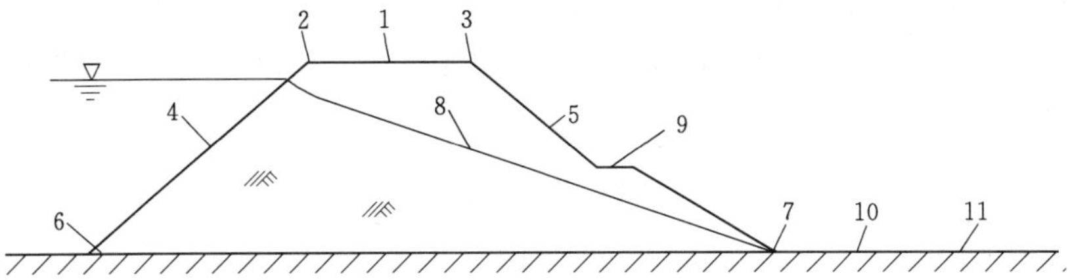

图 4-1 堤防断面及各部分名称

1—堤顶；2、3—迎、背水堤肩；4、5—迎、背水堤坡；6、7—迎、背水堤脚；8—浸润线；9—戗台；10—护堤地；11—工程保护范围

堤是修建于湖泊周围的堤防；库区堤是修建于水库回水区四周，以减少回水淹没范围的堤防；蓄滞洪区堤是修建于蓄滞洪区周围的堤防。海堤是修建于海边，以防御潮水危害的堤防，又称为海塘或防潮堤。渠堤是沿渠两侧修筑的堤防，它能减少沟渠占地面积，增大输水能力。

堤防按建筑材料的不同又可分为土堤、砌石堤、土石混合堤和钢筋混凝土防洪墙 4 种。

土堤是由土料筑成的堤防。由一种土料修筑的土堤称为均质土堤。有时为了满足防渗要求，还采用黏土、混凝土、沥青混凝土、土工膜等防渗材料在堤防内部修筑成心墙或斜墙形式，这样的堤防分别称为心墙堤和斜墙堤。砌石堤是由石料填筑的堤防。土石混合堤是在土堤外坡采用石或混凝土修筑挡墙，墙后填土以防渗或维持墙稳定的堤防。钢筋混凝土防洪墙是用钢筋混凝土墙来挡水的堤防，其背后没有土堤戗台，依靠自重维持其稳定。

我国堤防绝大部分为均质土堤，仅在某些特殊情况下才修建其他材料的堤防。例如有的城市受岸边建筑物的限制，不宜修建大断面的土堤时，才修建挡土墙堤或钢筋混凝土堤。

三、堤防工程的级别

堤防工程的防洪标准一般应按现行《防洪标准》(GB 50201—2014) 的要求，根据防护对象的重要程度和受灾后损失的大小，以及江河流域规划或流域防洪规划的要求分析确定，见表 4-1。堤防工程上的闸、涵、泵站等建筑物、构筑物的设计防洪标准，不应低于堤防工程的防洪标准，并应留有适当的安全裕度。

表 4-1 防护对象的等别和防洪标准

防护对象的等别		Ⅰ	Ⅱ	Ⅲ	Ⅳ
城镇	重要性	特别重要城市	重要城市	中等城市	一般城市
	非农业人口/万人	≥150	150～50	50～20	≤20
	防洪标准（重现期)/年	≥200	200～100	100～50	50～20
乡村	防护区人口/万人	≥150	150～50	50～20	≤20
	防护区耗地/万亩	≥300	300～100	100～30	≤30
	防洪标准（重现期)/年	100～50	50～30	30～20	20～10
工矿企业	工矿企业规模	特大型	大型	中型	小型
	防洪标准（重现期)/年	200～100	100～50	50～20	20～10

堤防工程的级别应按现行《堤防工程设计规范》(GB 50286—2013) 确定，见表 4-2。一般遭受洪灾或失事后损失巨大，影响十分严重的堤防工程，其级别可适当提高；遭受洪灾

或失事后损失及影响小或使用期限较短的临时堤防工程，其级别可适当降低。采用高于或低于规定级别的堤防工程应报行业主管部门批准；当影响公共防洪安全时，还应同时报水行政主管部门批准。

表 4-2　　堤防工程的级别

防洪标准（重现期）/年	≥100	100～50	50～30	30～20	20～10
堤防工程的级别	1	2	3	4	5

四、堤防工程管理范围与保护范围

为保证堤防工程安全和正常运行，根据当地的自然地理条件和土地利用情况确定堤防管理区域，堤防工程管理范围一般应包括堤防及临背河护堤地、堤岸防护工程及其管理用地、交叉连接建筑物和管理设备的建筑场地和管理用地。

堤防工程保护范围又称堤防工程安全保护区。为保证堤防工程安全和正常运行，根据堤防的重要程度，堤基土质条件等，在堤防工程管理范围的相连地域依法划定的堤防工程安全保护区域。

任务总结：本任务单元重点掌握堤防的概念、分类、等级划分、堤防工程的管理范围与保护范围划分等知识点，为后面的学习打下基础。

任务学习拓展：典型的堤防断面形状一般为梯形，具体可以划分为堤顶、堤坡、堤肩、堤脚、护堤地等部分，那么，这些部分如何进行养护与病害修理呢？

任务二　堤防的养护与病害修理

任务描述：堤防的养护与病害修理是本项目的重点内容，从堤身、护坡、堤顶与护坡地几个部分，掌握堤身管理设施养护、隐患的处理，工程护坡、生物护坡的维护方法，堤顶与护坡地的管理与维护方法。其中，以堤身的养护与隐患处理作为重点内容。

案例导学：我国黄河堤防工程长度长、历史长，受影响的自然因素和社会因素比较复杂，造成堤身存在较多的安全隐患，对防洪安全构成很大威胁。

坝身内部“洞、缝、松”隐患多，是黄河防洪的老大难问题。据1998—1999年黄河下游720km堤防隐患探测成果分析，共发现洞、缝隐患异常点3000多处、重大异常783处，即每千米至少1处重大洞、缝隐患；汛前普查与截渗墙施工也证明堤身问题较多。2000年，原阳汛前普查117+700～118+300背河堤肩发现一条宽3～5cm、最大10cm，深2～3m的裂缝，开挖断面上遍布鼠洞、腐烂树根洞和纵横裂缝；做了25组干密度试验，最大值1.48t/m^3，平均为1.22t/m^3，达不到1.5t/m^{3}的设计要求；在长度50m堤段内，发现各种洞穴17处，洞径5～6cm，最大的洞径达25cm。武沁河右堤2000年截渗墙施工时，在75+391～75+488堤段发现锯槽内泥浆从堤坡、堤脚严重泄露，后经开挖回填发现，堤身内有狐洞穴，洞径0.5～0.7m，长58.5m，75+392处有1个15m×0.8m×1.2m（长×宽×高）的洞穴，与洞相连的是一条通向坡脚的24.7m长的裂缝。这些洞缝隐患与渗透系数较大的淤背体贯通，甚至发生在未淤背堤段，情况非常危险。同时，近堤安全保护范围内临背河存在重大老口门塘坑、鱼坑、藕池等270多处，可能发生平工靠溜的严重堤河19条，还有大量的水井、渠道。这些险点不仅影响防洪工程体系的完整与面貌，更有碍河道行洪、查险抢险及堤防防守，对防洪安全构成威胁。

问题： 黄河堤防堤身部分有“洞、缝、松”等多种隐患，同时，在近堤安全保护范围内，还存在大量的老口门等危害堤防的工程隐患，那么，针对坝身的病害如何防治，针对护堤地如何进行管理维护呢？

一、堤身的维护

由于堤身主要是由土料修筑而成（特别是均质土坝），容易受到雨水冲刷、洪水冲击和害堤动物的侵害。为了保持堤防的抗洪能力，以防御随时可能出现的特大洪水，必须对堤防进行养护与修复，这是堤防工作的一项重要任务。

（一）管理设施养护

堤防的管理设施主要是：为了便于对堤防进行管理而设立的工程观测设施如水位、流量的观（监）测站（点）等；交通设施如堤顶铺设的道路；通信设施如专用防汛线路；生物工程防护设施如防浪林和堤坡草皮；标志设施如各类界限标桩、警示、宣传牌等；管理单位用房如办公设施、护堤房屋等。

1. 观（监）测站（点）

观（监）测站（点）的维护除仪器本身的保养和维护外，还应重点考虑：①房屋不能漏水，否则会影响自测成果；②定期校验仪器记录的准确性；③河道自然特征变化对观测成果的影响；④水准测量标点是否被破坏或位移。

2. 测压管组

堤防测压管的维护一般考虑以下原则：①要定期维护，一般每年的汛前都要检查维修；②进水管和导管如果已经腐烂应及时更换；③过滤层如果失效要予以更换；④测压管如果发生堵塞应及时冲洗，以免影响使用效果；⑤设置的管口保护设备一定要安全可靠。

3. 交通设施

交通设施主要是指为了防汛抢险车辆畅通和便于管理单位管理需要而设立的硬化道路。根据材料不同主要有泥结石、沥青、混凝土等结构形式。其主干道的设置一般是在堤顶或背水坡的戗台，应当尽量沟通各管理地点和主要附属建筑物、险工险段、防汛材料的堆场（仓库）。

4. 通信设施

通信设施是指除公众通信网络以外，为堤防工程管理单位维修管理、防汛抢险、防凌防潮等工程需要而设立的专用通信网络。

专用通信网络的设置应当符合流域或地区防汛通信网络规划，与上级防汛指挥机构和邮电通信网络能够沟通，信号良好。无线通信设备的配备应当符合无线电管理机构的要求和水利部的相关规定。

通信线路的养护应有专业队伍承担，根据所采用的网络功能、设备型号，按照国家有关规定采取相应的修理养护措施。但最基本的要求是应当保持设备的良好运行状态、通信畅通无阻。

5. 生物工程防护设施

堤防的生物工程防护设施主要包括在迎水面护堤地栽植的防浪林和保护堤身的草皮植被，其养护见本项目任务四。

6. 标志设施

堤防的标志设施主要包括法规宣传牌、工程介绍牌、警示牌、里程碑、百米桩、行政区划界碑、土地界桩等。这些辅助设施的制作、设置和维护应满足以下要求：

（1）宣传和介绍标志应当分布合理，书写规范工整，表达内容应与设置位置相关联。质地和埋深应当安全可靠，面积大小和色彩要有一定的视觉效果；对限制通行和卡口设置应当按交通标志设立要求进行，并选用反光材料制作；对损坏的标牌要及时修复或更换，字迹不清的要重新描绘。

（2）里程碑、百米桩、土地界桩和行政界限标志所设立的位置必须与实际保持一致，材料应当坚实耐腐，要有一定的埋深。位置一旦确定后一般不得调整，所标示的内容应当准确清晰。

（3）各类标示设施设置时都要充分考虑到安全性。

（二）隐患处理

堤身堤基内部存在的隐患，几乎可引发所有险情的发生。隐患形成的原因和种类很多，有的属于遗漏处理或处理不彻底所致；有的是由害堤动物掏穴打洞而成；还有的则属于清基填筑施工中的质量缺陷。有隐患的堤防在挡御洪水时，将会发生渗水、沉陷、坍塌，甚至发展为缺口。因此，处理隐患是堤防维护修复工作的一项重要内容。管理部门要依据日常管理和汛期观察到的现象，经过汛后检查与勘探，辨明隐患种类，明确处理措施。

在堤防管理工作中，隐患处理是体现实践经验和技术措施较强的一项工作。要根据日常管理中的发现，尤其是大水年份所出现的异常现象，进行分析，初步辨别隐患的类型，有必要再辅以勘探手段予以验证，即可辨明隐患的形成原因和种类，采取相应的处理措施。比如发现有管涌的险工，即基本判定为堤基清基质量缺陷，或历史老口门（如果有原有沟、河口等口门记录）所致，属于渗漏现象，可采取抽槽换土或黏土铺盖等处理方法；如果堤身半腰渗水，基本判定为堤身质量缺陷或害堤动物洞穴的原因，可采用黏土斜墙或锥探灌浆处理，或两项措施同时采用；对于水沟浪窝、掩体、藏洞、墓穴及树根陷坑等直观现象，必须复土翻修；对于发现有较多的獾狐洞，可发动群众捕捉，后填土堵洞，再采用灌浆处理，数次复灌即可填实。下面仅介绍复土翻修和灌浆施工中应注意的事项。

（1）复土翻修隐患：对调查和锥探发现的隐患，以及从外部可以看见的洞穴、水沟、浪窝、陷坑等进行开挖并逐个回填压实。开挖时要根据已掌握的隐患情况，确定开挖范围，同时也要方便施工；开挖坑壁留有 1：0.3～1：0.5 的边坡或 0.5m 左右宽的台阶，以便于开挖与回填；开挖到底后要探测周壁是否有相邻隐患，以免处理不彻底，填土层厚不超过 0.2m，逐层压实后上土，并周边倒毛，以便新旧土结合；填土密实度要求达到 1.5t/m^3 以上，要现场做干密度取样试验；填土要高出堤面 0.2m 左右，以待沉陷。

（2）自流灌浆填充隐患：对一般较小的洞穴和裂缝，可用泥浆灌实，也可用沙土灌实。锥孔灌泥浆可用水、土重量比为 1：2.2 的浓泥浆自流灌充，大面积的裂缝可用 1：1 的稀泥浆灌充；吃浆量大的要进行复灌，一般待 5～10d 后再行复灌，需复灌部位要设明显标志。

（3）压力灌浆填充隐患：这是目前普遍采用的灌浆技术。这一方法可以使深层隐患、细小的裂缝或蚁路、树根洞、腐烂层等得到灌实。选用的泥浆泵出口压力为（39.2266～58.8399）万 Pa，泥浆密度一般为 1.5t/m^3 左右。灌浆施工多选在冬春干旱季节，裂缝扩大、土体干而吸水性能高，易灌密实；有白蚁的堤段，可在泥浆内渗入杀虫药剂，经过2～3次复灌即可消灭。

二、护坡的维护

堤防的主要作用是限制洪水在河道内行洪，在河道内水位较高时，必然对堤防形成冲刷，加上风浪的作用就容易造成堤坡的崩坍，从而形成灾害。因此，必须对堤坡进行防护。堤防护坡的种类主要有工程护坡和生物护坡两类。无论哪种形式的护坡，建成后管理单位都应该认真管理与维护，以使护坡工程发挥持续的防护功能。

工程护坡的管护与维修将根据不同的护坡类型而采取不同的管护方式，但总的来说，应当做到以下几点。

1. 定期检查与平时巡视

应当加强对护坡工程的巡视检查，主要是结合汛前和汛后的定期检查以及日常工作的便利进行检查。重点检查护坡块石是否缺损，反滤层的出水口能否正常出水，护坡的封顶和基脚是否完整，坡面的排水沟和顶部的截水沟是否被破坏，能否正常截、排水，护坡坡面是否下滑。素混凝土护坡还要注意检查坡面有无龟裂，混凝土砌块咬合缝是否整齐。

2. 护坡维修

对发现有问题的护坡应当抓紧时间及时予以修复，具体内容如下：

（1）坡面维修。护坡坡面块石缺损，修补时要把损坏面打开大一点，以便于施工。凡是反滤层已经损毁的应当首先修复，选择的滤料应和原护坡的要求一致。石料应当质地坚硬，不易分化，不得有剥落层和裂纹，禁止使用小块石，单块重应大于25kg，最小边长大于20cm。砌筑时不得留有通缝、对缝、空洞。石料应尽可能立砌，不能有浮石。砌石表面应尽可能平整。如果是浆砌块石护坡，还应要求砂浆配合比符合设计要求，空隙用小石块填塞充满。素混凝土护坡如果产生裂缝，应及时采用原设计标号的混凝土及时予以修补，如果因基础不稳而出现下滑，则应按设计要求重新铺筑。采用浆砌和素混凝土材料做的护坡，还要注意排水口应当通畅，不畅或被破坏的要及时修复。一般来说，混凝土砌块护坡不易损坏，如果有被偷窃缺损的则可按照先完善垫层后补充砌块的办法予以修复。

（2）勒脚与压顶修复。一般来说，除了混凝土砌块护坡以外，大多数护坡都采用了浆砌块石勒脚。勒脚在受到洪水强力冲击后可能会由于基础破坏而坍塌，汛后必须尽快予以恢复。勒脚恢复时首先必须按照原来的设计断面开挖基槽，如果基础破坏较大还必须适当挖深。石料应当分层砌筑，各个砌层都要坐浆，做到边铺浆边铺筑，层石之间应骑缝，内外石块应交错搭接。勒脚所用块石也应当满足块石护坡面石料的要求，其体积和重量可以更大一些。块石护坡封顶的修复与勒脚的恢复基本一致。

（3）清除截、排水沟杂物。为了避免在雨水集中时汇流对护坡的冲刷或在护坡内潴留，通常都要在护坡的顶部修一条截水沟，在护坡的坡面上修若干条排水沟。管理单位要检查这些截水沟和排水沟是否堵塞，及时清除沟内的杂草、杂物以免影响截（排）水效果。

（4）清除护坡缝生杂草。干砌块石护坡如果缝隙较大则会在缝中长出杂草，甚至杂树，不仅影响了护坡的外观效果，久而久之还可能对护坡的稳定产生一定的影响，所以对这些杂树、杂草必须予以清除。对一些萌发力强的杂树、杂草，必须持续的多次清除才能清除彻底。

生物护坡一般来说通指草坡护坡，也有采用植草砖的，其维修见本项目任务四。

三、堤顶的维护

1. 堤顶维护的一般要求

堤顶维护的一般要求：堤顶、堤肩、道口等的维护应做到平整、坚实、无杂草、无弃物。堤顶维护应做到饱满平坦、堤线平顺，无车槽，无明显凹陷、起伏，平均5m长堤段纵向高差不应大于0.1m。堤顶应保持向一侧或两侧倾斜，坡度宜保持在2%～3%。堤肩维护应做到无明显坑洼，堤肩线平顺规整，堤肩宜植草防护。未硬化堤顶的养护应做到：堤顶泥泞期间及时关闭护路杆（拦车卡）、排除积水；雨后及时对堤顶坑凹进行补土垫平、夯实；旱季应对堤顶洒水养护。硬化堤顶的养护应做到：及时清除堤顶积水和杂物，保持堤顶整洁；泥结碎石堤顶应适时补充磨耗层和洒水养护，保持顶面平顺，结构完好。

堤顶修理的一般要求：边埂发生损坏，宜采用含水量适宜的黏性土，按原标准进行修复。土质堤顶面层结构严重受损，应挖毛、洒水、补土、刮平、碾压，按原标准进行修复，堤顶高程不足时，应按原高程进行修复，所用土料宜与原土料相同。硬化堤顶发生损坏，应按原结构与相应的施工方法修复损坏部位。硬化堤顶的土质堤防，因堤身沉陷使硬化堤顶与堤身脱离的，应拆除硬化顶面，用黏性土或石渣进行沉降补缺并夯实，再用相同材料对硬化顶面进行修复。

2. 堤顶道路维护

堤顶道路是利用堤顶或背水坡顺堤戗台作为交通道路，连接各管理处所、附属建筑物、险工险段、附属设施、土石料场、生产企业、场站码头、器材仓库等，以满足管理点之间的交通联系。堤顶道路既能保障防汛抢险物资包括砂石、土方、器材、设备等及时运输到位，又能便于河道堤防巡检、维修养护，此外，还为沿堤群众提供了交通便利。

堤顶防汛道路是堤防工程的重要组成部分，是防汛抢险人员和物资能够及时到位以及河道堤防管理工作顺利开展的重要保障，因此，必须加强管理与维护。不同类型的道路都有相应的养护技术要求，应当按照《公路养护技术规范》（JTG H10—2009）的要求进行。针对防汛道路的特点，在日常管理和维护工作中还必须注意以下几点：

（1）沿路应适当布置水法规和交通法规的宣传标示，布置有关防汛道路限车、限量、限载的警示性标志。

（2）对于没有一般通车要求的防汛专用道路可设置路卡，限宽、限高，防止大型重载汽车上路对道路造成损坏。在所设的路卡上还要按交通管理要求涂上警戒颜色，并设立相关标志。

（3）禁止在道路上堆放砂、石、柴草等杂物，禁止在防汛道路上打场晒粮，禁止在道路上集市贸易。

（4）未经河道主管机关批准不得修建影响道路正常通行和使用的临时工程，在抗旱季节尤其要注意不得挖路埋管输水，造成道路损坏影响交通。

（5）堤顶道路两侧的排水沟要保持畅通，以防道路积水影响交通和缩短道路使用寿命。

（6）河道管理单位要经常检查防汛道路，对于一般性的局部损毁一定要及时修补，保持堤顶道路的平整与畅通。特别是汛后如果路面损坏严重则应及时列入岁修或抢修计划，以保证道路的完整和正常使用。

四、护堤地的维护

护堤地是堤防工程管理范围的重要组成部分。它对防洪、防凌、防浪、防治风沙、优化生态环境以及在抗洪抢险期间提供安全运输通道等，有着重要的作用。

《安徽省水工程管理和保护条例》中规定：①长江干流大、中型堤防，临水侧不得窄于50m，背水侧不得窄于30m；②长江干流其他堤防和淮河干流（含颍河茨河铺以下、涡河西阳集以下）及其重要支流堤防的护堤地，临水侧不得窄于30m，背水侧不得窄于20m；③其他河道堤防的护堤地，临水侧和背水侧均不得窄于10m。

安徽省实施《中华人民共和国河道管理条例》办法中明确规定：堤防两侧必须有护堤地。凡已预留、征用、划拨、历史形成或公认的护堤地，包括堆土区、加固堤防填塘区、取土塘、外滩地、压渗平台、防渗铺盖和减压井等，属于国家所有的，由县人民政府登记造册，按《中华人民共和国土地管理法》的规定，核发土地使用证书，河道管理机构负责管理使用。

为了保护堤防完整安全，各地应根据安全需要和具体条件，明确划定护堤地的范围（立界桩、界牌、界沟）和河道堤防管理单位的管理范围。已划定的护堤地以及废堤、废坝、堆土区、土方塘等，应由河道堤防管理单位统一管理，任何单位和个人不得占用。

《中华人民共和国河道管理条例》第二十四条规定："在堤防和护堤地，禁止建房、放牧、开渠、打井、挖窖、葬坟、晒粮、存放物料、开采地下资源、进行考古发掘以及开展集市贸易活动。"

护堤地养护的一般要求为：护堤地的养护应达到边界明确，地面平整，无积水，无杂草。有护堤地界埂的，应保持其规整、无杂草，出现残缺应及时修复。护堤地宜种植护堤林带。河道堤防管理单位应根据"临河防浪、背河取材"的原则，积极开展植树造林和其他绿化项目。

任务总结：堤防的养护与病害修理，分为堤身、护坡、堤顶与护堤地几个部分，堤身部分包括管理设施养护、隐患处理，其中以隐患处理作为本任务的重点掌握内容；护坡的维护，包括工程护坡与生物护坡两部分，以及堤顶与护堤地的维护与管理方法。

任务学习拓展：除了堤防本身，还有大量的穿堤、跨堤建筑物及其与堤防的结合部，这些也是堤防工程的重要组成部分，这一部分该如何进行养护修理呢？

任务三　穿堤、跨堤建筑物及其与堤防结合部养护修理

任务描述：在理解穿堤、跨堤建筑物种类的基础上，掌握其养护修理的一般规定与方法，重点掌握常见的穿堤涵闸的检查、维护的内容。

案例导学：上海市黄浦江和苏州河堤防工程主要由钢筋混凝土与砌石结构以及连接堤防的防汛钢闸门组成。目前，黄浦江两岸（包括各支河口至水闸）已形成从吴淞口至江浙地界的封闭防线。在防御风、暴、潮、洪四大灾害，确保城市的正常运行和人民生命财产的安全等方面发挥了巨大作用。经现场调查发现，黄浦江外马路800号环卫码头，防汛墙3道推拉式钢闸（宽6.60m，高2.10m）需要维修，以加强防汛闸门运行时的安全保护措施，将防汛安全隐患降低到最小。

维修方式分为闸口部分与门体部分，其中闸口部分维修要求包括将原有闸口沟槽按原设计要求向闸门开启方向延伸1.0m，相应沟槽内预埋件尺寸同步进行加长调整。原有沟槽清淤后，按原设计要求调换沟槽内轮轨埋件。按现场尺寸原样重新设置闸口沟槽盖板，盖板厚

度不小于15mm。

门体部分分门页、门体整形、水封、支铰。门叶，喷丸除锈，达到表面显露出金属本色，然后涂两道红丹过氯乙烯防锈漆，一道海蓝环氧树脂水线漆，每道干膜30μm。门体整形，闸门在关闭位置时所有水封的压缩量不小于2mm，闸门安装完毕验收合格后，除水封外再涂一道海蓝色环氧树脂水线漆，干膜后30μm。水封，材料采用氯丁橡胶，所有水封交接处均应胶接，必须平整牢固不漏水，水封安装好后，其表面不平整度不大于2mm。支铰，使闸门达到灵活转动，关闭自如。

闸门安全检验要求为闸门关闭定位后，高压水枪（水压力$P=0.12$MPa）对止水作水密封试验5min，以止水橡皮缝处不漏水为合格。

问题：上海市外马路环卫码头对钢闸门进行了维修养护，涵闸是穿堤建筑物中最常见的一种构筑物，对其进行养护的一般规定与方法有哪些？除了涵闸，还有哪些类型的穿堤、跨堤建筑物呢？

一、穿堤、跨堤建筑物分类

穿堤、跨堤建筑物有多种，数量较多的是沟通河道两侧沟、河的穿堤涵闸，另外还有旱闸、穿（跨）堤供水（油、气）管道、穿堤线缆护槽、跨堤引桥及其他建筑物。穿堤、跨堤建筑物属于堤防的一部分，同堤防的御洪功能一样，尤其是穿堤建筑物也承担挡洪作用。为了保证堤防安全防洪，必须对穿堤、跨堤建筑物进行管理与维护，特别是穿堤涵闸的养护与维护更加重要。

（1）涵闸。涵闸是为保持原有水系排、引水功能而兴建的穿堤建筑物，主要由土工构筑物（闸室或涵洞、上下游翼墙、护坡等）和闸门及其启闭系统构成，具有防洪和引、排水功能。闸底板或涵洞均建在地面下的堤基部位，由于工程实体承受较大的水头压力，工程缺陷或管理运行不善，会对防洪、排涝造成巨大影响，甚至出现垮塌事故。

（2）旱闸。有两种情况兴建穿堤旱闸：一种是在码头处为便利车辆、行人交通而建；另一种是在靠近造船厂，为便利已造成船舶牵引入河而建。旱闸主要由穿堤箱涵、翼墙、护坡及闸门构成，闸底板一般平于地面，平时不过水，故称旱闸，只在汛期时放下闸门挡洪来中止交通。

（3）穿堤、跨堤管道。主要有引、排水管道，输气、输油管道，线缆护槽等。从穿堤、跨堤位置来看，有从设计洪水位以上穿堤的，也有从设计洪水位以下穿堤的。从设计洪水位以上穿堤的，对堤防防洪影响相对较小，做好爬堤管道墩台及近堤墩台与堤防接触处的处理即可。由于爬堤管道一般需要在河道内建泵房，加之要采取顶管施工技术，成本高，技术难度大，现在很多引水管道都从设计洪水位以下或堤基穿堤，因而对堤防的防洪影响比较大，应当做专门设计，并重点做好防渗处理。

二、穿堤、跨堤建筑物及其与堤防结合部养护修理的一般规定

堤防工程管理单位应特别重视和加强堤防与交叉的各类建筑物的结合部的养护与维修。与堤防交叉连接的各类建筑物的结合部的养护修理必须以防汛安全为前提，兼顾各交叉连接建筑物的需求。穿堤、跨堤建筑物发生损坏，建筑物管理单位必须按堤防工程管理单位的要求及时进行修理或抢修，确保堤防及穿堤、跨堤建筑物的安全。

对于穿堤建筑物而言，其底部高程在堤防设计洪水以下时，其在临水侧与堤防的结合部应特别加强养护工作，必须保持堤防与穿堤建筑物结合坚实紧密。背水侧也应按照规定进行

养护。当穿堤建筑物的底部高程高于堤防设计洪水时，穿堤建筑物与堤防的结合部应和堤顶、堤坡同时进行养护，使其保持坚实紧密。穿堤建筑物与土质堤防的结合部在临水侧应加强截水设施的养护，背水侧应加强反滤排水设施的养护。穿堤建筑物与堤防结合部的修理工作，应由堤防工程管理单位和穿堤建筑物的管理单位，共同商定修理方案和修理工作计划。穿堤建筑物归堤防工程管理单位本身管理的，应由堤防工程管理单位组织堤防管理人员和穿堤建筑物管理人员共同商定修理方案和修理计划。堤防工程管理单位所管理的穿堤闸涵，应按照有关规定进行养护，发现损坏及时修理。

跨堤建筑物的支墩建在堤身背水坡时，必须加强支墩与堤防结合部的养护修理工作。上堤道路及其排水设施的养护工作除按正常堤防养护要求进行外，在雨季应增加养护次数。对土质堤防的上堤道路及其排水设施，在降雨期间应坚持巡查，及时处理发生的问题。码头、港口的上下堤道路和排水设施与堤防的结合部应有专人负责养护。跨堤建筑物与堤顶之间的净空高度若不能满足堤防交通、防汛抢险、管理维护的要求时，应及时通知有关单位进行处理。桥梁、渡槽、管道等跨堤建筑物布置在堤身背水坡的支墩与堤防结合部发现有沉降、裂缝时，应立即通知有关单位对其修理；发现渗水情况应进行渗流稳定分析，确定渗流控制措施。

三、穿堤建筑物养护修理

由于穿堤涵闸数量较多，闸门启闭运行频繁，是堤防防汛中的重点环节，因此，这里重点介绍穿堤涵闸的养护修理。

（一）穿堤涵闸检查

穿堤涵闸的检查工作，包括经常检查、定期检查、特别检查和安全鉴定。经常检查，由涵闸直管部门（闸管所或穿堤涵闸所属堤防管理段）施行，不定期对涵闸各部位、闸门、启闭机、机电设备、涵闸附近堤防等进行检查，尤其对容易发生问题的部位要经常检查，检查完毕后做好检查记录，以备研究确定维护或修复措施。定期检查，每年进行两次，汛前、汛后各一次，通常由上一级主管部门负责组织进行。汛前着重检查岁修工程完成情况、度汛存在问题及采取的措施；汛后着重检查工程变化和损坏情况，据以制定岁修工作计划，检查完毕后填写“汛前（后）检查责任卡”以备案待查。特别检查和安全鉴定，是指涵闸在运行中出现重大故障，如闸门提不起来或落不下去、启闭机运转失常、闸门漏水过大等，且原因不明，需组织有关专家现场检查“会诊”，查明原因，制定处理措施，并对该闸（涵）做出安全鉴定。鉴定的内容包括涵闸是否需要进行大修，运行过程中应注意事项，或出现故障时应采取的应急处理措施。

（二）穿堤涵闸维护

穿堤涵闸维护有日常保养、小修、岁修、大修几种层次的养护与维修。日常保养、局部修补、运行中抢修等小修，通常由直管单位随时进行，并做好详细记录；岁修和大修，根据定期检查情况，编制维修计划，报上一级主管部门批准后实施，完成后由主管部门组织验收。

任务总结：穿堤、跨堤建筑物主要有各类涵闸、管道等，其中以各类穿堤涵闸为常见，需要熟悉其检查、维护的内容。

任务学习拓展：穿堤涵闸的经常检查与定期检查一般包括哪些内容？

任务四　生物防护工程养护修理

任务描述： 掌握堤防生物防护工程中使用的两大类生物工程措施林带和草皮的养护与修理方法。

案例导学： 黄河堤防生物防护措施主要包括防浪林带、草皮护坡、护堤地林带、行道林、适生林带等。其中：防浪林带是指黄河防洪大堤临河侧种植的林木带，种植宽度为黄河堤防堤脚以外50m或30m，树种一般选择柳树，临堤侧种植高柳，临河侧种植丛柳，草皮护坡是指黄河防洪大堤堤肩，临背河堤坡，河道整治工程堤顶、堤肩、堤坡等地种植的草类植被，护堤林地带是指黄河防洪大堤护堤种植的林木带，一般种植乔木；行道林是指黄河防洪大堤堤顶道路两侧种植的林木，一般种植乔木。

生物防护措施在黄河堤防中发挥了重要的作用，以草皮护坡为例，据统计，山东黄河各类防洪工程每年土方流失一般为20万～30万m^3，降雨集中的1990年和1991年均达到50万m^3，严重影响工程的完整和抗洪能力。如1990年7月6—10日，济南地区降雨超过100mm，天桥区北岸大堤从桩号133＋920～134＋440，长520m，共流失土方560m^3。其中临河堤坡葛芭草覆盖率80％左右，出现水沟浪窝18条，流失土方仅58m^3，占本堤段流失土方总量的10％，而背河堤坡1990年春整修后没能及时植草，自生的杂草覆盖率约30％，出现水沟浪窝144条，土方流失502m^3，占流失土方的90％。

问题： 从上面的案例可以看出，黄河堤防的生物防护措施主要使用了林带和草皮两种形式，那么，作为植物，无论是林木还是草皮，都面临季节性更替与病虫害等问题，同时，作为防护生物，为了达到必要的防护能力，生物品种的选择也是工程管理人员需要考虑的重要问题之一。那么，在实施堤防的生物防护工程的时候，如何解决品种选择、病害防治、浇水施肥等养护措施呢？

一、林带养护修理

水利工程中的林带主要指在江、河、湖岸边营造耐水性树种组成的人工林，是利用以林带树冠、干、枝、根的机械阻力和枝干间分流作用，达到降低风速，降低浪高，延缓水流对堤岸冲击效果为目的的林种。

林带养护应做到：在早春、干旱期或结冻前浇水，提高土壤水分和防寒能力；施肥时，应以氮、磷、钾为主。施肥量和肥料比例应视情况而定。宜在叶芽开始分化以前施肥。结合水、肥管理，可适当进行中耕、锄草和种植绿肥。经常防止树木病虫害，合理疏枝，形成分布均匀的树冠，随时清除遭受病虫害的树株。树木涂白刷红时间以秋季为宜，涂白高度1.5m左右，原料为石灰水。林带修理应做到对于已开始老化的树木，管理单位应根据实际情况采伐更新。林木更新应按适地林的原则选择树种，宜采用混交林种植模式。对于树木缺损较多的林带，管理单位应及时选择同类型的树木，同样的株行距进行补植，维持林带的完整。

（一）林带的栽植

1. 树种选择

（1）选择耐水性强的树种。这是防浪林树种必须具备的先决条件，以杨柳科植物最有代表性。这类树木能忍受水淹的环境。

（2）乡土树种。经过历代变迁后遗留下来的本地树种，适应性强，抗性强。

（3）速生、繁殖力、抗逆性强的树种。速生树种自然分枝多，树冠开阔。无性繁殖方式使树木在短期内受到伤害能够自我恢复，缩短林木培育期限。

2. 造林密度

造林密度泛指在造林地上栽植幼苗的起始密度。早期幼苗抗性弱，需要保护，一般用高密度造林，以便保存与成活。杨树每亩56～74株，柳树每亩74～110株。

幼苗到成活期，进入生长发育阶段，这个阶段要加强抚育管理，防治病虫害，适当施肥，注意林木防火，促进林木生长，3年后合理修枝，5～8年后林带进行间伐，保持合理密度，当林木平均生长量接近最大值并开始下降时，可以考虑林带更新。

3. 造林季节

造林是一项季节性强的工作。各地气候条件、土壤、树种等各不相同，造林时间上自然存在差异。防浪林造林时间一般选择在春季、冬季为宜。

春季造林：气温回升，蒸发量大，在植物未萌动之前，集中劳力造林，选择植苗造林或插干造林。春季造林要做好苗木保水措施，造林后及时浇水，以利于树苗生根发芽。

冬季造林：冬季根据土壤墒情，在霜冻期选择土壤解冻时造林，树苗处于休眠期，进入春季容易生根成活，通常用植苗造林方式较好。但要避免刮风天气。

4. 造林方法

林带营造方式主要有两种：植苗造林与插干造林。

植苗造林：也称挖穴造林或根苗造林。造林整地后，将带根的苗木放置在栽植穴内，覆土后踩紧踩实。具体做法：先结合造林整地，挖好栽植穴，规格50cm×50cm×60cm，穴比苗木根系适当大些，栽树前有条件的地方，苗木进行吸水处理，将苗木根系浸入水中24h，栽树时，两人作业，一人扶正苗木于栽植穴中央，根系展开，一人培土，填土一半后提苗踩实，再填土踩实，最后覆上虚土，造林技术规程上称为“二踩一提苗”，以保证造林质量。

插干造林：这是江、河、水网地带群众所喜好的植树方法。利用树木的树干、枝丫萌芽能力强的特点，直接或借助打孔器插入造林地，适宜树种主要为杨柳科植物。插干造林优点是省工省钱。但插干造林需要注意：一是土壤疏松、肥沃，二是水源充足地段，三是插干深度到地下水位线上。另外选用的树苗和枝条以1年和2年生为宜。

（二）林带的养护管理

1. 修枝

防浪林修枝目的是调节树木的内部营养，促进枝干生长，消除萌生枝，减少病虫害，提高防护能力。

修枝时间：幼树一般3年以上，经营条件好的可提前。

修枝季节：一般在晚秋或早春较好。

修枝技术：小枝可用修枝剪修去或用利刀紧贴树干由下向上进行剔削，粗大的枝条用锯子锯断。修枝高度控制在树高的2/5，修枝时，不宜撕裂树皮，修枝切口平滑，防止机械损伤。

2. 林木更新

林木生长到达一定年限或受到其他外界条件影响，防护能力处于下降趋势，可以考虑采伐更新措施。如柳树25年、杨树20年自然生长条件下就会面临枯萎现象，受到大水或病虫害影响，更新时间会来得快。下面介绍两种方法：间伐更新与皆伐。

间伐更新：也称局部更新。针对部分林木受到林龄不同、自然灾害、病虫害、自然地理条件的影响，造成部分林木衰退，可以组织间伐更新。间伐更新时将更新的林木清除干净，以防影响相邻的其他林木。

皆伐：也称全部更新。防护林已经过熟，防护能力下降，病虫害危害越来越重，治理成本高，可以全部砍伐过熟林，重新进行造林。

（三）林带的病虫害防治

我国森林病虫害种类繁多，据有关部门统计，主要病害约500种，虫害约1500种。安徽省长江防浪林主要病虫害，经林业科研部门调查约有76种。林木病虫害不仅直接造成林木生长衰退、生长量降低，还能降低森林生态功能，防护功能下降。下面介绍几种主要病虫害及其防治方法。

1. 杨柳叶锈病

病菌浸染时，先在叶的背面发生零星的鲜黄色、直径0.25mm左右的小斑点，以后黄斑点逐渐增加，以手触摸，有大量的鲜黄粉末附着于手上（孢子），发病的叶片逐步枯黄并卷曲。防治方法：①选用抗病品种，造林密度不宜过密，控制林地含水量、氮肥量。②发病时喷洒1∶1∶125的波尔多液或65%的代森锌溶液或敌锈钠200倍雾剂，1周1次。

2. 杨柳溃疡病

该病多为真菌侵染所致。症状特点：在树干上皮孔边缘形成灰色隆起的水泡，破裂后流出褐色液体，小泡呈圆形，连成大泡后成不规则状，小泡破裂后在下面又生新皮，大泡破裂后留下伤疤，皮层变褐腐烂，木质部表面也变褐色，病斑越冬后还可以扩展，如果绕树木1周，使树木树皮韧皮部腐烂，切断了植物营养通道而造成树木死亡。

防治方法：①选用抗病品种。②苗木出圃时要求严格精选与消毒。对种条可用70%可湿性代森锌溶液600～700倍，浸24h。③每年4月和5月为发病高峰，可在树干上喷洒2∶2∶200的波尔多液或50%的退菌特100倍液体或50%可湿性多菌灵100倍液体。④加强栽培管理，改善生长条件。

3. 天牛

天牛是对防浪林危害最为严重的虫害。主要种类有桑天牛、光肩星天牛、云斑天牛等，成虫在树皮下产卵，幼虫在树干内生长发育，啃食木质部形成蛀道危害，严重影响林木质量。防治方法如下：

（1）人工捕捉成虫。

（2）用小铁锤打击刻槽，或用小刀挖取卵和幼虫。

（3）在幼虫还未蛀入木质部之前，用90%敌百虫800～1000倍溶液喷洒树干，杀死幼虫。

（4）当幼虫蛀入木质部时，毒签插入虫孔或用普通注射器从最上部排粪孔注入敌敌畏乳油或氧化乐果毒杀幼虫。

（5）整修虫害最严重的枝干。

（6）修枝与更新。

二、草皮养护修理

采用在堤坡表面的黏土层上种植草皮进行堤防坡面保护，是保护堤防免受波浪侵蚀的有效方法。堤防表面的草皮不仅可以抵抗波浪侵蚀，还可以在农业、生态和景观等方面起很大的作用。

草皮养护修理的一般规定：草皮护坡应经常修整、清除杂草，保持完整美观；干旱时，应及时洒水养护。护坡的草皮遭雨水冲刷流失和干枯坏死，应及时还原坡面，采用添补更换的方法进行修理。

添补更新草皮时，宜按下列要求执行：①补充的草皮宜就近选用适合的品种。②更新草皮宜选择合适当地生长条件的品种，并尽量选择低茎蔓延的爬根草，不应选用茎高叶疏的草。③补植草皮时，宜带土成块移植，移植时间以春、秋两季为宜。④移植时，宜耙松坡面土层，洒水铺植，贴紧拍实，定期洒水，确保成活。若堤防、堤岸防护工程边坡土质为砂性土，宜现在坡面铺一层有机质土，再铺草皮。

草皮护坡中有大量的茅草、艾蒿等高杆杂草或灌木时，宜采用人工挖除或化学药剂除杂草的方法进行清除；使用化学药剂时，应防止污染水源。

草皮草病害分类根据病原的不同可将病害分为两类：非侵染性病害和侵染性病害。非侵染性病害的发生在于草皮和环境两方面的因素。如草种选择不当、土壤缺乏草皮草生长必须得营养、营养元素比例失调、土壤过干或过湿、环境污染等，这类病害不传染。侵染性病害是由真菌、细菌、病毒、线虫等侵害造成的，这类病害具很强的传染性，发生的三个必备条件是：感病植物、致病力强的病原物和适宜的环境条件。防治方法如下：

（1）消灭病原菌的初侵染来源土壤、种子、苗木、田间病株、病株残体以及未腐熟的肥料，是绝大多数病原物越冬和越夏的主要场所，故采用土壤消毒。

（2）农业防治：适地适草，尤其是要选择抗病品种、及时除去杂草、适时深耕细肥、及时处理病害株和病害发生地、加强水肥管理等。

（3）化学防治：即喷施农药进行防治。一般地区可在早春各种草皮将要进入旺盛生长期以前，即草皮临发病前喷适量的波尔多液 1 次，以后每隔 2 周喷一次，连续喷 3～4 次。这样可防止多种真菌或细菌性病害的发生。病害种类不同，所用药剂也各异。

任务总结：堤防的生物防洪工程大致可以分为林带与草皮两大种类型，各自有着自己不同的防护作用，同时，也都面临着选种、种植、浇水施肥、病虫害防治等养护与管理问题。

任务学习拓展：林带与草皮防护工程，在堤防的防护中，各自起到的作用侧重点是什么？

课 后 训 练

一、多项选择题

1. 堤防按其作用通常分为（　　）3 类。

A. 防洪堤　　B. 海堤　　C. 渠堤　　D. 土堤

2. 林带栽植时树种的选择有以下依据（　　）。

A. 选择耐水性强的树种　　B. 乡土树种

C. 速生、繁殖力、抗逆性强的树种　　D. 非落叶树种

二、判断题

1. 防浪林的栽植应当符合以下要求：株行距要尽可能紧密，形成阻水障碍，起到最佳

防浪效果。（ ）

2. 防护滑坡时，可以采用在滑动土体上加压块石的办法，阻止土壤滑动和土体结构破坏，控制滑坡的发展。（ ）

三、简答题

1. 典型的堤防断面形状一般为梯形，一般可以分为哪几个组成部分？
2. 堤防工程管理范围与保护范围是如何规定的？
3. 堤身的隐患包括哪些，如何进行处理及注意事项包括哪些内容？
4. 工程护坡根据所选材料的不同可分为哪几类？
5. 穿堤涵闸的经常检查和定期检查包括哪些内容？
6. 简述护堤林带主要病虫害及其防治方法。

项目五　水闸、溢洪道、隧洞和涵管的养护修理

项目描述：本项目共分3个学习任务，主要介绍水闸的养护修理、溢洪道的养护修理、隧洞和涵管的养护修理等内容。

项目学习目标：通过学习，掌握水闸、溢洪道、隧洞和涵管在运用过程中常出现的问题及处理方法，能够分析判断问题出现的原因，在实际工程中能够解决这些问题。

项目学习重点：水闸、溢洪道、隧洞和涵管在运用过程中常出现的问题及处理方法。

项目学习难点：在实际工程中解决水闸、溢洪道、隧洞和涵管在运用过程中常出现的问题。

任务一　水闸的养护修理

任务描述：本任务介绍了水闸的养护及病害修理，培养学生具有水闸的养护能力和水闸维修加固的初步能力。

案例导学：崔家营航电枢纽位于汉江中游襄阳河段，是湖北省汉江干流9级梯级开发中的第5级，泄水闸布置于船闸和电站厂房之间，闸址位于主河床上。泄水闸采用平底闸型式，共布置20孔。泄水闸混凝土在施工过程中或施工完成后，均不同程度的产生了裂缝，特别是在闸室表面出现了裂缝，大多数裂缝为表现以横缝为主（垂直水流方向）的表面裂缝。如出现在泄水闸溢流面的裂缝，泄水闸混凝土施工完成后，虽对溢流面进行了全面清理，仍发现泄水闸闸室溢流面混凝土表面出现一些裂缝。泄水闸溢流面裂缝大多为不规则裂缝，有顺水流向、有垂直水流向、有斜向的，表面缝宽一般在0.1～0.5mm，缝深一般小于300mm，从上往下看裂缝宽度逐渐变小并趋入消失，说明均为浅表性裂缝，对结构安全影响不大。另外在1号、16号、17号、20号坝段预留的8条宽缝施工后均未弥合，从灌浆廊道里观察，发现此部分裂缝均为贯穿性裂缝，裂缝长度沿宽缝方向贯通整个宽缝，缝宽一般为0.3～0.5mm。此类裂缝对结构安全有一些影响。

问题：结合本案例，分析水闸裂缝产生的原因及处理方法。

裂缝产生原因主要包括：上、下两层混凝土浇筑层间间歇时间过长，形成干缩裂缝；混凝土养护措施或时间不到位、形成温度裂缝；外界温度骤降，保温措施不到位，混凝土内外温差较大，形成温度裂缝等。

裂缝主要处理方法：宽度小于0.2mm的表面裂缝涂抹环氧胶泥；宽度大于0.2mm的浅表层裂缝采用刻槽处理，表面采用环氧砂浆封堵。裂缝宽度大于0.2mm，深度穿过钢筋保护层或长度基本贯穿的裂缝以及施工坝段预留宽缝接合面的裂缝采用改性环氧树脂进行化学灌浆处理。

水闸除了具有裂缝病害外，在运用过程中还会出现哪些常见的问题呢？接下来本任务将针对水闸常见的问题进行具体分析。

一、水闸的养护

水闸在运用中，不断遭受各种内外不良因素的作用，可能出现闸基变形、混凝土开裂、闸门振动及漏水、启闭设备老化失灵等问题，如不及时养护修理，则缺陷必将逐渐发展，影响建筑物的安全运用，因此，必须经常做好养护修理工作。

（一）水闸混凝土结构物的养护

水闸中土工建筑物和石工建筑物的养护参考土石坝和混凝土坝的养护，水闸混凝土结构物的养护除可参照混凝土坝的日常养护外，还应做好以下工作：

（1）水闸上、下游，特别是底板、闸门槽和消力池内的碎石等杂物应定期清除，以防对混凝土表面的磨损。

（2）混凝土及钢筋混凝土表面的污水、污物、垃圾或附着水生物，应随时清除干净，以防对混凝土的污染。

（3）混凝土建筑物上的排水管、进水孔和通气孔等应及时进行疏通保养。特别是桥面上的排水孔也应随时疏通，以防雨水沿板和梁漫流，加速其碳化、老化。空箱式挡土墙箱内的淤土也应适时清除。

（4）因施工质量导致的混凝土表面的蜂窝、麻面、骨料架空和外露、模板走样、接缝不齐等，要用水泥砂浆或喷浆修补。施工用的模板、排架拆除后，遗留在表面的螺栓及其他铁件，除个别因运行需要保留外，其余均应全部割除，如在泄流面上的，还应进行表面整修。要保留的铁件也应进行油漆保养、防止锈蚀。

（5）伸缩缝要定期检查观察，注意防止杂物卡塞；填料如有流失的要补充。设有沥青井，并在井内预埋钢管或钢筋导体的，要按要求每隔一定时间用蒸气或通电加热熔化，补充新的沥青等，使其充填物饱满。

（6）泄水期间，特别是汛期排洪时，河道上的漂浮物应经常清理，以防阻水、卡堵闸门，冲坏消能工。

（7）经常露出水面的底部钢筋混凝土构件，如进洪闸的底板、护坦等，长期暴露在大气中，夏季酷暑高温曝晒，冬季严寒冰冻，应根据情况因地制宜地采取适当的保护措施，例如覆盖一层 0.2～0.3m 厚的土加以保护等。

（8）处于北方严寒地区的水闸，冬季还应随时清除混凝土结构上的积水和重要部位的积雪。

（二）闸门养护

（1）要经常清理闸门上附着的水生物和杂草污物等，避免钢材腐蚀，保持闸门清洁美观，运用灵活。要经常清理门槽处的碎石、杂物，以防卡阻闸门，造成闸门开度不足或关闭不严。

（2）严禁水闸的超载运行。严禁在水闸上堆放重物，以防引起地基不均匀沉陷或闸身裂缝。

（3）门叶是闸门的主体，要求门叶不锈不漏。要注意发现门叶变形、杆件弯曲或断裂及气蚀等病害。发现问题应及时处理。

（4）支承行走装置是闸门升降时的主要活动和支承部件，支承行走装置常因维护不善而引起不正常现象，如滚轮锈死，由滚动摩擦变为滑动摩擦，压合胶木滑块变形，增大摩擦系数等。对支承行走装置的养护工作，除防止压合胶木滑块劈裂变形及表面保持一定光滑度外，主要是加强润滑和防锈。

(5) 水封装置要保证不漏水，水封养护工作主要是及时清理缠绕在水封上的杂草、冰凌或其他障碍物，及时拧紧或更换松动锈蚀的螺栓，定期调整橡胶水封的预压缩量，使松紧适当；打磨或涂抹环氧树脂于水封座的粗糙表面，使之光滑平整；对橡皮水封要做好防老化措施，如涂防老化涂料；木水封要做好防腐处理，金属水封要做好防锈蚀工作等。

(6) 闸门工作时，往往由于水封漏水，开度不合理、波浪冲击、闸门底缘形式不好或门槽形式不适当等，均容易使闸门发生振动。振动过大，就容易使闸门结构遭受破坏。因此，在日常养护过程中，一旦发现闸门有异常振动现象，应及时检查，找出原因，采取相应处理措施。

(三) 启闭机养护

(1) 启闭机的动力部分应保证有足够容量的电源，良好的供电质量；应保持电动机外壳上无灰尘污物，以利散热；应经常检查接线盒压线螺栓是否松动、烧伤，要保证润滑油脂填满轴承空腔的1/2～2/3，脏了要更换。

(2) 电动机的主要操作设备如闸刀、开关等，应保持清洁、干净、触点良好，接线头连接可靠，电机的稳压、过载保护装置必须可靠。

(3) 电动部分的各类指示仪表，应按有关规定进行检验，保证指示正确。

(4) 启闭机的传动装置，润滑油料要充足，应及时更换变质润滑油和清洗加油设施。启闭机的制动器是启闭机的重要部件之一，要求动作灵活、制动准确，若发现闸门自动沉降，应立即对制动器进行彻底检查及修理。

二、水闸的病害类型及修理

对于水闸工程中土工结构、混凝土结构和石工结构常见问题（如裂缝、渗漏）的处理方法可分别参照土石坝、混凝土坝维修处理方法执行。以下将结合水闸工程自身特点，对其特有常见维修加固技术做一简介。

(一) 水闸冲刷破坏及处理

1. 护坦和海漫的冲刷破坏及处理

护坦和海漫常因单宽流量大而发生冲刷破坏。对护坦因抗冲能力差而引起的冲刷破坏，可进行局部补强处理，必要时可增设一层钢筋混凝土防护层，以提高护坦的抗冲能力。为防止因海漫破坏引起护坦基础被掏空，可在护坦末端增设一道钢筋混凝土防冲齿墙，如图5-1所示。

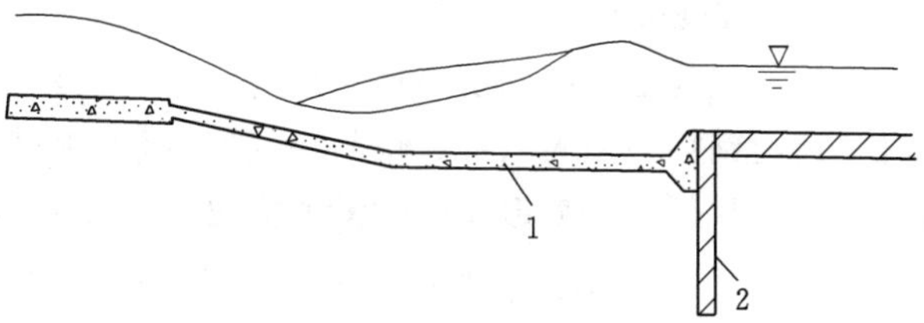

图5-1 钢筋混凝土防冲齿墙

1—护坦；2—混凝土齿墙

对于岩基水闸，在护坦末端设置鼻坎，将水流挑至远处河床，以保证护坦的安全。

对软基水闸，在护坦的末端设置尾槛可减小出池水流的底部流速，可减轻水流对海漫的冲刷；降低海漫出口高程，增大过水断面可保护海漫基础不被淘空及减小水流对海漫的冲刷。

近年来，土工织物作为防冲保护和排水反滤的一种新型材料，已在闸坝等水利工程中得到了越来越广泛的应用。它具有抗拉强度高，整体连续性好；重量轻、抗腐、不霉变、储运方便；质地柔软，具有排水、防冲、加筋土体等功能；施工简便、速度快、施工质量容易控制；工程抗老化、造价低等诸多优越性。土工织物是高分子材料经聚合加工而成的，目前应用较多的有涤纶、锦纶、丙纶等。

2. 下游河道及岸坡的破坏及修理

水闸下游河道及岸坡的冲刷原因较多，当下游水深不够，水跃不能发生在消力池内时，会引起河床的冲刷；上游河道的流态不良使过闸水流的主流偏向一边。引起岸坡冲刷；水闸下游翼墙扩散角设计不当产生折冲水流也容易引起河道及岸坡的冲刷。河床的冲刷破坏的处理可采用与海漫冲刷破坏相大致相同的处理方法。河岸冲刷的处理方法应根据冲刷产生的原因来确定，可在过闸水流的主流偏向的一边修导水墙或丁坝，亦可通过改善翼墙扩散角以及加强运用管理等来处理河岸冲刷问题。

近年来，土工织物在护岸工程中也得到了较多应用。

（二）钢闸门（及其钢构件）的防腐蚀

钢闸门常在水中或干湿交替的环境中工作，极易发生腐蚀，加速其破坏，引起事故。为了延长钢闸门的使用年限，保证安全运用，必须经常地予以保护。

目前，水工钢闸门常用的防腐蚀措施多属覆盖层保护，即涂料保护、金属喷镀与涂料联合保护。当采用覆盖层保护时，必须要对其进行表面处理。表面处理所要达到的要求，通常用两项指标来衡量，一是表面清洁度；二是表面粗糙度。表面处理的方法，常用的有人工敲铲、电动工具除锈和干喷砂除锈等。

1. 涂料保护

涂料可分为底漆和面漆两种，两者相辅相成。底漆主要起防锈作用，应有良好的附着力，漆膜封闭性强，使水和氧气不易渗入。面漆主要是保护底漆，并有一定的装饰作用，应具有良好的耐蚀、耐水、耐油、耐污等性能。同时还应考虑涂料与被覆材料的适应性，注意产品的配套性，包括涂料与被覆材料表面配套、涂料层间配套、涂料与施工方法配套、涂料与辅助材料（稀释剂、固化剂、催干剂等）配套。涂料保护一般施工方法有刷涂和喷涂两种。

2. 喷镀保护

喷镀保护是在钢闸门上喷镀一层锌、铝等活泼金属，使钢铁与外界隔离从而得到保护。同时，还起到牺牲阳极（锌、铝）、保护阴极（钢闸门）的作用。喷镀有电喷镀和气喷镀两种。水工上常采用气喷镀。气喷镀所需设备主要有压缩空气系统、乙炔系统、喷射系统等。常用的金属材料有锌丝和铝丝，一般采用锌丝。气喷镀的工作原理是金属丝经过喷枪传动装置以适宜的速度通过喷嘴，由乙炔系统热熔后，借压缩空气的作用，把雾化成半熔融状态的微粒喷射到部件表面，形成一层金属保护层。

3. 外加电流阴极保护与涂料保护相结合

将钢闸门与另一辅助电极（如废旧钢铁等）作为电解池的两个极，以辅助电极为阳极、钢闸门为阴极，在两者之间接上一个直流电源，通过水形成回路，在电流作用下，阳极的辅助材料发生氧化反应而被消耗，阴极发生还原反应得到保护，如图 5－2 所示。

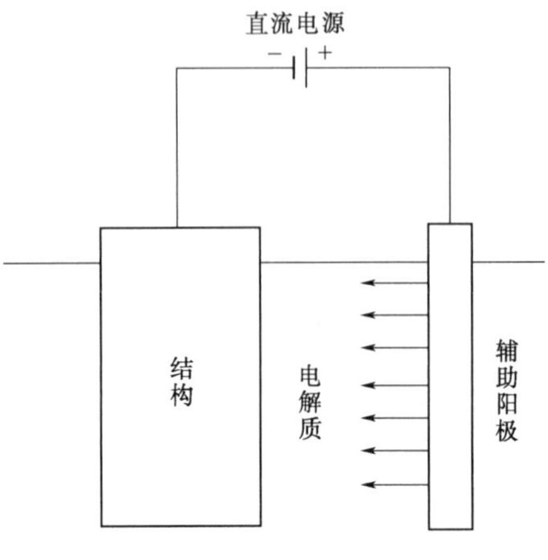

图 5－2　外加电流阴极保护示意图

（三）气蚀及磨损的处理

水闸产生气蚀的部位一般在闸门周围、消力槛、翼墙突变等部位，这些部位往往由于水流脱离边界产生过低负压区而产生气蚀。对气蚀的处理可采取改善边界轮廓、对低压区通气、修补破坏部位等措施。

在多砂河流上的水闸，磨损现象较为普遍。水闸因设计不周而引起闸室底板、护坦的磨损，可对其结构布置进行改进。例如，有的水闸护坦上因设置了消力墩引起立轴漩涡，漩涡夹带砂石长时间在一定范围旋转，使护坦磨损，严重时会磨穿护坦，在这种情况下可废弃消力墩，将尾槛改成斜面或流线型，使池内砂石随水流顺势带向下游，减轻对护坦的磨损。

对难以改变结构布置的部位（如闸室底板），可采用抗蚀性能好的材料进行护面或修补，也能收到很好的效果。磨损的修补材料较多，如环氧材料、高标号混凝土等，可根据具体部位、磨损状况，参考已建工程的运用经验确定。

（四）砂土地基管涌、流土的处理

砂土地基上的水闸，地基发生的管涌、流土会造成消能工的沉陷破坏。这种破坏产生的主要原因是渗径长度不足或下游反滤失效。因此，对沉陷破坏应先采取措施防止地基发生管涌与流土，然后再对破坏部位进行修复。防止地基发生管涌与流土的措施有加长或加厚上游黏土铺盖、加深或增设截水墙、下游设置透水滤层等。

任务总结：水闸养护修理工作应本着“经常养护，及时修理，养修并重”的原则进行。根据水闸工程的组成来看，系统性的水闸维修与养护应包括土工建筑物、石工建筑物、混凝土建筑物、闸门、启闭机、机电设备、观测设施以及自动监控设施等。

任务学习拓展：探讨水闸管理由经验管理向科学管理的转变，寻求“精在事前，细在过程”的水闸管理新思路。

任务二　溢洪道的养护修理

任务描述：本任务介绍了溢洪道养护达到的要求及溢洪道损坏的修理方法。培养学生具有溢洪道养护和维修加固的初步能力。

案例导学：窟窿山水库位于河北省承德市滦平县滦河流域兴州河支流牤牛河上，坝址在滦平县城南 7.5km 处的牤牛河上，由于溢洪道没有控制工程，致使径流调节能力大大降低，兴利库容减小，并极大威胁下游滦平县县城、京承公路、京通铁路及两个驻地部队的安全。浆砌石衬砌的溢流面左岸翼墙大面积破损脱落，溢洪道左边墙位于软基上，墙体不能防渗，泄洪时不安全。第一级跌坎以下混凝土底板，施工质量差，蜂窝严重；第一级跌坎以上基础高程在 568.5～562.5m 之间，为黏土质砾，该层透水性强，在正常蓄水位时第一级跌坎下有渗流出露点。

问题：结合本案例，分析溢洪道病害的成因，并针对性地提出除险方案。

溢洪道底板混凝土长期暴露，受到气温年变化及长期干缩的影响，根据检测结果、裂缝形状及分布规律，结合有关规范分析，初步认为裂缝首先从顶面开裂，随着时间延长，表面温度下降，温度梯度增加，裂缝逐渐加深直至贯通，形成准稳定型裂缝。裂缝开度随季节作周期性变化，长度不变或变化缓慢，一般冬季缝宽加大，夏季缩小。该种缝不影响结构稳定性，但对结构的耐久性有比较大的影响，所以，必须对裂缝进行处理。

根据《混凝土坝养护修理规程》（SL 230—2015）的规定，堰前钢筋混凝土铺盖，为三类环境，裂缝宽度大于等于0.2mm，堰下游护面、陡槽为二类环境，裂缝宽度大于等于0.25mm的裂缝需要进行修补。裂缝修补的主要方法有喷涂法、粘贴法、充填法和灌浆法。

喷涂法、粘贴法和充填法只适用于表层裂缝的处理，因溢洪道裂缝一般较深，所以这3种方法均不能采用。因此，对溢洪道出现的裂缝只能采用灌浆法修补加固技术。接下来本任务将针对溢洪道的养护修理进行具体分析。

一、溢洪道的检查与养护

溢洪道的安全泄洪是确保水库安全的关键。对大多数水库的溢洪道，泄水机会并不多，宣泄大流量的机会则更少，有的几年或十几年才遇上一次。但由于大洪水出现的随机性，溢洪道得做好每年过大洪水的准备，这就要求我们把工作的重点放在日常养护上，保证溢洪道能正常工作。

（1）检查水库的集水面积、库容、地形地质条件和水、沙量等规划设计基本资料，按设计要求的防洪标准，验算溢洪道的过流尺寸。当过流尺寸不满足要求时，应采取各种措施予以解决。

（2）检查开挖断面尺寸，检查溢洪道的宽度和深度是否已经达到设计标准；观测汛期过水时是否达到设计的过水能力，每年汛后检查观测各组成部分有无淤积或坍塌堵塞现象；还应注意检查拦鱼栅和交通桥等建筑物对溢洪道过水能力的影响等。通过检查，发现问题应及时采取措施。

（3）应经常检查溢洪道建筑物结构完好情况，要检查溢洪道的闸墩、底板、胸墙、消力池等结构有无裂缝和渗水现象，陡坡段底板有无被冲刷、淘空、气蚀等现象，发现问题应及时采取措施进行处理。

（4）应注意检查溢洪道消能效果。溢洪道消能效果好坏，关系到工程的安全。消力池消能应注意观察水跃产生情况。鼻坎挑流要注意观察水流是否冲刷坝脚，冲坑深度是否继续扩大。

（5）做好控制闸门的日常养护，确保闸门正常工作。

（6）严禁在溢洪道周围爆破、取土、修建无关建筑。注意清除溢洪道周围的漂浮物，禁止在溢洪道上堆放重物。

二、溢洪道病害处理

（一）溢洪道能力不足的处理

溢洪道泄洪能力不足，是导致许多水库垮坝的一个重要原因。要加大溢洪道泄洪能力，可采取以下措施。

1. 加高大坝

通过加高大坝，抬高上游库水位，增大堰顶水头。这种措施应以满足大坝本身安全和经济合理为前提。

2. 改建和增设溢洪道

通过改建溢洪道可增大溢洪道的泄洪能力，具体措施如下：

（1）降低溢洪道底板高程。这种方法会降低水库效益。但若降低溢洪道底板高程不多就能满足泄洪能力时，在降低的高度上设置闸，在洪水来临前将闸门移走，保证泄洪，洪水后期，关闭闸门，使库水回升，可避免或减小水库效益的降低。

(2) 加宽溢洪道。当溢洪道岸坡不高，加宽溢洪道所需开挖量不很大时，可以采用。

(3) 增大流量系数。当所需增加的泄洪能力的幅度不大，扩宽或增建溢洪道有困难时，可将宽顶堰改为流量系数较大的曲线形实用堰，以增大泄洪能力。

(4) 提高侧收缩系数。改善闸墩和边墩的头部平面形状可提高侧收缩系数，从而增加泄洪能力。

在有条件的情况下，也可增设新的溢洪道。

3. 加强溢洪道日常管理

减小闸前泥沙淤积，及时清除拦鱼等妨碍泄洪的设施，可增加溢洪道的泄洪能力。

(二) 动水压力引起的底板掀起及修理

溢洪道的泄槽段的高速水流，不仅冲击泄槽段的边墙，造成边墙冲毁，威胁溢洪道本身的安全，而且由于泄槽段内流速大，流态混乱，再加上底板表面不平整，有缝隙，缝中进入动水，使底板下浮托力过大而掀起破坏。

在高速水流下保证底板结构安全的措施归结为 4 个方面，即"封、排、压 (拉)、光"。"封"就是要求截断渗流，上游库水用于堰前的齿墙或防渗帷幕隔离；下游尾水用位于底板末端的齿墙隔离；底板间的分缝也最好用止水材料或其他措施与底板下的动水隔离，目的是尽量减少浮托水和动水压力对底板的破坏。"排"就是做好排水系统，布置要合理，将未被截住而已经渗来的水迅速妥善地予以排出。"压 (拉)"就是利用底板自重压住浮托力和脉动压力，使其不致漂起掀动，在地基条件许可时，可用锚筋或锚桩拉住底板以减少底板的厚度。"光"就是要求底板表面光滑平整，彻底清除施工时残留的钢筋头和脚手用混凝土柱头等，局部的错台必须磨成斜坡，因为底板不平往往是底板在高速水流作用下被掀翻或产生气蚀的重要原因。

(三) 弯道水流的影响及处理

有些溢洪道因地形条件的限制，泄槽段陡坡建在弯道上，高速水流进入弯道，水流因受到惯性力和离心力的作用，互相折冲撞击，形成冲击波，使弯道外侧水位明显高于内侧，形成横向高差，弯道半径 R 愈小、流速愈大，则横向水面坡降也愈大。有的工程由此产生水流漫过外侧翼墙顶，使墙背填料冲刷、翼墙向外倾倒，甚至出现更为严重的事故。减小弯道水流影响的措施一般有两种，一种是将弯道外侧的渠底抬高，造成一个横向坡度，使水体产生横向的重力分力，与弯道水流的离心力相平衡，从而减小边墙对水流的影响。另一种是在进弯道时设置分流隔墩，使集中的水面横比降由隔墩分散，如图 5-3 所示。

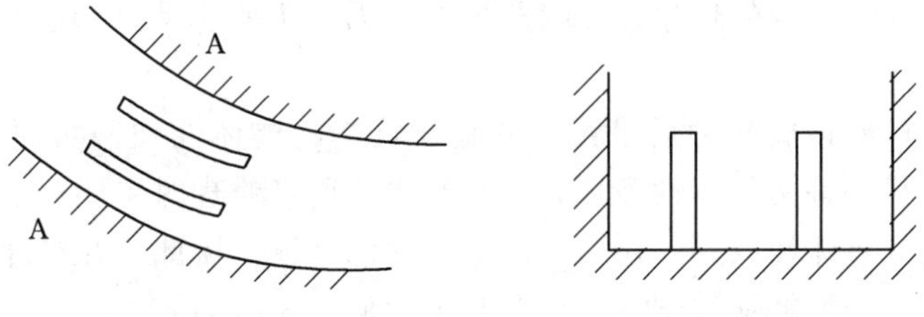

(a) 隔墩平面图　　(b) 隔墩横剖面图

图 5-3　弯道隔水墙布置示意图

（四）地基土淘空破坏及处理

当泄槽底板下为软基时，由于底板接缝处地基土被高速水流引起的负压吸空，或者板下排水管周围的反滤层失效，土壤颗粒随水流经排水管排出，均容易造成地基被淘空，造成底板开裂等破坏。前者处理是做好接缝处反滤，并增设止水；后者处理是对排水管周围的反滤层重新翻修。

（五）排水系统失效的处理

泄槽段底板下设置排水系统是消除浮托力、渗透压力的有效措施。排水系统一般有板下排水和板面排水两种形式。板下排水由纵向排水支管、横向排水支管和排水干管组成；板面排水则由横向排水支管直接经竖向排水支管排至板面，适用于岩基上的底板或有较好反滤措施的土基上的底板。

排水系统能否正常工作，在很大程度上决定底板是否安全可靠。排水系统失效一般需翻修重做。

（六）泄槽底板下滑的处理

泄槽底板可能因摩擦系数小、底板下扬压力大、底板自重轻等原因，在高速水流作用下向下滑动。为防止土基上的底板下滑、截断沿底板底面的渗水和被掀起，可在每块底板端部做一段横向齿墙，如图 5－4 所示，齿墙深度为 0.4～0.5m。

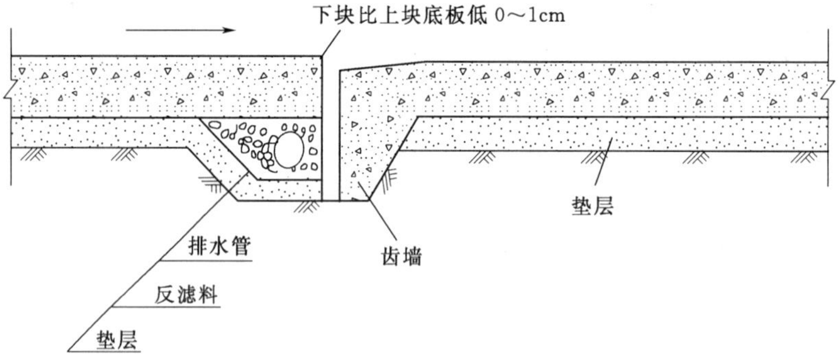

图 5－4　土基底板接缝布置图

岩基上的薄底板，因自重较轻，有时需用锚筋加固以增加抗浮性。锚筋可用直径 20mm 以上的粗钢筋，埋入深度 1～2m，间距 1～3m，上端应很好地嵌固在底板内。土基上地底板如嫌自重不够，可采用锚拉桩的办法，桩头采用爆扩桩效果更好。

（七）溢洪道的裂缝及其处理

溢洪道的闸墩、边墙、堰体、底板、消能工等，一般均由混凝土或浆砌块石建成，裂缝也是这些结构物上经常出现的现象。裂缝产生的原因，主要还是温差过大、地基沉陷不均以及材料强度不够等。

裂缝产生后，可能造成两种后果：一种是建筑物的整体性和密实性受到一定程度的破坏，但还不渗水；另一种是整体性破坏，而且渗水。前者修理时主要在于恢复其整体性，而后者则除要求恢复其整体性以外，还应同时解决渗漏问题。因此，在修理裂缝的方法基本上可分为恢复整体性、结构补强和防渗、堵漏几个方面。

（八）气蚀的处理

泄槽段气蚀的产生主要是边界条件不良所致，如底板、翼墙表面不平整，弯道不符合流线形状，底板纵坡由缓变陡处处理不合理等均容易产生气蚀。对气蚀的处理，一方面可通过改善边界条件，尽量防止气蚀产生；另一方面需对产生气蚀的部位进行修补。

任务总结： 溢洪道是水利枢纽中用来宣泄水库多余水量，保证坝体和枢纽安全运行的泄洪建筑物，溢洪道的安全泄洪是确保水库安全的关键，这就要求我们把工作重点放在日常养护上，做好溢洪道的安全检查和加固工作，经常保证具有设计的过水能力，确保大坝的安全。

任务学习拓展： 针对溢洪道中的常见问题进行归纳分析，并对溢洪道病害进行总结以及对病害处理方法进行探讨。

任务三　隧洞和涵管的养护修理

任务描述： 本任务介绍了隧洞和涵管养护应达到的要求及其损坏的修理方法，培养学生具有隧洞和涵管养护与维修加固的初步能力。

案例导学： 金华市大部分水库建于“大跃进”和“文化大革命”时期，由于受当时的财力、物力、技术条件和认识水平的限制，工程建设因陋就简，土法上马，部分工程质量差、标准低，加上多年运行后工程老化、管理不善和失修等，致使涵管发生裂缝、渗水，或大量漏水集中，带走坝土，严重影响工程的安全运行，威胁人民的生命财产安全，如金华峙垅水库坝下条石拱涵，由于洞身与闸门井交界处未设伸缩缝，在门井下游涵洞身引起环向裂缝，导致大量漏水；乌市柏峰水库副坝涵管，置于土基上未作处理，产生不均匀沉陷，出现环向裂缝。

问题： 结合本案例，阐述涵管裂缝产生的原因及处理措施。

坝下涵管病害的原因主要包括以下几个方面：现浇混凝土或浆砌块石涵洞，施工时没有预留伸缩缝，在其竣工后因干缩和温度收缩而产生环向裂缝。涵管结构构造设计不符合要求，如分缝间距过大，截水环布置不当，施工和材料欠佳等，常引起涵管出现裂缝或断裂，造成涵管渗漏或漏水，危及土坝安全。

根据坝下涵管病害的原因分析，结合工程的实际情况，金华市中小型水库坝下涵管病害主要采用以下几种方法进行处理：内套新衬、翻挖回填、封堵处理、重建新管等。接下来本任务将针对隧洞和涵管的养护修理进行具体分析。

一、隧洞和涵管的检查与养护

（1）隧洞和涵管在输水期间，要经常注意观察和倾听洞内有无异样响声。

（2）坝下涵管运用期间，要经常检查涵管附近土坝上下游坝坡有无塌坑、裂缝、潮湿或漏水，尤其要注意观察涵洞出流有无浑水。发现以上情况，要查明原因，及时处理。

（3）隧洞和涵管进口如有冲刷或气蚀损坏，应及时处理。

（4）隧洞和涵管运用期间，要经常观察出口流态是否正常、水跃的位置有无变化、主流流向有无偏移、两侧有无漩涡等，以判断消能设备有无损坏。

（5）放水结束后，要对隧洞和涵管进行全面检查，一旦发现有裂缝、漏水、气蚀等现象，要及时处理。

（6）涵管顶上或岩层厚度小于3倍洞径的隧洞顶部，禁止堆放重物或修建其他建筑物。

（7）隧洞和涵管上下游漂浮物应经常清理，以防阻水、卡堵门槽及冲坏消能工。

(8) 多泥沙输水的隧洞和涵管，输水结束后，应及时清理淤积在洞内（管内）泥沙。

(9) 北方地区，冬季要注意库面冰冻对隧洞和涵管进水部分造成破坏。

二、隧洞的常见病害及修理

（一）隧洞断裂及漏水处理

由于洞周岩石变形或不均匀沉陷、衬砌质量差、水锤作用等引起隧洞洞身衬砌断裂破坏并漏水，其处理方法有贴补、灌浆、喷锚支护、内衬等。其中，喷锚支护指喷射混凝土和锚杆支护的方法，它与现场浇筑的混凝土衬砌相比，具有与周围岩体黏结好、能提高围岩整体性和稳定性、承载能力强、抗震性能好、施工速度快、成本低等优点。可用于隧洞无衬砌段加固或衬砌损坏的补强。喷锚支护可分为喷纯混凝土支护、喷混凝土加锚杆联合支护和钢筋网喷混凝土与锚杆联合支护等类型。

（二）隧洞的气蚀及处理

当隧洞内高速水流流经不平整的边界时，水把不平整处的空气带走，产生负压区。当压力降低至相应水温的汽化压力以下时，水分子发生汽化，形成小气泡，小气泡随水流流向下游正压区，气泡受压破裂，如果破裂过程发生在靠近洞体表面的地方，则洞体表面将受到气泡破裂的巨大冲击作用，表面就会遭到破坏，这就是气蚀现象。气蚀现象一般都发生在边界形状突变、水流流线与边界分离的部位。隧洞产生气蚀的主要原因是洞体局部体形不合流线，闸门后洞壁有突出棱角，门槽形状不好和闸门底缘不平顺，管理运用不当等。

目前常用的防治气蚀措施主要有以下几个方面：

(1) 改善边界条件。当隧洞的进口形状不恰当时，极易产生气蚀现象。试验表明，渐变的进口形状最好做成椭圆曲线，如图 5-5 所示。

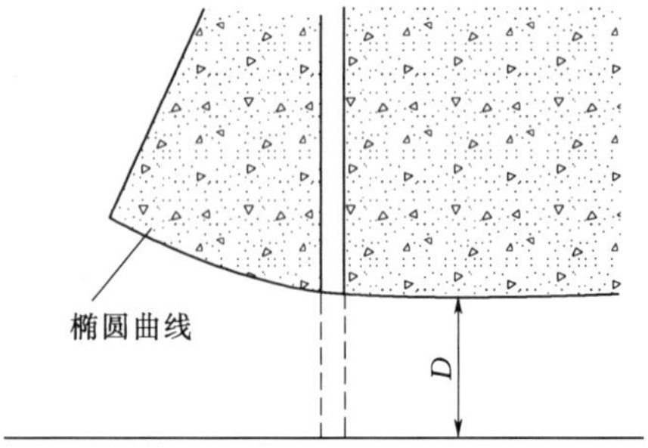

图 5-5　进口段椭圆曲线示意图

(2) 控制闸门开度和设置通气孔。闸门不同的开度，不仅使闸门底缘及底坎产生气蚀，而且对闸门振动的振幅和频率均有影响。据山东省的统计分析，当闸门相对开度为 0.2 或 0.8～0.9 时，大型输水闸门有 50%发生过震动，重者会使拉杆断裂或焊缝开裂。同时还发现，当闸门开度小时，闸门震动为上下方向；开度大时，为水平方向。经分析，开度小时，闸门门底止水后易形成负压区，闸门底部易出现气蚀；开度大时，闸门后易产生明满流交替出现，同样易造成输水隧洞气蚀。

(3) 采用抗气蚀材料修复破坏部位。隧洞表面粗糙及材料强度差是引起气蚀破坏的原因之一。对于已产生气蚀破坏的部分，可用环氧砂浆进行修补，对隧洞剥蚀严重的部位还可考虑采用钢板衬砌等方法修理。

(4) 采用通气减蚀措施。将空气直接输入可能产生气蚀的部位，可有效地防止建筑物气蚀破坏。国外研究成果指出：当水中掺气的气水比为 1.5%～2.5%时，气蚀破坏大为减弱，当水中掺气的气水比为 7%～8%时，可以消除气蚀。

(5) 加强施工质量的控制。施工质量的控制一方面要控制混凝土材料的强度，使其达到设计要求；另一方面要保证混凝土表面具有较高的平整度。

（三）隧洞的磨损及处理

隧洞的磨损也是常见的问题。我国的多泥沙河流，高速含沙水流对隧洞的磨损是亟待解决的问题。水流中悬移质泥沙和推移质泥沙对隧洞均有磨损，但又有所不同。悬移质泥沙磨损破坏过程缓慢，高速含沙水流通过隧洞边壁摩擦，产生边壁剥离。推移质泥沙是以滑动、滚动的方式在建筑物表面运行，除了摩擦作用外，还有冲击作用。故推移质主要是冲击、碰撞作用对隧洞表面的破坏。

在高速水流的输、泄水建筑物中，对不同的流速及含沙量、含沙类型，应采用不同的抗冲耐磨材料。常用的抗冲耐磨材料主要有铸石板、铸石砂浆及铸石混凝土、耐磨骨料的高强度混凝土、聚合物砂浆及聚合物混凝土、钢材。

三、涵管的常见病害及修理

（一）坝下涵管断裂破坏及处理

1. 坝下涵管断裂破坏常见原因

(1) 地基不均匀沉陷。坝下输水涵洞的地基情况往往比较复杂，有的是岩基，有的是土基，有的是土和砂卵石等交替地带。即使是比较均匀的软土地基，也往往由于洞上坝体填土高度不同而产生不均匀沉陷，可能使洞身产生断裂破坏，甚至影响坝体安全。

(2) 荷载集中。有的水库，坝下涵洞局部有集中荷载，如闸门竖井等，如果竖井和洞身间不设伸缩缝，就会造成洞身断裂。

(3) 结构强度不够。由于设计采用的材料尺寸偏小，钢筋不够或荷载超过原设计等原因，使涵洞本身材料强度不够，以致断裂。

(4) 洞内水流流态发生变化。坝下无压输水涵洞在结构设计上不考虑承受内水压力，但由于思想上疏忽、制度不严、操作错误或对结构要求不清楚等原因，使洞内水流流态由无压变为明满流交替，或有压流，以致在内水压力作用下，造成洞身的破坏。

(5) 洞身接头不牢。一些水库坝下埋设混凝土管，但接头不牢固，发生断裂漏水。

(6) 洞身施工质量差洞壁漏水。一些水库洞身施工质量不好，形成洞壁漏水。

2. 坝下涵洞断裂漏水的处理方法

由于基础不均匀沉陷而断裂的涵管，除管身结构强度需加强外，更重要的是加固地基。对坝身不很高、断裂发生在管口附近的，可直接开挖坝身进行处理。对于软基，应先拆除破坏部分涵管，然后消除基础部分的软土，开挖到坚实土层，并均匀夯实，再用浆砌石或混凝土回填密实。对岩石基础软弱带的加固，主要是在岩石裂隙中进行回填灌浆或固结灌浆。当断裂发生在涵管中部时，开挖坝体处理有困难。当洞径较大时，可在洞内钻孔进行灌浆处理。

(1) 用水泥砂浆或环氧砂浆封堵或抹面。对于涵洞洞壁的一般裂缝漏水，可采用水泥砂浆或环氧砂浆进行处理。通常是在裂缝部位凿深 2～3cm，并将周围混凝土面用钢钎凿毛。然后用钢丝刷和毛刷清除混凝土碎渣，用清水冲洗干净，最后用水泥砂浆或环氧砂浆封堵。

(2) 灌浆处理。对于因不均匀沉陷而产生的洞身断裂，一般要等沉陷趋于稳定，或加固地基，断裂不再发展时再进行处理。但为了保证工程安全，可以提前灌浆处理，灌浆以后，如继续断裂，再次进行灌浆。灌浆处理通常可采用水泥浆。断裂部位可用环氧砂浆封堵。洞身断裂还可采用灌环氧浆液处理。

(3) 涵洞内衬砌补强处理。对损坏严重的坝下放水涵洞，因材料结构强度不够而产生纵向裂缝或横向断裂时，可采用内衬砌的方法进行补强处理。内衬砌的材料可用钢管、钢筋混凝土管、钢丝网水泥管等制成品，然后在成品管与原洞壁间填充水泥砂浆或预埋骨料灌浆。也可在洞内用现场浇筑混凝土、浆砌块石、浆砌混凝土预制块，或者支架钢丝网喷水泥砂浆等方法衬砌。无论是内套管或是内衬砌，处理前都必须将粘附在洞壁上的杂物，如铁锈水沉淀物、氢氧化钙等清洗掉，并对洞壁进行凿毛、湿润，以使新老管壁结合良好。

（4）用“顶管法”重建坝下涵洞。坝下涵洞洞径较小，无法进行加固，只好废弃旧洞，重建新洞。重建新洞以往都是挖开坝体重建，近年来，多地采用“顶管法”重建坝下涵洞，大大减少了开挖和回填土石方量，节约钢材、水泥和投资，节省劳力，缩短工期，并能保证较好的质量，为坝下涵洞的加固重建提供了一条新的途径。“顶管法”重建新洞，不需开挖坝体，而是在坝下游用千斤顶将预制混凝土管顶入坝体，直到预定位置，然后在上游坝坡开挖，在管道上游修建进口建筑物。顶管施工目前有导头前人工挖土法和挤压法两种方法。

（二）坝下涵管出口消力池的加固和修复

1. 增建第二级消力池

当原消力池深度与长度均不满足消能要求，同时下游水位很低，消力池出口尾坎后水面形成二次跌水，而加深消力池有困难时，可增建第二级消力池。

2. 增加海漫长度与抗冲能力

当修建消力池的水能效果差，水流在海漫末端仍形成冲抗，甚至造成海漫的断裂破坏，这时可加长海漫。

任务总结：隧洞和涵管是水库枢纽的重要组成部分，由于设计、施工或管理等方面的原因，常会出现裂缝，甚至断裂、漏水；当建筑物体型不能满足高速水流的要求时，还会引起空蚀破坏，严重时将影响正常使用，特别是坝下涵管的断裂漏水，不仅影响水库的效益，而且很可能引起垮坝事故的发生。因而，必须加强经常性的养护，并及时对病害进行处理，杜绝发生事故。

任务学习拓展：坝下涵管及隧洞漏水是水工建筑物中常见的病害，对工程的运行及防洪存在严重的安全隐患。现在采用的利用虹吸管对小型水库坝下涵管进行改造的措施，请思考其优越性。

课　后　训　练

一、单项选择题

1. 水闸消能防冲设施冲刷破坏的处理不可以采用（　　）。

A. 改造消力池构造　B. 加固护坦　C. 减压排水　D. 增设齿墙法

2. 支承行走装置是闸门升降时的主要活动和支承部件，对支承行走装置的养护工作，除防止压合胶木滑块劈裂变形及表面保持一定光滑度外，主要是加强（　　）。

A. 润滑　B. 防锈　C. 喷砂　D. 润滑和防锈

二、多项选择题

1. 溢洪道事故的主要原因有（　　）。

A. 溢洪道泄流能力不足　B. 脉动压力、空蚀　C. 闸门启闭设备问题

D. 护坡出现破坏　E. 岸坡滑坡堵塞

2. 坝下涵管断裂破坏常见原因有（　　）。

A. 地基不均匀沉陷　B. 荷载集中　C. 结构强度不够

D. 洞内水流流态发生变化　E. 洞身接头不牢

3. 隧洞断裂和漏水的处理方法有（　　）。

A. 喷纯混凝土　B. 改善边界条件　C. 设置通气孔

D. 喷混凝土加锚杆支护　E. 喷混凝土、锚杆和钢筋网联合支护

三、判断题

1. 水闸上、下游，特别是底板、闸门槽和消力池内的碎石等杂物应定期清除，以防对混凝土表面的磨损。（　　）

2. 隧洞和涵管上、下游漂浮物应经常清理，以防阻水、卡堵门槽及冲坏消能工。（　　）

3. 溢洪道泄洪能力不足，是导致许多水库垮坝的一个重要原因。（　　）

4. 启闭机的传动装置，润滑油料要充足，应及时更换变质润滑油和清洗加油设施。（　　）

5. 对于岩基水闸，在护坦末端设置鼻坎，将水流挑至远处河床，以保证护坦的安全。（　　）

四、案例分析题

黄尾坝是一座坝高 160m 的混凝土拱坝。泄水建筑物是位于坝左岸岩体中的泄洪隧洞，泄洪隧洞的斜井和垂直弯段的混凝土衬砌表面均有凹凸不平，弯段处最大流速达 49m/s。为此，整个泄洪洞中较大的坑、槽，均采用环氧砂浆预制板或混凝土预制板处理。经过一个汛期后，发现自垂直弯段的切点下游约 2.5m 开始，沿洞身 38m 长度内，气蚀破坏严重，另外，在垂直弯段上有两处较小的破坏。由于这一段环氧砂浆预制板不平整，所以导致了气蚀的发展。阐述气蚀的处理方法有哪些？

五、简答题

1. 溢洪道日常养护的内容包括哪些？

2. 水闸日常养护的内容包括哪些？

3. 溢洪道泄洪能力不足的原因？可以采取哪些措施加大泄洪能力？

项目六　渠道及渠系建筑物的养护修理

项目描述：本项目共分3个学习任务，主要介绍渠道的养护修理、渡槽的养护修理和倒虹吸管的养护修理。

项目学习目标：通过学习，熟悉渠道、渡槽和倒虹吸管的检查养护工作内容，明确渠道、渡槽和倒虹吸管的常见病害及其成因，掌握渠道、渡槽及倒虹吸管的病害修理措施方法。

项目学习重点：渠道的防渗和渠道、渡槽及倒虹吸管的病害修理。

项目学习难点：渠道、渡槽和倒虹吸管的常见病害及其成因，渠道的防渗和渠道、渡槽及倒虹吸管的病害修理。

任务一　渠道的养护修理

任务描述：围绕渠道的养护修理这个任务，通过预设案例，分析引导，归纳引申，使学生通过学习熟悉渠道的检查养护工作，明确渠道的常见病害及其成因，掌握渠道的防渗措施及其常见病害修理方法。

案例导学：泾惠渠灌区是位于陕西省关中平原中部的一个以农业灌溉为主的大型灌区，设计灌溉面积146.5万亩。近年来，灌区以节水增效为中心，加强水源工程建设，抓好渠道养护修理、防渗衬砌、节水改造及灌溉设施管理等工作，提高灌区供水保证率、灌溉水利用系数、水分生产效率、降低地下水位，防止土壤盐碱化以及防止渠道冲刷、淤积及坍塌等，不仅实现了节约用水，也促进了增产增效。

问题：从上面的案例可以看出，灌区加强渠道的养护修理、防渗衬砌等管理，取得了较明显效果，那么，渠道的养护修理有哪些内容？

一、渠道的养护

要搞好渠道的日常养护管理工作，主要应做到以下几方面：

（1）经常清理渠道内的垃圾物、淤积物和杂草等，保持渠道正常行水。

（2）渠道两旁山坡上的撇洪沟、截流沟或引水沟，要经常清理，避免淤塞，损害部分要及时修理，尽量减少山洪或客水入渠，以免造成渠堤漫溢决口或冲刷。

（3）不得在渠堤及内外坡随意放牧、垦殖、铲草、挖土或开口及滥伐护渠林，不得在填方渠道外坡附近保护范围内任意打井、修塘、建房、挖沙、埋坟等。

（4）未经管理部门批准，不得在渠道上修建建筑物、排放废污水，不得擅自抬高渠道正常水位。

（5）禁止在渠道内毒鱼、炸鱼或向渠道内倾倒垃圾废弃物、工业废渣及其他腐烂杂物，以保持渠水清洁，防止污染环境。有条件的，可定期进行水质检查，如发现污染应及时采取措施。

(6) 对渠道局部冲刷破坏、防渗设施损害等情况，应及时修复，防止继续扩大恶化。

(7) 严格控制渠道放水流速、流量和水位，应逐渐增减，尽量避免猛增猛减，确保渠道输水安全。

(8) 通航渠道，机动船只行速不宜过快，不准使用尖头撑篙，渠道上不准随意抛锚。

二、渠道的防渗

为了减少渠道输水损失、水量浪费，各地都加强渠道管理工作，广泛采取了防渗措施，它不仅能提高输水效率，减少水量损失，节约灌溉用水，还可提高渠系水利用系数，充分利用水资源，扩大灌溉面积，降低地下水位，防止土壤盐渍化等。

（一）渠道渗漏测定方法

为切合具体情况，因地制宜，对症下药，找到更好的技术方法进行防渗，首先应了解渠道发生渗漏情况，测定渠道的渗漏损失量。实际工作中，渠道渗漏损失的测定主要有静水测定法、动水测定法及同心环测渗法 3 种方法。

（二）渠道的防渗措施

渠道的防渗技术措施很多，一般包括改变渠床土壤透水性能和在渠床上加做防渗层两种方法。常用的防渗技术措施有黏土类、灰土类、砌石类、混凝土类、沥青材料类和塑料薄膜类等。现将常用防渗措施的施工方法和技术要求简述如下。

1. 灰土防渗

灰土防渗具有防渗效果较好、造价较低、投资较少、技术简单、能就地取材等优点。在我国南方温暖地区的中小型渠道应用较多。

(1) 灰土护面防渗。灰土护面防渗按所用材料分为二合土和三合土两种。二合土是石灰与土料按一定配合比（一般为 3∶7 或 4∶6）混合，三合土为石灰、黏土和砂子按一定配合比（如 1∶1∶2 或 1∶1∶5 或 1∶2∶3）混和。灰土护面防渗衬砌厚度一般为 20～40cm，压实后二合土的干容重要求不小于 1.45t/m^3，三合土的干容重要求不小于 1.65t/m^3。

灰土铺筑前应先严格按配合比配料，然后将配料拌和均匀，并闷料 3～5d，使其熟化；铺料前要处理渠道基面，削土厚度等于灰土衬砌厚度；为增强渠基土与防渗层间的结合，可用锄头等工具将基土表面锤打成陷窝。

铺筑时，宜采用先渠坡后渠底的顺序施工，应从上游向下游铺筑。当防渗层厚度大于 15cm 时，应分层铺筑夯实。新施工的灰土应防风、防晒、防冻，以免开裂或脱壳，影响施工质量。

灰土护面防渗，可减少渗漏量 85%～90%。它的主要缺点是抗冻性能差，因此，在北方地区使用时需加保护层。

(2) 水泥土护面防渗。水泥土是一种性能较好且比较廉价的新型防渗材料，主要由土料、水泥和水等原料按一定比例配合而成。无冻融作用的地区水泥土的配合比为 1∶9～1∶7，有冻融作用的地区配合比为 1∶6～1∶5。水灰比，对于沙壤土为 0.75～1.00，对于重壤土为 1.10～1.45。土料黏粒含量宜为 8%～12%，沙粒含量宜为 50%～80%，有机质含量不宜超过 2%，酸碱度（pH 值）应在 4～10 之间。一般水工混凝土使用的水泥均可拌制水泥土，常用的水泥为 32.5（R）。水泥土防渗可减少渠道渗透量 70%～85%。

现场浇筑水泥土时，应先洒水湿润渠基，安设伸缩缝模板，然后按先渠坡后渠底的施工顺序铺筑。水泥土料应摊铺均匀，浇捣拍实。每个浇筑块，必须一次铺筑完成，每次拌和料从加水到铺完应在2h内完成。为防止温度应力影响，一般情况下，纵向每隔4～5m、横向每隔3～5m设一条伸缩缝，用聚氯乙烯胶泥填缝。

水泥土预制块的生产、铺筑与现场铺筑水泥土的施工要求相同。

2. *砌石护面防渗*

砌石护面防渗是一种较好的防渗措施，具有抗冲耐磨、耐久性好、防渗效果好、使用年限长，能就地取材、且施工简便等优点。它主要适用于附近石料来源丰富，渠道流速大、含推移质多，需要固渠护堤的沙性土渠道，重要的防洪、灌溉、排水渠道，险工地段的渠道等。

砌石护面防渗主要包括干砌石挂淤、勾缝、抹面、灌浆、灌细石混凝土，浆砌卵石、块石、条石、板石等形式，下面主要介绍几种常见的砌石护面防渗措施：

（1）干砌石挂淤。按采用的石料可分为干砌卵石或干砌块石，目前较多地采用干砌卵石挂淤形式。干砌石防渗效果，一方面由于能加大流速，减小断面，从而减小湿周长度；另一方面随着运用过程的自然挂淤减少缝隙而提高防渗能力。对于沙砾地基或沙漠地带的坡度大而渗透严重的渠道，是一种较经济的抗冲防渗措施。

（2）干砌石勾缝。这种防渗措施是在干砌块石护面基础上，用30号水泥石灰砂浆或最大粒径不大于1.5cm的细骨料混凝土填塞缝隙，表面用不低于M5水泥砂浆勾缝，以提高防渗效能。特别适用于采用石板防渗的情况。施工时，先干砌石板，石板间预留1～2cm缝隙，再用水泥砂浆填缝，既节约砂浆又整齐美观。

（3）浆砌块石。这是目前较为广泛采用的一种防渗工程措施，它不仅防渗效果好，而且抗冲耐磨，坚固持久。防渗层厚度视所用石料而定，一般为20～30cm，可用M5水泥黏土（或石灰）砂浆砌筑，M7.5号水泥砂浆勾缝。常见的断面为梯形，只有在气候严寒易受冻胀的情况下，或陡峻山坡上的渠道，方采用挡土墙式的近似矩形断面。

为适应温度的变化，每隔20～50m应留一条伸缩缝，缝宽2～3cm，将沥青、水泥、砂按重量比为1∶1∶4的掺和料作为止水材料填缝。

砌石护面防渗可明显降低渠道糙率，显著减小渗漏损失量，其中干砌石挂淤为40%～60%，干砌石填缝与浆砌石均为80%～90%。

3. *混凝土衬砌防渗*

混凝土衬砌防渗是目前广泛采用的一种渠道防渗措施，主要包括现浇混凝土、预制混凝土板构件、预制钢筋混凝土槽、喷射混凝土、水泥砂浆抹面等衬砌形式，它的优点是强度高、耐久性好、防渗效果好、允许流速大、防渗面糙率低、适用范围广等。

混凝土衬砌方法有现场浇筑和预制装配两种。现场浇筑的优点是衬砌接缝少，与渠床结合好；预制装配的优点是施工工期短，受气候影响小，混凝土质量容易保证，并能减少施工与渠道进水的矛盾。

4. *沥青材料防渗*

沥青防渗材料主要包括沥青席、沥青油毡、沥青玻璃纤维油毡、沥青砂浆、沥青混凝土等，它比较适用于防渗要求高的部位，尤其是适用于高寒地区。它的优点有投资少、耐久性好、防渗效果好、适应地基变形等，沥青混凝土和各类油毡还有较好的弹性，能适应地基较大的冻胀变形。

沥青材料防渗效果较显著，一般可减少渗漏损失量90%～95%。下面主要介绍常见的沥青材料防渗形式：

(1) 沥青混凝土防渗。用沥青作胶结材料，与石料、砂子、矿粉等加热拌和，铺在渠床上，压实压平，中小型渠道一般护面厚度为4～5cm，大型渠道10～15cm。

一般渠道防渗用沥青混凝土，常用的沥青含量为6%～9%，骨料配比范围大致是石料35%～50%，砂30%～45%，矿粉10%～15%。

(2) 沥青砂浆防渗。沥青与砂配合比为1∶4，拌匀后加温至160～180℃，即在渠道现场摊铺、压平，厚2cm，上盖保护土层。

5. 塑料薄膜防渗

塑料薄膜防渗是利用聚乙烯、聚氯乙烯、乙烯基、聚丙烯等薄膜材料进行防渗的技术措施，包括表面式塑膜防渗、埋藏式塑膜防渗。它适用于中小型渠道，尤其是临时性小型渠道防渗，南方和北方地区都适用，特别是北方冻胀变形较大的地区效果理想。在流速较小的渠道直接铺设覆土即可，当流速较大时应设刚性护面。塑料薄膜防渗可减少渗漏损失量为90%～95%，在渠道防渗中已得到广泛应用。

塑料薄膜施工时，需先开挖基槽，基槽可采用梯形、复式梯形、锯齿形等形式，如图6-1所示。梯形基槽断面的边坡为1∶0.5～1∶1，适用于小型渠道。锯齿形基槽断面的边坡为1∶1～1∶1.5，适用于大型渠道。在实际运用中，应按照有关工程技术规范，根据各地土质和运用情况，选用合理的边坡系数。

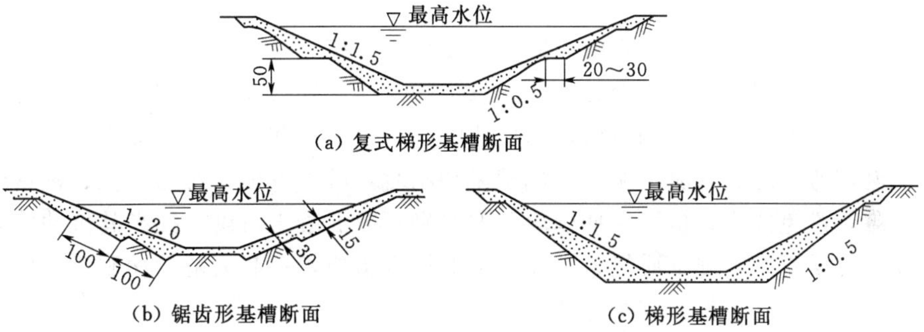

图6-1　塑料薄膜施工基槽断面示意图（单位：cm）

薄膜铺设前，先将其裁成30～50m段或100m段，然后用热合机将其焊接成设计尺寸；铺设时洒水湿润表土，使薄膜贴在基土上，不能拉得太紧；铺好后即填筑保护层，保护层可采用一次或分次填筑，人工夯实时，一次回填土料厚度为20cm左右。

三、渠道常见病害的修理

(一) 渠道常见病害及成因

渠道的病害形式多种多样，主要有冲刷、淤积、渗漏、洪毁、沉陷、滑坡、裂缝等。其中裂缝、沉陷、渗漏、蚁害与土石坝及堤防的病害原因及处理方法类似，可参见有关章节内容。下面主要介绍几种严重影响渠道输水或危及渠道安全的常见病害及成因。

1. 渠道冲刷

渠道冲刷主要发生在狭窄段、陡坡段及转弯段凹侧，其主要原因是渠道土质较差、比降过大、水深流急、风浪冲击、设计不合理、施工质量差和运用管理不善等。渠道冲刷分纵向和横向，纵向冲刷引起渠道沿程渠底高程的变化，横向冲刷导致渠道左右摇摆，渠堤凹冲凸淤，危及渠堤安全。

2. 渠道淤积

由于灌溉水源含沙量大且取水口防沙效果不好或没有进行沉沙处理、客水挟带大量泥沙入侵渠道、部分高填方渠道修筑夯压不实而不断沉降、小流量下输送高含沙水流、纵坡比降过小、渠床施工质量差等原因，通常在渠道宽浅段、弯曲段凸侧、缓坡段和杂草滋生段等因水流速度小而发生淤积。淤积会造成渠道过水断面缩小，输水能力降低，从而影响渠道正常供水。

3. 渠道滑坡

渠道产生滑坡的原因很复杂，归纳起来可分为内因和外因两个方面，内因主要有：①基体抗剪强度低；②岩层层面、节理、裂隙切割；③地下水作用；④新老结合不良。外因主要有：①边坡选择过陡；②排水条件差；③施工方法不当、运行管理不善。

4. 渠道洪毁

山丘或洼地灌区，渠系规划所布置的渠道，打乱了原有的天然水系，截断了许多沟谷，沿渠线路将形成许多的小块积雨面积，如果不修建必要的工程设施，一旦进入汛期，这些小块集雨区域会形成暴雨洪水，将造成山洪入渠，影响渠道正常输水，甚至导致渠系工程严重破坏。

（二）渠道病害的修复处理

1. 渠道冲刷处理

渠道冲刷问题应根据冲刷产生的原因，采取相应措施进行处理。

（1）因渠道设计问题，造成渠道流速超过不冲流速，导致渠道冲刷时，可修建跌水、陡坡、潜堰、砌石护坡护底等，调整渠道纵坡比降，减缓流速和提高抗冲能力。

（2）渠道转弯过急、水流不顺，造成凹岸冲刷时，可采取加大弯曲半径、裁弯取直的办法，平顺水流，避免冲刷；也可在冲刷段采取浆砌石或混凝土衬砌，提高其抗冲能力。

（3）渠道土质不好，施工质量差，又未采取衬砌措施，引起大范围冲刷时，可采取渠床夯实或渠道衬砌等措施，提高其抗冲能力。

（4）渠道运行不当，流量突增猛减，水流淘刷或其他漂浮物撞击渠坡时，应加强管理，科学调度，保持水流量稳定均匀，并消除漂浮物。

2. 渠道淤积的处理

渠道淤积应从防淤和清淤两方面采取措施。

（1）防淤措施。在渠道日常运用管理中采取以下措施：

1）渠道上设置防沙、排沙设施，减少进入渠道的泥沙。

2）调整引水时间，避开沙峰引水。河水含沙量大时，减少引水流量或把引水量减到最低限度，甚至停止引水；河水含沙量小时，加大引水流量。

3）防止客水挟沙入渠。如遇大雨、发生山洪，应严防洪水、暴雨径流入渠，以免渠道淤积。

4）用石料或混凝土衬砌渠道。通过衬砌，减小渠床糙率，加大渠水流速，提高挟沙能力，减少淤积。

（2）清淤措施。渠道产生淤积，过水断面减小，输水能力降低。因此，为保证渠道按计划正常输水，必须进行清淤。渠道清淤的方法，主要有水力清淤、人工清淤、机械清淤等。

1）水力清淤。渠道水源比较充足的地区，可在每年秋冬季非用水时间，利用河流、水库、井或泉等含沙量很低的清水，按设计流量引入渠道，按步骤地分段利用现有排沙闸、泄水闸等工程泄水拉沙，按先上游后下游的顺序，有计划地逐段进行，最后一段泥沙从渠尾排入河道。在淤积严重渠段，必要时可派人用铁锨、铁耙等工具搅动，加速水流挟沙。有的渠道也常利用防洪、岁修断流时机，泄水拉沙，效果也好。

2）人工清淤。人工清淤是我国目前普遍采用的清淤方法。在渠道停水后，组织人力用铁锨、锄头等工具，挖除渠道淤沙，一般每年进行1～2次。北方地区，在秋收后至土地冻结前进行一次，春季解冻后再进行一次；南方地区，多与渠道岁修结合起来进行清淤。人工清淤时，应注意不要损坏渠道衬砌和边坡。

3）机械清淤。主要是用吸泥船、挖掘机、推土机、铲运机等工程机械来清除渠道淤积泥沙。机械清淤速度快、效率高，主要应具备以下条件：①沿渠要有通行工程机械的道路；②渠道植树应考虑机械清淤的要求；③泥沙堆积段比较集中，要具备处理措施。

3. 渠道滑坡的处理

生产实践中处理渠道滑坡的措施较多，一般有排水、减载、反压、支挡、换填、改暗涵、加支撑等措施，其中排水、减载、反压等措施可参考土石坝等有关内容。下面介绍几种常用措施。

(1) 砌体支挡。渠道滑坡地段，如地形受限，单纯削坡土方量较大时，可在坡脚及边坡砌筑各种形式的挡土墙支挡，以增强边坡抗滑能力。

挡土墙形式较多，如重力式、倾斜式、连拱式及自上而下分级式等，如图6－2所示。施工时应注意边削坡边砌筑，防止继续滑坡。

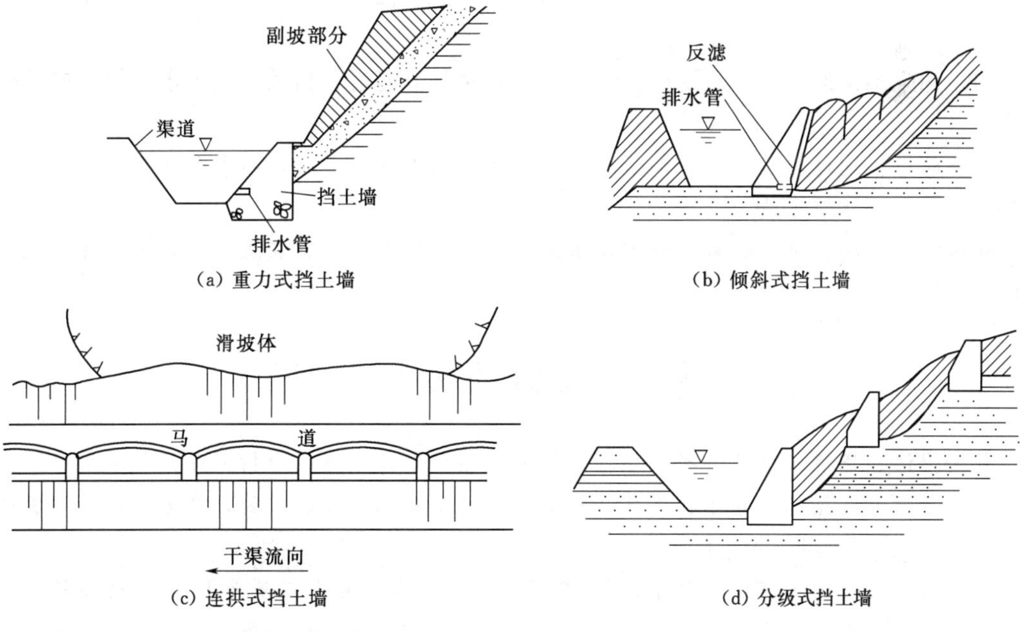

图6－2　挡土墙形式

(2) 换填好土。渠道通过软弱风化岩面或淤泥等地质条件较差地带，产生滑坡的渠段除削坡减载外，还可考虑换填好土，重新夯实，改善土的物理力学性质，达到稳定边坡的目的。一般应边挖边填，回填土多用黏土、壤土或壤土夹碎石等。

(3) 明渠改暗涵或加支撑。当渠道边坡过陡，改为缓坡有困难时，可根据具体情况，分别采用暗涵、钢筋混凝土板加支撑或挡土墙等办法处理，如图 6-3 所示。

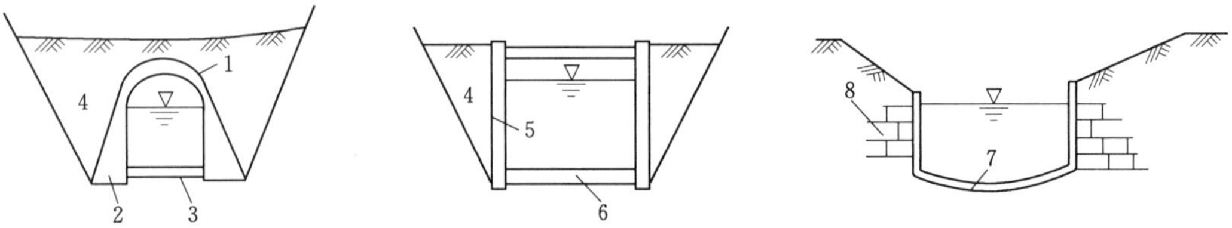

图 6-3　渠道滑坡处理示意图

1—顶拱；2—侧墙；3—底板；4—回填土；5—钢筋混凝土板；6—钢筋混凝土对撑杆；7—混凝土反拱底板；8—预制混凝土块或砌石

4. 渠道洪毁的防治

要防治渠道洪毁，应着重解决以下问题：

(1) 复核渠道的防洪标准，对超标准洪水应严禁入渠。

(2) 渠道与河沟交叉时，应修建穿渠交叉建筑物。如果渠高沟低相交时，可采用渠下涵洞（或涵管）；若渠低沟高相交时，可采用排洪渡槽或排洪桥；如果渠沟齐平相交时，可采用倒虹吸管等。若经论证洪水可入渠，但应在渠道一侧适当位置，设置溢洪侧堰，使超过渠道设计水位的洪水自动溢泄。

(3) 傍山渠道，应设置撇洪沟或截水沟等，拦截坡面径流、暴雨山洪，就近引入天然河沟。

(4) 加强渠道的排洪、泄洪建筑物管理，确保排泄畅通。当渠道被洪水冲毁，应及时处理修复。

任务总结： 通过学习，明确和了解渠道的常见病害及其成因，熟悉和掌握渠道的防渗措施和常见病害的修理方法。

任务学习拓展： 渠道的常见病害与土石坝、堤防的常见病害在成因及其修理方法上有什么联系和区别？

任务二　渡槽的养护修理

任务描述： 围绕渡槽的养护修理这个任务，通过预设案例，分析引导，归纳引申，使学生通过学习熟悉渡槽的检查养护工作，明确渡槽的常见病害及其成因，掌握渡槽的病害修理方法。

案例导学： 淄博太河水库总干渠于 1976 年开通输水，其中有多座 U 形钢筋混凝土渡槽年久失修、工程老化，存在严重工程隐患和多方面病害：槽身环向裂缝严重、接缝漏水，槽身外侧混凝土受冻出现表皮剥落、内部石子外露、局部冲磨剥蚀，槽身、拉杆、检修桥板等构件表面混凝土脱落、钢筋外露且锈蚀严重。管理单位根据具体情况，及时采取了工程应对措施，采用环氧树脂灌浆、贴钢板加宽帮厚、贴碳纤维补强等工艺，进行了槽身加固、裂缝处理、外露钢筋除锈，避免了拆除重建，节省了大量资金，取得了较好的效果。

问题：从上面的案例可以看出，加强渡槽的检查养护、维修加固工作，可以取得较明显效果，那么应如何加强综合管理，发挥更大效益？

一、渡槽的检查与养护

渡槽是一种常见的交叉输水建筑物，一般由进出口连接段、输水槽身、支撑结构和基础等组成。在生产实践中，绝大部分是钢筋混凝土渡槽，有整体现浇的和预制装配的。常用的槽身断面形式有矩形和U形两种，常用的支撑结构形式有梁式、拱式、桁架式和组合式等。

渡槽的日常检查与养护工作主要包括以下内容：

（1）槽内水流应均匀平顺，发现裂缝漏水、沉陷、变形应及时处理。

（2）渡槽原设计未考虑交通时，应禁止人、畜通行，防止意外发生。

（3）要经常清理槽内淤积和漂浮物，保证正常输水，防止上淤下冲。

（4）跨越河沟、溪流的渡槽，基础埋深要在最大冲刷线之下，防止基础遭受淘刷。

（5）寒冷地区的渡槽，基础埋深要在最大冰冻深度下，防止基础冻胀破坏。

（6）跨越多泥沙河流的渡槽，应防止河道淤积、洪水位抬高危及渡槽安全。

二、渡槽的病害修理

（一）渡槽的常见病害

渡槽常见病害有接缝漏水、冻害破坏、混凝土碳化、钢筋锈蚀、支承结构不均匀沉陷、止水老化破坏、进口泥沙淤积和出口发生冲刷等。此外，有些渡槽因设计原因，在槽中出现涌波现象，造成槽内水流外溢。

（二）渡槽病害的修复处理

1. 接缝漏水的处理

渡槽接缝漏水，主要是止水老化失效等原因造成的，处理的方法很多，如橡皮压板式止水、套环填料式止水及粘贴式（粘贴橡皮或玻璃丝布）止水等。目前采用最多的是填料式和粘贴式止水。

（1）聚氯乙烯胶泥止水。施工方法步骤如下：

1）配料。胶泥配合比（重量比）为煤焦油：滑石粉：聚氯乙烯：邻苯二甲酸二丁酯：硬酯酸钙=200：50：25：20：1。

2）试验。作黏结强度试验，黏结面先涂一层冷底子油（煤焦油：甲苯=1：4），黏结强度可达140kPa。不涂冷底子油可达120kPa。将试件作弯曲90°和扭转180°试验未遭破坏，即可满足使用要求。

3）做内外模。槽身接缝间隙在3～8cm的情况下，可先用水泥纸袋卷成圆柱状塞入缝内，在缝的外壁涂抹2～3cm厚的M10水泥砂浆，作为浇灌胶泥的外模，待3～5d后取出纸卷，将缝内清扫干净，并在缝的内壁嵌入1cm厚的木条，用胶泥抹好缝隙作为内模。

4）灌缝。将配制好的胶泥慢慢加温，温度高低控制在110～140℃之间，待胶泥充分塑化后即可灌注。对于U形槽身的接缝，可一次灌注完成；对尺寸较大的矩形槽身，可采用两次浇灌完成。第二次浇灌的孔口稍大，要慢慢灌注才能排出缝隙内的空气，如图6-4所示。

（2）塑料油膏止水。该方法费用少，效果好，如图6-5所示。施工步骤如下：

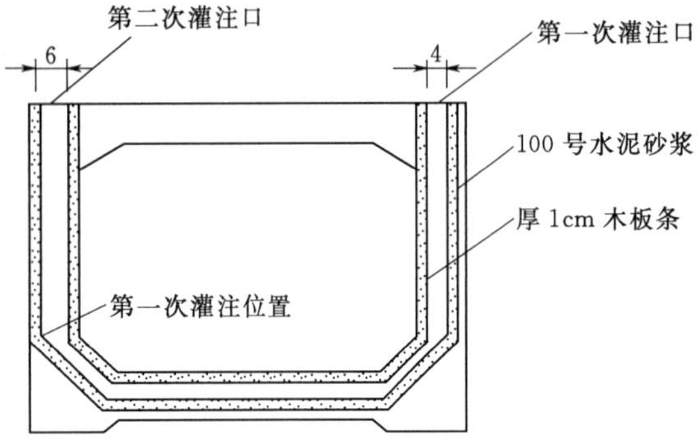

图 6-4　矩形槽身填料止水灌注示意图（单位：cm）

1）将接缝清理干净，保持干燥。

2）间接加温油膏，预热熔化，温度保持在 120℃左右。

3）先用水泥纸袋塞缝并预留灌注深度约 3cm，然后灌入预热熔化的油膏，边灌边用竹片将油膏同混凝土反复揉擦，使其紧密粘贴。待油膏灌至缝口，再用皮刷刷齐。

4）先在粘贴的混凝土表面刷一层热油膏，将预先剪好的玻璃丝布粘贴上去，再刷一层油膏并粘贴一层玻璃丝布，然后再刷一层油膏，务必粘贴牢固。

（3）环氧混合液粘贴玻璃丝布、橡胶板止水。如图 6-6 所示，利用环氧及聚酸氨树脂混合液粘贴玻璃丝布、橡胶板止水，可解决沥青麻丝止水的漏水问题。

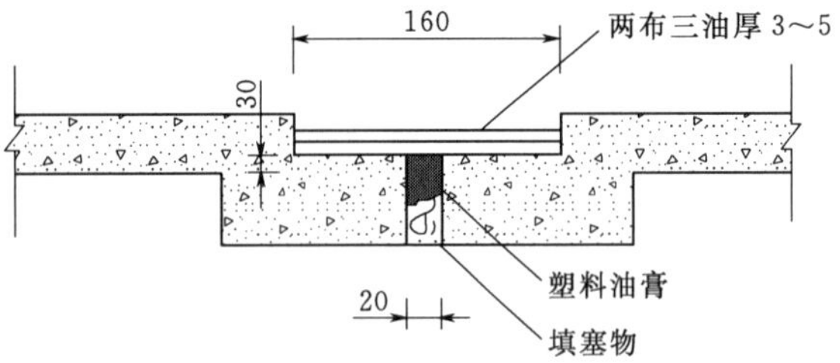

图 6-5　塑料油膏止水示意图（单位：mm）

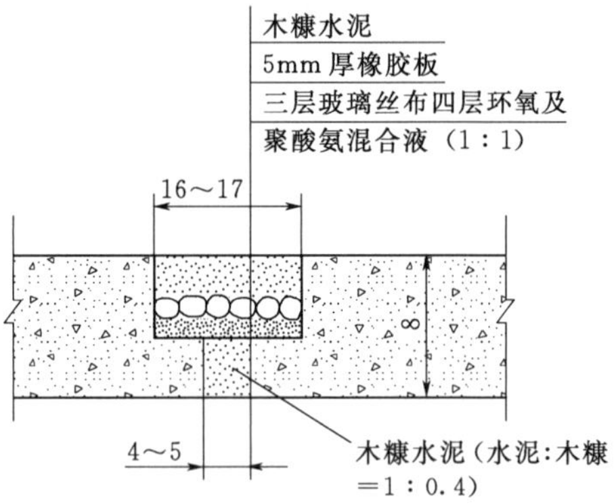

图 6-6　粘贴橡胶板止水示意图（单位：cm）

（4）木屑水泥止水。该法施工简单，造价低廉，特别适用于小型工程，如图 6-7 所示。

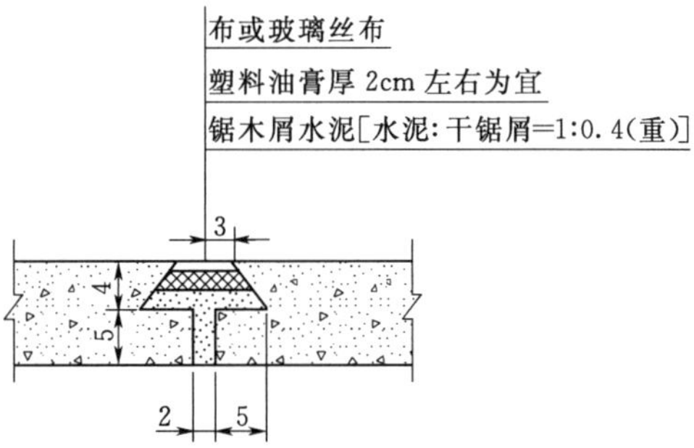

图 6-7　木屑水泥止水示意图（单位：cm）

2. 混凝土碳化及钢筋锈蚀的修复处理

（1）混凝土碳化的处理。一般情况下，施工质量较好的建筑物，在设计使用年限内平均碳化层深度基本上不会超过平均保护层厚度。若建筑物使用时间不太长，只是少数构件或小部分碳化严重，对其防碳化处理十分必要。

当混凝土内钢筋尚未锈蚀，宜对其作封闭防护处理。处理过程是：①采用高压水清洗机（最大水压力可达 6 MPa）清洗建筑物表面；②用无气高压喷涂机分两次喷涂涂料（不可夹带空气），两层总厚度达 150μm 即可。

（2）钢筋锈蚀的处理。钢筋锈蚀对建筑物危害极大，一旦发现钢筋混凝土中有钢筋锈蚀迹象，就应立即采取科学措施进行修复。常用的措施如下：

1）恢复钢筋周围碱性环境，使锈蚀钢筋重新钝化。将锈蚀钢筋周围已碳化或遭氯盐污染的混凝土剥除，重新浇筑新的砂浆（混凝土）或聚合物水泥砂浆（混凝土）。

2）限制混凝土中水分含量，延缓或抑制混凝土中钢筋锈蚀。采用涂刷防护涂层，限制或降低混凝土中氧和水分含量，延缓和抑制锈蚀的发展。

3．渡槽支墩的加固

（1）渡槽支墩基础的加固。

1）基础承载力不足的加固。运行中发现渡槽支墩基底承载力不够时，可采用扩大基础方法加固，以减少基底单位承载力，如图 6－8（a）所示。

2）基础沉陷的处理。渡槽支墩由于基础沉陷过大，影响正常使用，需将基础恢复原位，在不影响结构整体稳定前提下，可采取扩大基础、顶回原位的方法处理。先将基础周围填土挖出，再浇筑混凝土，将沉陷的基础加宽。加宽部分可分为上下两部分：上部为混凝土支持体，它与原混凝土基础连成整体；下部为混凝土底盘，与原混凝土基础间留有空隙。施工时先浇底盘及支持体，待混凝土达到设计强度后，在两者之间布置若干个油压千斤顶，将原渡槽支墩顶起，直到恢复原位时，再用混凝土填实千斤顶两侧空间，待填实混凝土达到设计强度后，取出千斤顶并用混凝土填实千斤顶留下的空间，最后回填灌浆填实原基底空隙，如图 6－8（b）所示。

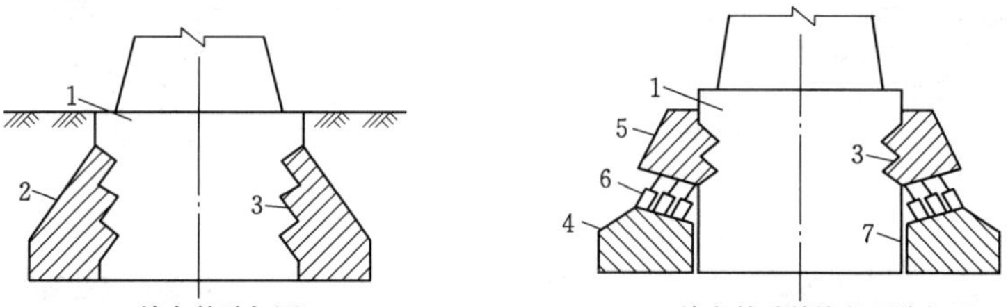

（a）扩大基础加固　　（b）扩大基础并恢复原位加固

图 6－8　渡槽支墩基础加固示意图

1—原基础；2—基础加固部分；3—斜形凹槽；4—混凝土底盘；5—上部混凝土支持体；6—油压千斤顶；7—空隙

（2）渡槽支墩墩身加固。

1）多跨拱的个别拱跨出现异常时，如拱圈发生断裂等，可在该跨内设置圬工顶或排架支顶，以增强拱跨稳定性，如图 6－9 所示。

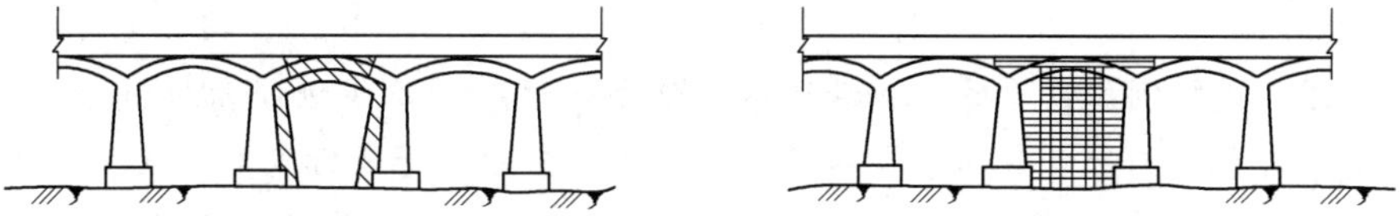

（a）圬工顶　　（b）排架支顶

图 6－9　拱跨支墩加固示意图

2）当渡槽支墩发生沉陷致使槽身曲折时，可先在支墩上放置油压千斤顶将槽身顶起，待其恢复原有的平整位置后，再用混凝土块填充空隙，支撑渡槽槽身。如原支墩顶面是齐平的，可先行凿坑，再放置千斤顶支撑渡槽槽身进行修理，对千斤顶支撑点必须进行压力核算。

4．钢筋混凝土梁式渡槽的加固措施

（1）当槽身梁件产生裂缝承负不了实际荷载时，可在槽身梁件加设支撑结构，在梁件下面加设拉筋，如图6－10（a）所示，或加设桁架处理，如图6－10（b）所示。

（a）加设拉筋　　（b）加设桁架

图6－10　槽身梁件下加设支撑结构示意图

（2）当槽身梁件由于拉力或剪力作用产生裂缝时，可在梁件侧面帮宽或底面帮厚，或同时加宽帮厚梁件的方法处理。加固时可适当凿开原结构以便焊接钢筋，并注意加固部分主钢筋与原有梁件上主钢筋的连接，如图6－11（a）所示。

（3）当槽身梁件产生主应力裂缝时，也可采取在裂缝处外加钢筋箍等方法加固处理，如图6－11（b）所示。

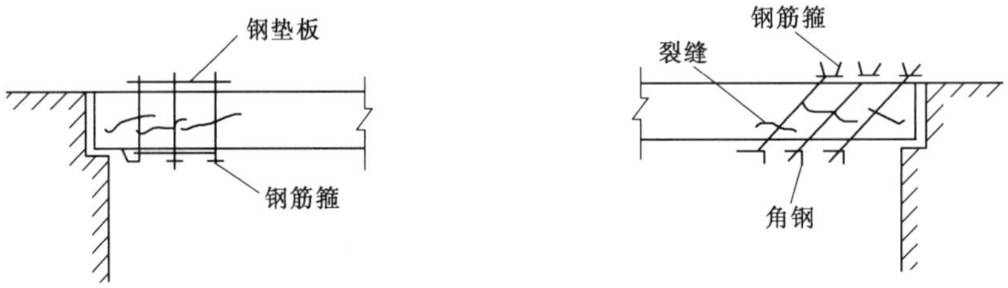

（a）加宽帮厚　　（b）加设钢筋箍

图6－11　槽身梁件裂缝加固处理示意图

任务总结： 通过学习，明确和了解渡槽的常见病害及其成因，熟悉和掌握渡槽常见病害的修理方法。

任务学习拓展： 一般桥梁有哪些主要病害，它与渡槽的常见病害及其修理方法上有哪些联系和区别？

任务三　倒虹吸管的养护修理

任务描述： 围绕倒虹吸管的养护修理这个任务，通过预设案例，分析引导，归纳引申，使学生通过学习熟悉倒虹吸管的检查养护工作，明确倒虹吸管的常见病害及其成因，掌握倒虹吸管的病害修理方法。

案例导学： 引黄济青工程中的崔家河倒虹吸工程，因当时的勘察设计技术、施工条件限制和工程运行环境等多方面原因，运行使用若干年后出现了一定隐患和不少问题：管身出现裂缝、管壁破损漏水，局部管间接头止水被拉裂，出现渗水。管理单位根据具体情况，及时采取了工程应对措施，采用钻孔灌浆法和贴嘴灌浆法等，对管身裂缝和接头止水进行了修复，取得了较好的效果。

问题：从上面的案例中可以看出，加强倒虹吸管的检查养护、维修加固工作，可以取得较明显效果，那么应如何加强综合管理，更上一层楼？

一、倒虹吸管的检查与日常养护

倒虹吸管是一种交叉输水建筑物，一般由进口、管身段和出口等3部分组成，管身断面形式主要有圆形和箱形两种。

（一）倒虹吸管的检查

（1）检查进、出口及管身有无淤积。

（2）检查管壁有无裂缝。

（3）检查管壁有无渗漏。渗漏按其严重程度可分为潮湿（看出水痕）、湿润（手摸有水）、渗出（形同冒汗）3种形式。

（4）定期检查管道变形情况。

（5）检查附属保护设施有无缺损。

（6）负压与震动的检查。巡回检查中，要注意用耳倾听管内的过水声，用眼观察进口管内的水流流态。设计中在弯管顶部常设有放气阀，开始放水时要把阀门打开，排除空气，然后通水。有的倒虹吸管开始放水过急，也易在管道进口下游产生负压，所以倒虹吸管进口下游应设通气孔，并应经常检查，以免被杂物堵塞。

每年冬天，要放干水对照日常巡回检查记录，全面检查，彻底处理。

（二）倒虹吸管的日常养护

（1）倒虹吸管上的保护设施，如果有损坏或失效，应及时处理修复。

（2）进、出口应设立水尺，标出最大和最小的极限水位，经常观测水位流量变化，保证通过的流量与流速符合设计规定要求。

（3）正常输水期间要保持进出水流状态平稳，不冲刷不淤塞，拦污栅要及时清理。

（4）对渠道衔接处有不均匀沉陷、裂缝、漏水、变形、进出口护坡不完整等现象，应立即停水修复处理。

（5）倒虹吸管停水后，应关闭进出口闸门，防止杂物进入管内或发生人身事故。每年冬季停水后要放干管内水量，并对照平时检查记录，全面检查，彻底养护处理。

（6）管道、沉沙及排沙设施应经常清理。暴雨季节防止山洪携泥沙淤积管身，倒虹吸管如有底孔排水设备，冬季放水后或管内淤积时，应立即开启闸阀，排水冲淤，保持管道畅通。

（7）直径较大的裸露式倒虹管，在高温或低温季节要妥善保护，以防发生温度裂缝或冻裂、冻胀破坏。

（8）倒虹吸管顶部发生冒水时，停水后在内部进行裂缝填塞处理，严重时可挖开填土进行内外彻底修复处理。

二、倒虹吸管的病害修理

（一）倒虹吸管的常见病害与成因

倒虹吸管运行管理中，常遇到的问题及其原因有以下方面。

1. 管身裂缝、管壁漏水

管身裂缝有横向裂缝、纵向裂缝和龟纹裂缝等3种。横向裂缝主要由于管身分节过长，当温度降低时引起纵向收缩变形造成管身脱节，当基础约束过大时会造成管身拉裂甚至拉断。

纵向裂缝是倒虹吸管最常见病害，常出现在管身顶部，而且现浇混凝土管出现居多，主要原因是现浇管顶施工质量差，同时外露的管顶受阳光直射，管壁内外温差过大、变形不一致。

管壁漏水按其严重程度可分为3种情况，即潮湿（仅可看出水痕）、湿润（手摸有水）、渗出（如同冒汗）。对渗漏部位，发生时间，渗漏面积大小，渗漏量多少及变化情况要做详细记录，并用红漆在管壁上标明其位置。

2. 管间接头漏水

管间接头止水材料老化，或接头脱节将止水拉裂，引起管身漏水。

3. 淤积堵塞与冲刷

倒虹吸管淤积堵塞主要包括水流中悬移质的沉积、推移质的堆积和漂浮物的堵塞。汛期沿渠塌方或山洪入渠，洪水挟带大量泥沙淤积管中；或洪水期未及时清污，杂物堵塞进口甚至压弯拦污栅。

冲刷是因管中水流含沙石量大，管壁耐磨性差而引起的。

4. 气蚀和震动

倒虹吸管运行操作不当，在开始放水时排气阀未及时打开或放水太急，管内产生负压引起气蚀；或通过小流量时，未及时调节阀门，进口管段内发生水跃，使管身震动；第一次放水或冬修后放水太急，管中充气，水流回涌，顶坏进口盖板。

5. 管身冻裂、混凝土表面剥落和钢筋锈蚀

严寒地区，冬季未排干管内积水或没有采取保温措施，将发生冻害造成管壁裂缝；管身裂缝或缺陷处，钢筋裸露失去混凝土保护，钢筋钝化膜被破坏而锈蚀；冻融作用或钢筋锈蚀也会使管身混凝土表面剥落。

（二）倒虹吸管的病害维修处理

1. 管身裂缝或断裂的处理

管身裂缝或断裂的处理方案是：①对于既未考虑运行期温度应力，又未采取隔热措施的管道，要采取填土等隔热措施；②对于强度不足、施工质量差的管道所产生的裂缝，要采取全面加固措施；③对有足够强度管道的裂缝，主要采取防渗措施。具体措施如下：

（1）腹裹保护。这是防止纵向裂缝发生和扩展的有效措施。对裸露在外部的倒虹吸管两侧使用预制空心混凝土砌块进行砌筑外包，上部填土夯实，形成管道裹护设施，既能对倒虹吸管起到明显的隔热保温、防止冻融冻害作用，又能减轻风、霜、雨、雪等对管身混凝土的侵蚀。

（2）表面涂抹、贴补或嵌补封缝。对结构整体性影响不大的裂缝一般只在表面采用涂抹、贴补或嵌补等方法进行封缝处理，有刚性处理和柔性处理两种类型：①刚性方案有钢丝水泥砂浆、钢丝网环氧砂浆和环氧砂浆粘钢板等方法，这类方法不仅能够防渗抗裂，而且还分担裂缝处钢筋的一部分应力，提高建筑物的安全性。②柔性方案有环氧砂浆贴橡皮、环氧基液贴玻璃丝布、环氧基液贴纱布、聚氯乙烯油膏填缝及乳化沥青掺苯溶氯丁胶刷缝等方法，柔性处理能够适应裂缝开合的微小变形，造价较低，施工方便。缝宽小于0.2mm时，采用加大增塑性比例的环氧砂浆修补效果好；缝宽大于0.2mm时，采用环氧砂浆贴橡皮效果好。

（3）加固补强。对因沉陷引起的裂缝，首先应进行固基处理，如采取灌浆培厚等方法；对强度安全系数太低的管道，可采用内衬钢板加固措施进行处理，处理步骤是：在混凝土管内，衬砌一层厚4～6mm的钢板，钢板事先在工厂加工成卷，其外壁与钢筋混凝土内壁之间留1cm左右的间隙，钢板从进出口送入管内就位、撑开，再焊接成型，然后在二者之间进行回填灌浆。

2. 管壁渗漏的处理

（1）对因裂缝引起的渗漏可按裂缝处理方法进行。

（2）管壁一般渗漏的处理。可在管内壁刷2～3层环氧基液或橡胶液，涂刷时应力求薄而匀，每日刷一遍，总厚约0.5mm。若为局部漏水孔或气蚀破坏，可涂抹环氧砂浆封堵。

（3）接头漏水的处理。对于受温度变化影响大的，仍需保持柔性接头的管道，可在接缝处充填沥青麻丝，然后在内壁表面用环氧砂浆粘贴橡皮。对于已经填土或已做腹裹处理，受温度影响已显著减小的管道，可改用刚性接头，并隔一定距离设一柔性接头。刚性接头施工时可在接头内外打入石棉水泥或水泥砂浆，并在管内壁表面涂刷环氧树脂处理，如图6-12所示。对钢制倒虹吸管，为防止钢管滑动伸缩接头漏水，除设计上采取加强管壁刚度措施，还应定期更换新的止水材料。

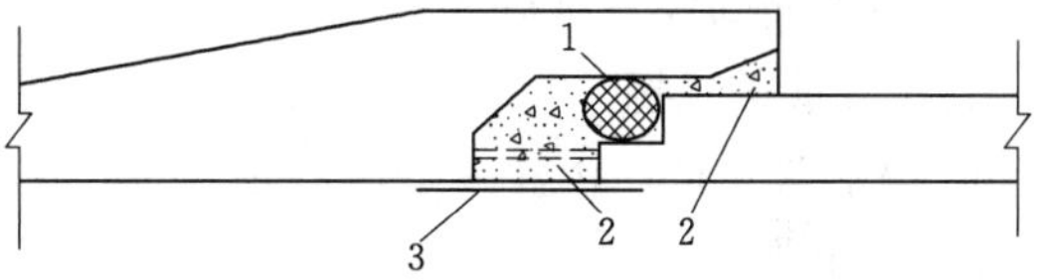

图6-12　接头缝漏水修补

1—止水环；2—水泥砂浆或石棉水泥；3—涂环氧树脂1～2层

3. 淤堵的处理

在进口处设置拦污栅隔离漂浮物，以防止堵塞；在进口上游一定距离设置沉砂池和冲砂孔，防止推移质的堆积；通过科学的管道线路及断面设计，合理调控管道过水流量和流速，使管内流速大于不淤流速（但也不宜过大），防止悬移质的沉积。当出现堵塞，应先排除管内积水，再清除淤堵。

4. 冲磨的处理

设置拦沙槽拦截沙石，减轻对管壁的磨损。对已发生气蚀与冲磨的管壁可进行凿除并重新涂抹耐磨材料。

任务总结：通过学习，明确和了解倒虹吸管的常见病害及其成因，熟悉和掌握倒虹吸管常见病害的修理方法。

任务学习拓展：一般输水涵管、水工隧洞有哪些主要病害，它们与倒虹吸管的常见病害及其修理方法上有哪些联系和区别？

课　后　训　练

一、单项选择题

1. 渠道的防渗技术措施一般包括（　　）两种方法。

A. 增大渠床土壤透水性能和在渠床上加做防渗层

B. 减小渠床土壤透水性能和在渠床上加做防渗层

C. 增大渠床土壤透水性能和在渠床上加做反滤层

D. 减小渠床土壤透水性能和在渠床上加做反滤层

2. 渠道清淤的方法主要有（　　）等。

A. 人工清淤、机械清淤、自动化清淤、半自动化清淤

B. 水力清淤、人工清淤、自动化清淤

C. 水力清淤、人工清淤、机械清淤

D. 水力清淤、机械清淤、自动化清淤

3. 渡槽接缝漏水，主要是（　　）等原因造成的。

A. 槽身混凝土碳化　B. 承载力不够　C. 严冬冻害　D. 止水老化失效

4. 倒虹吸管检查养护管理制度，可分为日常巡回检查和（　　）两方面。

A. 岁末检查维修　B. 输水前检查维修

C. 输水期间检查维修　D. 临时性检查

二、多项选择题

1. 渠道常用的防渗技术措施有黏土类、（　　）等。

A. 灰土类　B. 砌石类　C. 混凝土类

D. 沥青材料类　E. 塑料薄膜类

2. 渠道的常见病害形式主要有（　　）沉陷、裂缝、冻胀、蚁害及风沙埋没等。

A. 冲刷　B. 淤积　C. 渗漏

D. 洪毁　E. 滑坡

3. 渡槽的常见病害主要有（　　）、冻害破坏、进口泥沙淤积和出口发生冲刷等。

A. 接缝漏水　B. 混凝土碳化　C. 钢筋锈蚀

D. 支承结构不均匀沉陷　E. 止水老化破坏

4. 倒虹吸管的常见病害主要有（　　）、钢筋锈蚀、边墙失稳等。

A. 管身裂缝，管壁漏水　B. 管间接头漏水　C. 淤积堵塞与冲刷

D. 气蚀、震动　E. 管身冻裂、混凝土表面剥落

三、判断题

1. 渠道输水时应严格控制放水流速、流量和水位，逐渐增减，尽量避免猛增猛减。（　　）

2. 渠道防渗技术措施应遵循就地取材，施工简易，造价低廉，便于管养，维修费用低的原则。（　　）

3. 跨越河沟、溪流的渡槽，基础埋深要在最大冲刷线之上，防止河道淤积、洪水位抬高危及渡槽安全。（　　）

4. 倒虹吸管每年冬季停水后，不需要放干管内水量，但应关闭进出口闸门，防止杂物进入管内或发生人身事故。（　　）

四、简答题

1. 渠道的防渗措施主要有哪些？各有何特点？

2. 渠道、渡槽和倒虹吸管的日常检查和养护工作分别主要有哪些？

3. 渠道、渡槽和倒虹吸管的常见病害分别有哪些？分别应如何修复处理？

项目七　防　汛　抢　险

项目描述： 洪灾危及国民经济建设和人民生命财产的安全，是中华民族的心腹大患。防汛抢险是一项工程性防洪措施，也是一项在各级政府领导下组织群众与洪灾作斗争的社会活动，事关社会安定和国民经济发展，必须予以高度重视。本项目共有8个学习任务，介绍了防汛抢险工作的意义、指导方针、责任制、防汛准备工作内容、汛期安全检查方法及抢险工作注意点；重点介绍了堤坝、涵闸常见险情的现象、产生原因、抢险原则及技术措施。

项目学习目标： 掌握汛期安全检查方法、堤坝和涵闸常见险情的抢险技术措施；熟悉防汛准备工作内容；理解堤坝和涵闸常见险情的抢险原则、抢险工作注意点；了解防汛抢险工作的意义、指导方针、责任制、堤坝和涵闸常见险情的现象及产生原因。培养学生具有堤坝、涵闸防汛抢险组织管理、常见险情鉴别与抢护的初步能力。

项目学习重点： 堤坝常见险情的抢险原则及技术措施。

项目学习难点： 堤坝常见险情鉴别及抢险注意事项。

任务一　防汛与抢险工作概述

任务描述： 本任务介绍了防汛抢险工作涉及的基本概念、防汛方针、防汛责任制、防汛准备工作内容、汛期安全检查方法及抢险工作注意事项，为培养学生防汛抢险组织管理的初步能力打下基础。

案例导学： 2003年汛期，安徽省淮河流域发生了自1954年以来最大洪水，长江流域的滁河和西河发生了自1991年以来的最大洪水。

省委、省政府审时度势，超前谋划，提出了"确保人民群众生命安全、确保重要堤防安全、确保重要城市、工矿企业和重要圈堤安全、确保重要水利工程运用安全、确保洪峰顺利安全过境"的防汛目标。省防指对防汛工作进行了周密部署，各地区、各部门在度汛工程、预案、物资、队伍等方面进行了充分的准备。

洪涝灾情发生后，省委、省政府将防汛抗洪作为压倒一切的中心工作，组织一切力量投入抗洪抢险斗争。各级政府、有关部门严格按有关法律、法规和制度组织防汛抗洪工作。各级防汛指挥部门密切注视雨情、水情、工情及天气变化，及时分析形势，研究对策，指导防汛抢险。全省最多时有178万干部群众奋战在抗洪抢险第一线，日夜巡查，加强对薄弱堤段的防守，对出现的险情全力抢护，确保了人民群众生命安全，最大限度减轻了洪涝灾害损失，夺取了2003年防汛抗洪的最后胜利。

问题： 从上面的案例可以看出，防汛抢险工作只要能按有关法律、法规和制度，贯彻防汛方针，汛前做好各项准备工作，汛期应对有力，就能夺取防汛抗洪斗争的胜利。那么防汛抢险应遵循的方针是什么？防汛责任制有哪些？如何做好防汛准备工作？如何开展巡堤查险？出现险情按照什么程序来抢护？抢险应注意哪些事项？

防汛与抢险工作是一项复杂的、综合性很强的系统工程，涉及社会的各个方面，需要精心组织、密切配合、规范运作才能顺利完成。

一、基本概念

汛是指江河定期涨水，我国把不同季节出现的洪水分为桃汛、伏汛、秋汛和凌汛4种。桃汛是春季江河流域内降雨或冰雪融化汇流形成的涨水现象；伏汛、秋汛是夏、秋季节降雨汇流形成的涨水现象。凌汛是因冰凌阻水而引起的涨水现象。伏汛和秋汛峰高量大，持续时间长，往往对堤、坝等水工建筑物产生严重威胁。

汛期是指江河水域中汛水自开始上涨到回落的期间。汛期的长短、早迟，与河流所处的地理位置、气候条件密切相关。为做好防汛工作，我国根据主要降水规律和涨水情况，规定了江河的汛期，如：珠江为每年的4月1日至9月3日；长江为5月1日至10月31日；淮河、海河、辽河和松花江为6月1日至9月30日；黄河为6月1日至10月31日。汛期又分主汛期和前汛期、后汛期，主汛期是极易产生洪水的时期。7月下旬至8月上旬（通常称为“七下八上”），全国七大江河均可能发生洪水。因此，“七下八上”常被认为是我国防汛的关键时期。

防汛是指为防止或减轻洪水灾害，在汛期进行的防御洪水的工作。

抢险是指在汛期堤、坝等防洪设施出险时，为避免险情扩大或工程失事，所进行的紧急抢护工作。

二、防汛工作

（一）防汛方针

根据我国国民经济状况、防洪工程建设程度以及防洪任务的要求，在总结了多年防汛抢险实践经验的基础上，当前提出了“安全第一，常备不懈，以防为主，全力抢险”的方针。防汛方针是我国当前为防汛与抢险工作确定的指导原则，必须认真贯彻落实到防汛抢险各项工作中。

（二）防汛责任制

防汛工作责任重大，必须建立健全各种防汛责任制，做到各司其职，各负其责，使各项工作紧张有序的开展。

1. 行政首长负责制

防汛抢险需要动员和调动各部门各方面的力量，党、政、军全力以赴，发挥各自的职能优势，同心协力共同完成，其中政府发挥领导核心作用，而作为各级政府的行政首长，则相应对本地区的防汛抢险工作负总责，责无旁贷。因此，各级政府的行政首长必须亲自主持，全面领导和指挥防汛抢险工作，即实行行政首长负责制，以实现防汛抢险统一领导、统一指挥、统一调度的方针，确保防汛抢险取得胜利。行政首长负责制是各种防汛责任制的核心，也是历来防汛抢险斗争中最行之有效的措施。

2. 分级责任制

根据河系及水库、堤防、水闸等防洪工程所处地区、工程等级、重要程度和防洪标准等，确定省、市、县、乡（镇）分级管理运用、指挥调度的权限责任。在统一领导下，实行分级管理、分级调度、分级负责，落实分级责任制。

3. 分包责任制

为确保水库、堤防、水闸等防洪工程和下游保护对象的汛期安全，各级政府行政负责人和防汛指挥部领导成员实行分包责任制，例如分包水库、分包堤段、分包蓄滞洪区等，责任到人，有利于防汛抢险工作的开展。

4. 岗位责任制

汛期为了加强水利工程的管理、做好防汛与抢险工作，对于工程管理人员、护堤员、抢险队等要制定岗位责任制，明确任务和要求，定岗定责，落实到人，通过评比、检查，发现问题及时纠正，同时要加强政治思想教育，调动职工的积极性，以期圆满完成岗位任务。

5. 技术责任制

在防汛抢险中，为实现优化调度，科学抢险，提高防汛指挥的准确性和科学性，应充分发挥工程技术人员的技术专长。凡是确定有关预报数值、评价工程抗洪能力、制定调度方案、采取抢险措施等技术问题，应由各专业技术人员负责，建立技术责任制。关系重大的技术决策，要组织相当技术级别的人员进行咨询，博采众长，以防失误。

为保证各级防汛责任制的落实，我国各地经过长期防汛与抢险工作的实践，探索了一些办法，即省与市、市与县、县与乡（镇）层层签订责任状，落实江河、水库、堤垸及城市的防汛抢险责任人，并予以通报，确保责任到人，同时上级政府于年底对下一级政府责任状的执行情况进行考核，并视执行情况予以奖惩，有力地促进了防汛与抢险工作的开展。

（三）防汛准备

对汛期洪水，首先是立足于防，即每年汛期到来之前，要按照可能出现的情况，充分做好各项防汛准备工作，做到有备无患，为战胜洪水打下切实可靠的基础。

1. 预案准备

防洪预案是指防御各类洪水灾害的具体措施和实施步骤，是在现有工程设施条件下，针对可能发生的各类洪水灾害而预先制定的防御方案、对策和措施，是各级防汛指挥部门实施决策和防洪调度、抢险救灾的依据。只有制定详尽全面、可操作性强的防洪预案，才能保证防汛抢险工作有条不紊、忙而不乱。各级防汛指挥部门要把防洪预案编制作为防汛工作的一项重要内容，抓好落实。汛前要根据流域内经济社会状况、工程变化等因素，对防洪预案进行全面修订完善。防洪预案制定后，要按照《中华人民共和国防洪法》规定的权限审批，一经审批，就具有绝对权威性和法律性，一般不得随意改变。如有重大改变，则要上报原审批部门重新审批。另外，对防洪预案还要做好宣传教育工作，做到统一思想、统一认识。

汛期本着既安全又经济的原则，一般将洪水分为 3 个等级，分别采用相应的防守措施。

（1）设防水位，即洪水上涨至堤脚（平滩）时的水位，此时堤防可能见险，标志着防汛进入戒备状态，防汛人员开始巡堤查险，防汛各项准备工作基本完备，并需根据水情预报进一步做好防汛组织工作，以防御更大洪水。

（2）警戒水位，是设防水位和保证水位之间的某一水位，此时堤防下部受洪水淹没，可能出现险情甚至重大险情，防汛进入警戒状态，要密切注意水情、工情、险情的发展变化，增加巡堤查险次数，开始昼夜巡查，抢险物资要及时运到防汛一线，常备队、抢险队要做好参加抢险的各项准备，并进一步检查落实各项防守工作以迎接更大洪水。

（3）保证水位，是指堤防的设计洪水位或历史上曾出现过的最高洪水位，此时堤防处于安全防御的极限，受到洪水的严峻考验，各种险情都可能发生，防汛进入紧急状态，防汛部门要采取一切措施确保堤防安全，必要时可以宣布进入紧急防汛期。

2. 思想准备

防汛抢险工作具有长期性、群众性、科学性、艰巨性和战斗性的特点，充分做好思想准备工作，将会赢得主动。各级防汛部门汛前要部署防汛工作，并利用多种形式向广大干部群众进行防汛教育，使其充分认识到防汛的重大意义，明确防汛的目标和任务，了解防汛的新情况、新特点、新问题，立足防大汛、抗大灾，做好吃大苦、耐大劳、连续作战的思想准备，树立“宁可水不来，不可我不备”的精神，同时要坚定抗灾保安全的信心。汛期要随时进行调查研究，针对存在的问题采取灵活的方式进行宣传，并及时妥善处理，尤其要克服麻痹思想和侥幸心理，保证防汛与抢险工作顺利进行。

3. 组织准备

防汛的组织准备主要是指防汛队伍的组建。防汛队伍的组建，要坚持专业队伍与群众队伍相结合，实行军（警）民联防。做到组织严密，调度灵活，听从指挥，服从命令，行动迅速。各地防汛队伍名称不同，基本上可以分为专业队、常备队、预备队、群众抢险队、机动抢险队等。

（1）专业队，是防汛抢险的技术骨干力量，由堤防、水库、水闸等工程管理单位的管理人员组成。平时根据工程管理掌握的情况，分析工程的抗洪能力，划定险工、险段的部位，做好出险时抢险准备。汛期则投入防守岗位，密切注意汛情，加强监测，及时分析险情。

（2）常备队，又称防汛基干班，是群众性防汛队伍的基本组织形式，人数比较多。由工程保护区和工程周围的乡、村、城镇街道居民中的民兵或青壮年组成。常备队汛前登记造册编成班组，汛期按规定达到防守水位时，分批组织出动。

（3）预备队，是防汛的后备力量，当防御较大洪水或紧急抢险时，为补充加强一线防守力量而组建的，人员条件和范围更宽一些。必要时可以扩大到距河道堤防、闸坝等工程较远的县、乡和城镇，并落实到户到人。

（4）群众抢险队，是由群众防汛队伍中选拔有抢险经验的人员组成的，在所辖范围内，无论何处出现险情，均应及时赶赴现场配合专业队进行抢险。

（5）机动抢险队，是在一些主要江河堤段和重点工程建立的训练有素、技术熟练、反应迅速、战斗力强的抢险队，配备必要的交通运输和施工机械设备，承担重大险情的紧急抢护任务。机动抢险队要与管理单位结合，人员相对稳定。

防汛与抢险工作技术性强，各类防汛队伍在汛前要进行学习和培训，举行必要的实战演习，熟练技能，真正做到思想、组织、技术、物资、责任的“五落实”，达到“招之即来，来之能战，战之能胜”的目的。

4. 工程准备

汛前应全面对堤防、闸坝等工程进行一次检查，摸清工程现状。如发现问题，要及时处理；暂时不能处理或汛前不能完工的除险项目，要制定安全度汛措施，确保度汛安全。在汛前检查过程中，要制定检查工作制度，实行检查工作登记表制度，落实检查人和被检查人的责任。要注意清除水库溢洪道上的阻水障碍物。涵闸及水库溢洪道和输水洞的闸门和启闭设备要进行试车。闸门、启闭设备、照明、通信、交通道路等，如有问题，要及早维修。在冬春农田基本建设中，要对小型工程进行整修加固，提高标准，消除隐患，以利安全度汛。根据工程情况，还应制定江河、水库防洪调度计划或控制指标，并报上级批准后，在汛期据以执行。

汛期根据水文站网报汛资料，及时估算洪水将出现的时间和水位，合理调度，做好控制运用工作，还要密切注意工程的变化，遇有问题，随时研究处理。

5. 物资准备

防汛物资是防汛抢险的重要物质条件。按防汛物资用于抢险的用途分类主要有：抢险物料，如沙石材料、袋类、铁丝等；救生器材，如救生衣、救生艇等；抢险机具；通信器材；水文测报器材。按防汛物资的特征主要有：软料，如柳料、秸料等；硬料，如石料、砖、木桩等；灌浆材料，如水泥、水玻璃等；防渗堵漏材料，如环氧砂浆、沥青胶等；土工合成材料，如土工织物、土工膜等。

防汛物资具有品种多、用量大、用时急的特点，因此在汛前要有充分的准备。各级防汛部门汛前要核查防汛物资库存情况，根据防汛任务的大小，下达防汛物资储备计划，落实采购任务。汛前要对防汛砂石堆场、防汛木材、铅丝等器材仓库逐个盘查，检查所备防汛物资品种是否齐全，数量定额是否达标，储放分布是否合理，料堆、库房是否安全等，并对照明、救生、机械设备等进行检修和测试。还应根据工程的具体条件，建立通信网络，以便及时掌握雨情、水情、工情，并需考虑到暴风雨等特殊情况时的信息传递。堤防应备好预备土料和划定取土区。为汛期运送抢险物料的交通道路要保持通畅。

我国防汛物资的储备和供应体系较为完备，其构成主要有中央级防汛储备物资、各防汛机构自有储备物资（俗称常备物资）、社会储备物资、机关团体和群众备料等4个部分。

6. 技术准备

防汛与抢险工作，是一项技术性工作，汛前应对防汛人员进行技术培训，使其掌握防汛抢险的基本知识和技能，尤其是常备队和抢险队要加强巡堤查险方法、各种险情的鉴别与抢护方法等知识和技能的培训，必要时可进行抢险演习。

7. 迁安准备

受洪水威胁区（包括可能运用的蓄滞洪区、受洪水威胁低洼地区等）的群众在洪水到来无安全保证时，应在洪水到来之前作好迁移、安置工作。迁移、安置准备工作是一项重要而又复杂的工作，应本着就近、迅速、安全、有序的原则，预先做好详细具体、操作性强的紧急救生和安全转移方案，明确纪律和责任，选定转移路线，落实交通工具和交通主干线的维护，落实对户、搭棚等安置方法，合理布设生活物资供应和医疗网点，加强广电、通信和报警设施的管理，做到有备无患。

汛期需要迁移、安置时，各部门应各司其职，协调配合，依据安全转移方案，做到组织指挥有力，通信报警准确，转移道路通畅，安置地点落实，物资供应及时。同时，迁移、安置后的防病、治病、防火、社会治安、管理设施等都要逐项落实。

（四）汛期巡查

江河水位上涨至设防水位，标志河道堤防进入实时防汛阶段，防汛人员开始上堤巡查，力求将险情消灭于萌发阶段。

1. 巡查方法

汛期巡查通常分组轮流进行，巡查班次及人数，视水情、险情而安排，接近警戒水位或暴雨天气，适当增加巡查班次及人数。

巡查前要清除妨碍巡查的障碍物，并在临河堤坡及背河堤脚平整出查水小道，随着水位的不断上涨，及时平整出新的查水小道。

巡查临河时，1人背草捆在临河堤肩走，1人（或数人）拿铁锹走堤坡，1人手持探水杆顺水边走。沿水边走的人要不断用探水杆探摸根石和观察水面动态，其他人注意查看水面有无漩涡等异常现象，并观察堤坡有无裂缝、塌陷、洞穴等险情发生。

巡查背河时，1人走背河堤肩，1人（或数人）走堤坡，1人走堤脚。观察堤坡及堤脚附近有无渗水、管涌、裂缝、塌陷、漏洞、脱坡等险情。

对于背河堤外安全管理范围内的地面及积水潭坑，要组织专门小组进行巡查；对于水毁修复、应急度汛除险加固堤段及其他险工险段要组织重点巡查和全面检查；对于新近抢护的堤防险段要留够力量守护，并按指挥部有关要求设有专人加强观测，特别要注意其发展变化情况。

对穿堤建筑物、近堤坟、井、涵管等险段险点要作为巡查重点，细致巡查，甚至设立设立坐哨。

相邻责任段的巡查小组巡查到交界处时，两组应越界巡查10～20m，进行交互巡查，以防漏查。

2. 险情报告与标记

基层防汛指挥机构应根据各自实际需要为各巡查小组规定统一的报警方法［吹口哨、敲锣（鼓）、无线报警器、移动电话报警等］、标记方法（出险、抢险地点，白天挂红旗，夜间挂能防风雨的红灯），制定相应的报告制度，按“及时、全面、准确、负责”的原则上报，边报边抢。

3. 巡查要求

巡查人员必须挑选熟悉工程情况，责任心强，有防汛抢险经验的人担任。

巡查、休息、交接班时间、由带领检查的队（组）长统一掌握，检查进行中不得休息，规定时间内不得离开岗位。

严格执行交接班制度，上下班要紧密衔接。

巡查中发现可疑象征，应派专人进一步详细检查，探明原因，采取处理措施，并及时向上级防汛部门报告。

巡查人员必须认真负责，不放松一刻，不忽视一点，注意“五时”，做到“五到”“三清”“三快”。“五时”是：①黎明时（人最疲乏）；②吃饭时（思想最松动）；③换班时（检查容易间断）；④黑夜时（看不清容易忽视）；⑤狂风暴雨时（出险不易判别）。这些时候最容易疏忽忙乱，注意力不集中，容易遗漏险情。特别是对已处理的险情和隐患，仍要注意检查，提高警惕。“五到”是：①眼到（看清有无险象）；②手到（用手或探水杆检查、探摸）；③耳到（细听水流有无异常声音）；④脚到（用脚试探水温及土壤松软情况等）；⑤工具料物随人到（巡查人员随身携带记录本、铁锹、探水杆、草捆、小红旗、手电筒、报警器具等）。“三清”是：①险情查清；②信号记清；③报告说清。“三快”是：①发现险情快；②处理快；③报告快。

4. 工作制度

（1）交接班制度。巡堤查险昼夜轮班，交接班应紧密衔接，上一班人员必须向下一班人员交代水情、工情、险情、工具物料情况，以及需要注意和尚待查清的问题，必要时可共同巡查一次。

（2）值班制度。防汛队伍的各级负责人和带队干部，必须轮流值班，坚守岗位，掌握换班和巡查组次出发的时间，了解巡查情况，解决发现的问题，做好巡查记录，及时向上级汇报和向下级传递情况。

（3）汇报制度。交接班时，班（组）长要向负责防守的值班干部汇报巡查情况。值班干部如无特殊情况要逐日向上级主管部门汇报巡查情况；如有特殊情况要随时汇报。

（4）请假制度。上堤防守人员要严格遵守防汛纪律，不得擅自离开防守现场，必须离开时需请假，在获得同意后安排好接班人员方可离开。

（5）奖惩制度。防汛人员上堤后要经常进行检查评比。对工作认真、完成任务好的要表扬，做出显著贡献的要给予记功和奖励；对不负责任的要批评教育，玩忽职守造成损失的，要追究责任，情节后果严重的要依法严肃处理。

三、抢险工作

1. 抢险工作程序

堤防、闸坝等工程一旦在汛期出险，各级防汛指挥部门必须及时组织抢险。险情的抢护一般可按以下程序进行：

（1）险情鉴别与出险原因分析。

（2）评估险情程度、预估险情发展趋势。

（3）制订抢险方案和实施办法。

（4）现场抢护。

（5）守护监视。

2. 抢险工作注意事项

（1）掌握基本情况。熟悉当地当时雨情、水情、地情、工情（工程）、人情（抢险队伍）、物情（抢险物资）以及溃堤后淹没范围，影响大小，转移道路，避灾措施。

（2）准确鉴别险情，果断决策抢险方案。一个险情被查出后，其关键性的工作就是抢护，因此，要立即进行观察、调查和分析，准确鉴别险情，迅速而正确的判断险情产生的原因、性质及发展变化速度，随即制定出有效的抢护方案和措施，并组织力量快速排险。切忌众说纷纭、莫衷一是，要集思广益，及时决策，避免延误时机。

（3）临河堵截，背河疏导，临背并举。汛期的险情大多是由高水位引起的，因此抢护险情时，既要在临水堵截，以减少水流入渗，又要在背水导渗，将渗水安全排出。

（4）“治早，治小、治了”。各种险情发展变化一般是从无到有，由小变大，由渐变到突变，因此发现早，抢护快，把险情消灭在形成和初期发展阶段，就能够收到事半功倍的效果，否则险情将会迅速发展扩大，导致严重后果。在抢险过程中，还要注意一鼓作气将险情完全排除，否则稍有疏忽，将导致险情再次发生。

（5）因地制宜，就地取材。抢险具有很强的时效性，就近使用当地材料，可及早进行抢护，取得好的抢险效果。

（6）做两手准备。当险情已发生，一方面要全力抢护，化险为夷；另一方面应视险情程度及时适度地做好可能淹没地区的人员和物资转移，以防万一。

防汛与抢险工作必须依法开展，我国自 20 世纪 80 年代以来，相继颁布了《中华人民共和国水法》《中华人民共和国防洪法》《中华人民共和国防汛条例》《中华人民共和国河道管理条例》《水库大坝安全管理条例》《国家突发公共事件总体预案》等法律法规，推动了我国防汛与抢险工作逐步走上了正规化、规范化和法制化的轨道。

任务总结： 汛是指江河定期涨水，汛期是指江河水域中汛水自开始上涨到回落的期间。防汛是指为防止或减轻洪水灾害，在汛期进行的防御洪水的工作。抢险是指在汛期堤坝等防洪设施出险时，为避免险情扩大或工程失事，所进行的紧急抢护工作。我国防汛方针是"安全第一，常备不懈，以防为主，全力抢险"。防汛工作责任重大，必须建立健全以行政首长负责制为核心的各种防汛责任制，做好预案、思想、组织、工程、物资、技术、迁安等准备工作，视水情、险情安好排巡查工作，巡查人员必须熟悉巡查方法、险情报告与标记方法，遵守工作制度，并注意"五时"，做到"五到""三清""三快"。险情的抢护一般可按：险情鉴别与出险原因分析→评估险情程度→预估险情发展趋势→制订抢险方案和实施办法→现场抢护→守护监视的程序进行。

任务学习拓展： 如何制定防洪预案？

任务二 堤坝漫溢险情的鉴别与抢护

任务描述： 本任务介绍了堤坝漫溢险情现象、出险原因、抢护原则、方法及注意事项，培养学生具有堤坝漫溢险情抢护的初步能力。

案例导学： 松花江干流扶余段堤防设计防洪标准为 50 年一遇，流量 12400m^3/s，水位 127.43m。

下岱吉粮库段位于下岱吉水文站上游，因该处地势较高，在松花江干流堤防土方加固时，没有加筑堤防，1998 年 8 月 15 日 20 时，该处流量 13200m^3/s，水位 127.54m，洪水还在迅猛上涨，根据市防汛指挥部门预测，下岱吉站洪峰流量将达到 15700 m^3/s，防汛形势极其严峻。若该段堤防发生回流倒灌，将直接威胁下岱吉粮库安全，并威胁下游 3 个乡镇、11000hm^2 耕地、3.5 万人口的安全。

经过研究，决定立即采用就地利用粮库院墙外防浪墙作为防洪墙，与院墙之间每隔 2m，修筑土牛子 1 个，作为支撑，土牛子宽 1m，高 1.2m。院墙背水侧用麻袋装土贴墙根修筑固定子堤，铺塑料布防渗，子堤顶宽 2m，高 1.2m，此段长约 200m。其他无院墙段修筑临时子堤，长度 800m，堤高 1.2m，顶宽 1m，迎水侧铺塑料布防风浪冲刷。该处抢险措施获得成功，共动用人工 1500 人次，完成土方 3000m^3，煤方 500m^3，用麻袋 5000 条，编织袋 5 万条，历时约 15h，减少耕地淹没面积约 1200hm^2，减少人员转移约 1400 人，抢险取得的经济效益约 1.25 亿元。

问题： 上面的案例表明，汛期根据上游水情和预报，有可能出现漫溢险情时，应及时采取措施，如抢筑子堤来增加堤（坝）挡水高程，确保工程安全。那么，漫溢险情的现象及出险原因有哪些？抢护应遵循什么原则？抢护方法有哪些？抢护应注意哪些事项？

一、险情现象及出险原因

洪水上涨，超越堤（坝）顶部，即为漫溢。土质堤（坝）是散粒体结构，洪水漫顶极易引起溃决事故。漫溢的主要原因如下：

（1）上游发生特大洪水，或分洪未达到预期效果，来水超过堤（坝）设计标准，水位高于堤坝顶。

（2）设计时，对波浪计算的成果与实际不符，致使在最高水位时浪高超过堤（坝）顶。

（3）施工中堤（坝）未达到设计高程，或由于地基软弱，填土夯压不实，以致产生过大的沉陷量，使堤（坝）顶高程低于设计值。

（4）水库溢洪道、泄洪洞尺寸偏小或有堵塞。

（5）河道内有阻水障碍物，洪水宣泄不畅，水位壅高，或因淤积严重过水断面减小，相应抬高水位。

（6）地震、潮汐或库岸滑坡，产生巨大涌浪而导致漫顶。

二、抢护原则及方法

漫溢的抢护原则是科学调度，水涨堤（坝）高。漫溢的抢护方法主要有以下几种。

1. 加大泄洪能力，控制水位

加大泄洪能力是防止洪水漫顶，保证堤（坝）安全的措施之一。对于圩堤，要加强河道管理，事先清除河道阻水障碍物，增加河道泄洪能力。对于水库，则应加大泄洪建筑物的泄洪能力，限制库水位的升高。若遇非常洪水，可综合各方面因素，慎重启用非常溢洪道或破副坝来降低库水位，确保主坝安全。

2. 减小来水流量

利用上游的水库或蓄滞洪区等进行分洪，减小来水流量，保证下游堤（坝）的安全。

3. 抢筑子堤，增加挡水高度

如泄水设施全部开放而水位仍迅速上涨，根据上游水情和预报，有可能出现洪水漫顶危险时，应及时抢筑子堤，增加堤（坝）挡水高程。填筑子堤前应预先清除堤（坝）顶的杂草、杂物，刨松表土，并在子堤中线处开一条深为 0.2m、底宽为 0.3m、边坡为 1∶1的结合槽，以利子堤与原堤（坝）结合良好。子堤迎水坡脚一般距上游堤（坝）肩 0.5～1.0m。子堤的取土地点一般应在堤（坝）脚 50m 以外，或取用土牛（汛前堤坝上备置的土料堆）。

子堤形式由物料条件、原堤（坝）顶的宽窄及风浪大小来选择，一般有以下几种：

（1）土料子堤。采用土料分层填筑夯实而成。子堤一般顶宽不小于 0.6～1.0m，上下游坡度不陡于 1∶1，堤顶应超出推算最高水 0.5～1.0m，如图 7－1 所示。土料尽可能选用黏性土壤，不要用砂土或杂有植物根叶的腐殖土和含有盐碱等易溶于水的土料，填筑时要分层填土夯实保证质量。土料子堤具有就地取材、方法简便、成本低以及汛后可以加高培厚成为正式堤（坝）身而不需拆除的优点。但它有体积较大，抵御风浪冲刷能力弱，下雨天土壤含水量过大，难以修筑坚实等缺点。土料子堤适用于堤（坝）顶较宽、取土容易、洪峰持续时间不长和风浪较小的情况。

（2）土袋子堤。由草袋、土工编织袋、麻袋等装土填筑，并在土袋背面填土分层夯实而成，如图 7－2 所示。填筑时，袋内装土七八成满后，用草绳、塑料绳或麻绳将袋口缝合，袋口向背水侧，铺砌紧密，袋缝错开，每砌一层要和下一层交错掩压，并向后退一些，使土袋临水形成 1∶0.5，最陡 1∶0.3 的边坡，不足 1m 高的子堤，临水叠铺一排土袋（或一丁一顺），较高子堤底层可酌情加宽为两排，也可更宽些。土袋后面修土戗，遂砌土袋遂分层铺土夯实。土袋内侧缝隙可在铺砌时分层用砂土填垫密实，外露缝隙用麦秸、稻草等物塞严，以免袋后土料被风浪抽吸出来。土袋主要起防冲作用，要避免使用稀软、易溶和易于被风浪冲刷吸出的土料，一般用黏性土料较好，颗粒较粗或掺有砾石的土料也可以使用。土袋子堤体积较小而坚固，能抵御风浪冲刷，但成本高，汛后必须拆除。土袋子堤适用于堤（坝）顶较窄和风浪较大的情况。

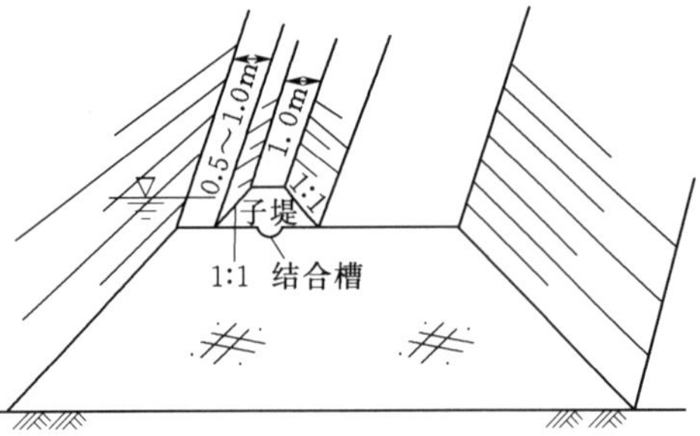

图 7-1 土料子堤

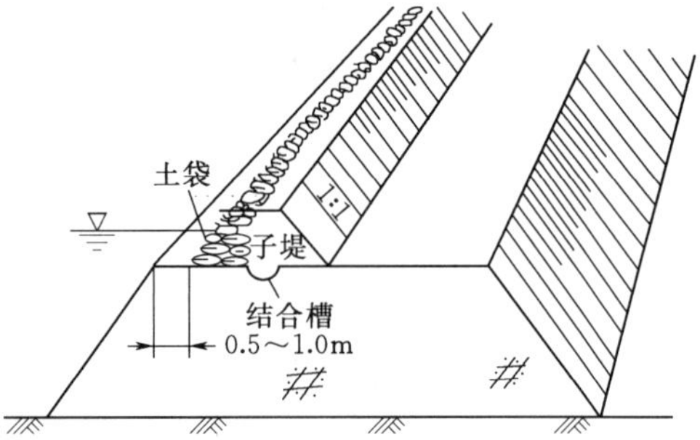

图 7-2 土袋子堤

(3) 桩柳（木板）子堤。在缺乏土料，风浪较大，堤（坝）顶较窄，洪水即将漫顶的紧急情况下，可先打一排木桩，桩长可根据子堤高度而定，桩径 0.05～0.1m，入土深为桩长的 1/3～1/2，桩距 0.5～1.0m。再在木桩后用铅丝或麻绳将柳把（用柳枝或秸料等捆成，长 2～3m、直径 0.2m）固于木桩上，自下而上紧靠木桩，逐层叠放。在放置最下一层柳把时，先在堤（坝）面上挖深约 0.1m 的槽沟，将柳把放置于沟内。在柳把后散置秸料一层，厚约 0.2m，然后再分层铺土夯实，做成土戗。土戗顶宽 1.0m，边坡不陡于 1：1，如图 7-3 所示。若堤顶较窄时，可用双排桩柳子堤，排桩的净排距 1.0～1.5 m，相对绑上柳把、散秸，然后在两排桩中间填土夯实，两排桩的桩顶可用 18～20 号铅丝对拉或用木杆连接牢固，如图 7-4 所示。此外，根据当时料物情况，亦可用木板、门板、秸箔等代替柳把。

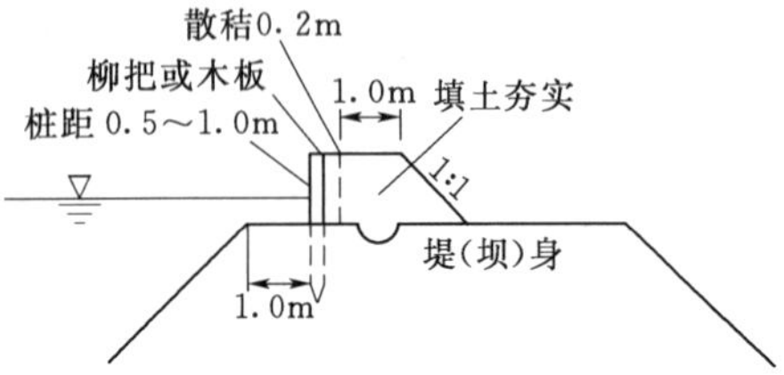

图 7-3 单排桩柳子堤

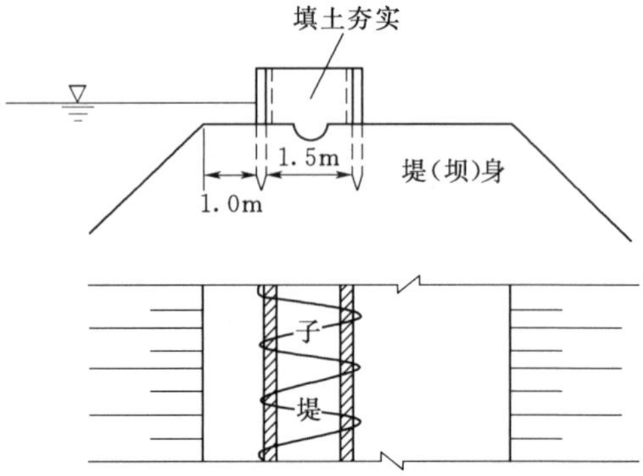

图 7-4 双排桩柳子堤

(4) 柳石（淤）枕子堤。在取土特别困难而柳源丰富的地方，适于修筑柳石（淤）枕子堤。具体做法是：一般在堤（坝）顶临水侧，堆砌柳石枕，枕后用土作戗。柳石枕的数量由子堤高度确定，如高度为 0.5m、1.0m、1.5m 的子堤，分别用柳石枕 1 个、3 个、6 个，按品字形堆置。第一个枕两端最好各打短木桩 1 个，以免滚动，或在枕下开挖深 0.1m 的沟槽，以免滑动，并可防止顺堤面渗水。戗顶宽度一般不小于 1.0m，边坡不陡于 1： 1，如图 7-5 所示。

(5) 利用防浪墙抢筑子堤。当堤（坝）顶设有防浪墙时，可在防浪墙的背水面堆土夯实，或用土袋铺砌而成子堤。当洪水位有可能高于防浪墙顶，可在防浪墙顶以上堆砌土袋，并使土袋相互挤紧密实，如图 7-6 所示。

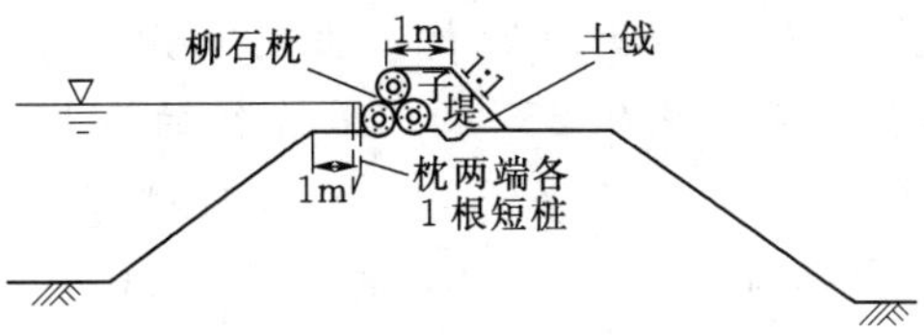

图7-5　柳石（淤）枕子堤

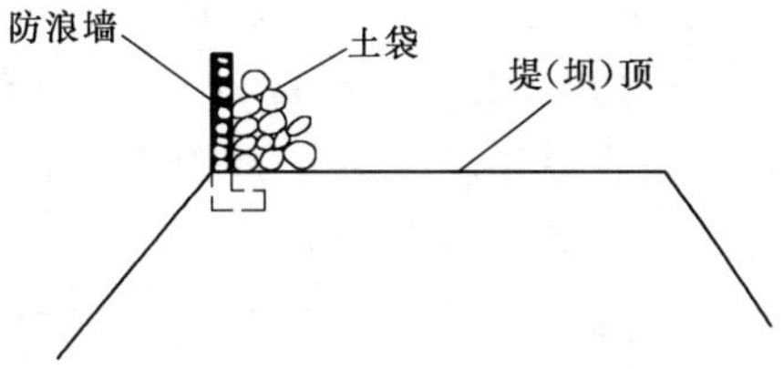

图7-6　利用防浪墙抢筑子堤

三、注意事项

(1) 根据预报估算洪水到来的时间和最高水位，做好抢筑子堤的料物、机具、劳力、进度及取土地点、施工线路等安排。在抢护中要有周密的计划和统一的指挥，抓紧时间，务必抢在洪水到来以前完成子堤。

(2) 抢筑子堤务必全线同步施工突击进行，决不允许中间留有缺口或部分堤（坝）段施工进度过慢的现象存在。

(3) 抢筑子堤要保证质量，要经受得起超标准洪水考验，如果子堤溃决，将会造成更大的灾害。

(4) 在抢筑子堤中，要指定专人严密巡视检查，以加强质量监督，发现问题，及时处理。

任务总结：漫溢险情的抢护原则是科学调度，水涨堤（坝）高。抢护方法主要有：加大泄洪能力，控制水位；减小来水流量；抢筑子堤，增加挡水高度。抢护前应做好料物、劳力等的准备，抢护时应全线同步填筑子堤，并保证质量。

任务学习拓展：查阅资料了解几种实用、新型子堤。

任务三　堤坝渗水险情的鉴别与抢护

任务描述：本任务介绍了堤坝渗水险情现象、出险原因、抢护原则、方法及注意事项，培养学生具有堤坝渗水险情鉴别与抢护的初步能力。

案例导学：北淝河流经安徽省蚌埠市五河县境内，长约10.3km，有石王圩、淝南圩等4条圩堤。北淝河警戒水位16.50m（北淝闸水位），保证水位17.80m。

1991年6月12—14日，淮河流域出现大强度降水过程，五河县汛情严峻，6月12日北淝闸下游淮河水位高于北淝河水位，受淮河洪水位顶托北淝河水位上涨迅速，6月14日北淝河超警戒水位；6月17日宋岗村东约300m处村民在石王圩背水侧发现大面积渗水，顺堤长约40m，当时的外河洪水位为17.50m。技术人员现场查勘后，发现流出的水质较清，没有细小的土颗粒流走，水量也较小。研究后认为，出险的主要原因是筑堤时土方碾压不实，坝坡较陡，高水位浸泡时间长，导致浸润线抬高，渗水从坡面逸出。针对出险情况安排专人24h不间断观察，渗水面严禁人畜践踏。

6月19日上午，现场防守负责人向指挥部报告渗水量明显增大，浸润线明显抬高。经现场会商，决定开挖Y形导渗沟降低浸润线。首先砍一些小木桩，打在导渗沟的节点处，用铁锹开挖一条小沟将各节点连接，放出开挖大样。然后顺坝坡5m左右开挖横沟一道，Y形的上端与溢出点大致持平，在坡脚处开挖水平纵沟，导渗沟沟深约

0.6m，沟口宽约 0.5m，沟底宽约 0.3mm。最后在沟内铺填导渗材料。由于圩堤顶路面湿滑，交通不便，而当地圩区，芦苇丛生，为便于就地取材，决定采用稍料导渗。先将麦秸铺在导渗沟底部，厚约 0.2m，再将芦苇捆成 0.25～0.3m 直径的草捆，稍头向下铺设，再将芦苇捆两侧及上部填满麦秸，然后回填土整平。整个抢险过程至下午 3 时左右全面完成，清理现场后，安排该段防守负责人加强观察，严禁人畜践踏。20 日下午技术人员至现场，发现背水侧渗水面坡面土有发干现象，坡脚处水平纵沟流出清水，险情得到有效控制。

问题：上面的案例表明，汛期应加强巡查，发现渗水，应分析出险原因，根据抢护原则，及时采取措施，如在渗水处开沟导渗增加堤（坝）坡稳定性，确保堤（坝）安全。那么，渗水险情的现象及出险原因有哪些？抢护应遵循什么原则？抢护方法有哪些？抢护应注意哪些事项？

一、险情现象及出险原因

汛期高水位情况下，堤（坝）背水坡及坡脚附近，土壤潮湿或发软并有水流渗出的现象，称为渗水。渗水如不及时处理，有可能发展为管涌、滑坡，甚至发生漏洞等险情。出现渗水的主要原因有以下几方面：

（1）高水位持续时间长，堤（坝）身土壤饱和。

（2）堤（坝）身单薄，断面不足，浸润线可能在背水坡出逸。

（3）堤身土质多砂，透水性大，迎水坡面无透水性小的黏土截渗层。

（4）堤（坝）身修筑质量不好。

二、抢护原则及方法

渗水的抢护原则是临河截渗，背河导渗。即在堤（坝）临水侧用透水性小的黏土、土工膜等材料阻隔水流渗入堤（坝）身，背河用透水性大的土工织物、砂石料等材料滤出渗水，不让土粒流失，增加堤（坝）坡稳定性。渗水的抢护方法主要有以下几种。

1. 临河截渗法

首先在临水坡脚前 0.5～1.0m 处打一排木桩，桩距 1m，桩长根据水深和溜势确定，使桩顶高出水面为度，一般入土 1m。再用竹竿、木杆将木桩串联，上挂芦席或草帘，并将木桩顶端用 8 号铅丝或麻绳与堤（坝）顶上的小木桩拴牢。最后在桩柳墙与堤（坝）迎水坡之间填土筑戗体，如图 7－7 所示。

如果堤（坝）临河水深、流速不大，附近有黏性土壤，且取土较易时，可将堤（坝）迎水坡的树木、草、杂物清除后，直接抛投黏土筑前戗截渗。一般前戗顶宽 3～5m，长度超出渗水段两端各 5m，戗顶高出水面约 1m，如图 7－8 所示。

当缺乏黏性土时可采用防渗土工膜加保护层的方法，达到临河截渗的目的。铺设时先清理铺设范围内的坡面和坡脚附近地面。然后将预先黏结好的土工膜下边折叠粘牢形成卷筒，并插入直径 4～5cm 的钢管加重，滚至坡下，展铺于坡面上，下边伸入迎水坡脚以外 1m，上边露出水面 1m。最后自下而上，满压一层土袋保护，如图 7－9 所示。

2. 导渗沟法

对于大面积渗水，可以在背水坡渗水处开沟填滤料导渗，能有效地降低浸润线，使堤（坝）坡土壤恢复干燥，有利于堤（坝）身的稳定。导渗沟的布置形式有纵横沟、Y 形沟和人形沟等。沟的尺寸和间距应根据具体情况决定，一般沟深 0.5～1.0m，宽 0.5～0.8m，沟

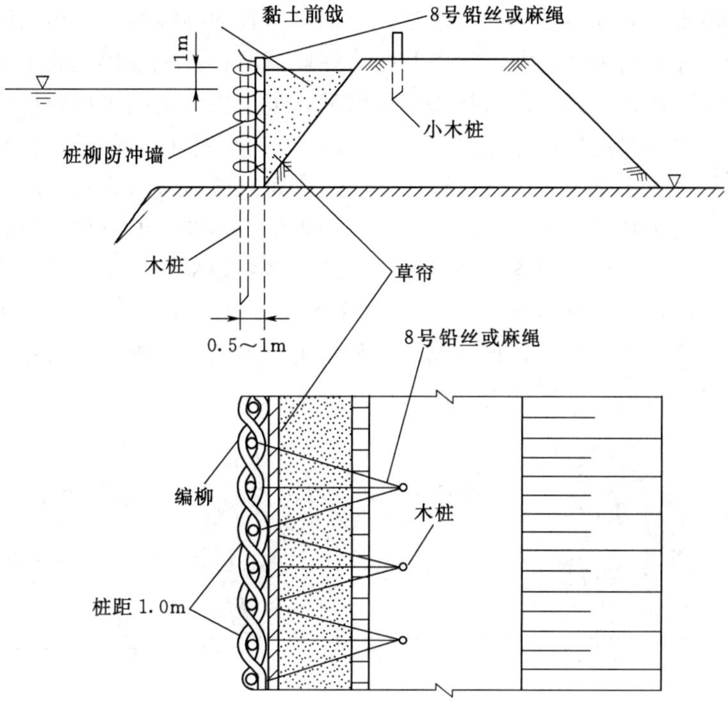

图 7－7　桩柳前戗截渗

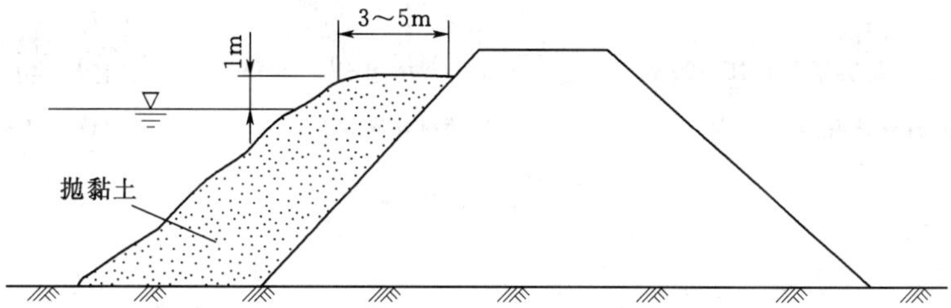

图 7－8　黏土前戗截渗

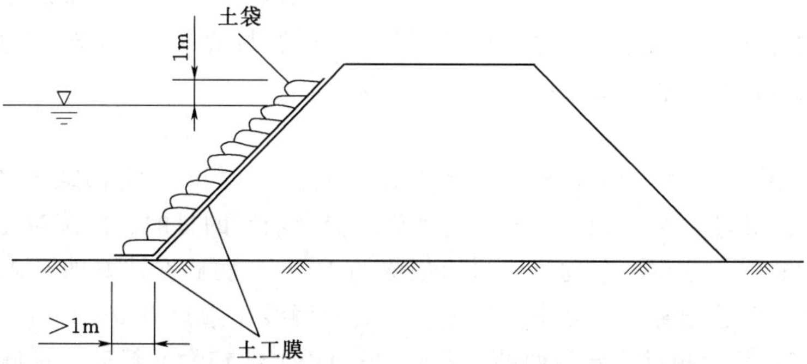

图 7－9　土工膜截渗

的间距3～5m，沟的底坡与堤（坝）边坡相同。施工时先顺坡脚开挖一条纵向排水沟，填好滤料，并设法使渗水排向远离坡脚的排水道。坡面上布置的导渗沟要与排水沟相连，挖填顺序应从两端开始，逐步向中间合龙，逐段开挖，逐段填滤料，一直挖填到出现渗水的最高点以上，沟底要求平整顺直。如开沟后排水仍不顺畅，可于横沟之间再增开横沟或斜沟，以改善排渗效果。导渗沟内要按反滤层要求分层填放粗砂、小石子（卵石或碎石，粒径0.5～2cm）、大石子（卵石或碎石，一般粒径4～10cm），每层厚大于15～20cm，粗砂层可适当加厚。砂石料可用天然料或人工料，但务必洁净，否则将影响反滤效果。铺料时要掌握下细上粗，边细中粗，分层排列，两侧要分层包住，严格避免粗料（石子）与渗水土壤接触。为防止泥土掉入导渗沟内，阻塞渗水通道，可在导渗砂石料上面覆盖块石、草袋或者上铺席片、麦秸或稻草，然后适当压土，加以保护。如缺乏合格的砂石料时，可选用符合滤层要求的土工织物或梢料作为滤料。导渗沟如图7－10所示。

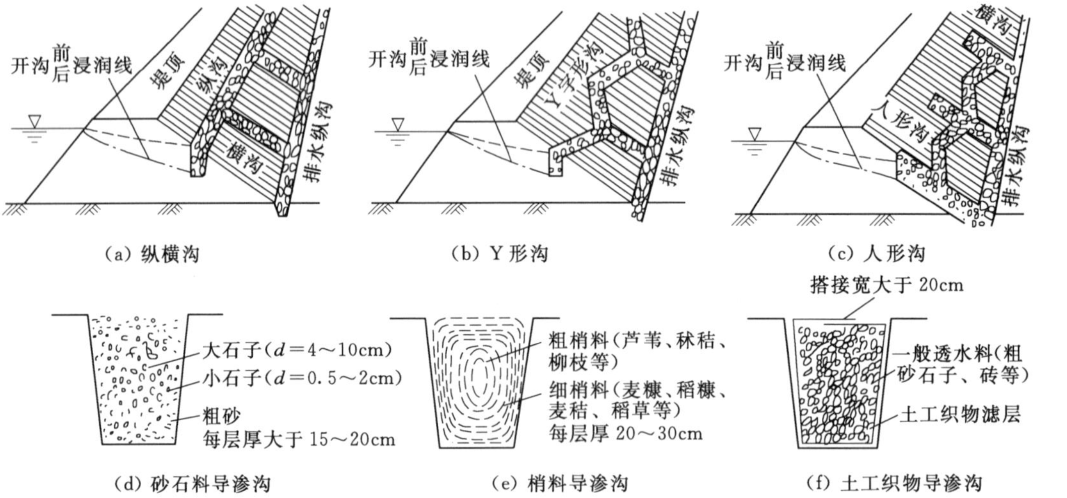

图7－10 导渗沟

3. *反滤层法*

对于透水性强的堤（坝），在反滤料源丰富以及断面较小或土体过于稀软不宜做导渗沟时，可在渗水坡上满铺反滤层，使渗水排出。施工时先将渗水坡表面的软泥、草皮、杂物等清除，在坡面上挖深为20～30cm，然后，匀整地铺放砂石反滤料，其质量要求、铺填方法以及保护措施均与砂石导渗沟铺反滤料相同。在缺少砂石料的地区，可选用符合滤层要求的土工织物或梢料修筑反滤层。反滤层如图7－11所示。

4. *透水后戗法*

对于断面单薄，背水坡较陡，坡面渗水严重，有滑坡可能时，可修筑透水后戗，既能排出渗水，防止渗透破坏，又能加大断面，达到稳定堤（坝）的目的。修筑时先将工程范围内坡脚和坡面上的软泥、草皮、杂物等清除，挖深约10cm。然后在清好的基础上，采用透水性大的砂土填筑，并分层夯实。砂土后戗一般高出浸润线出逸点0.5～1.0m，顶宽2～4m，戗坡1∶3～1∶5，长度超过渗水段两端各5m。采用透水性较大的粗砂、中砂作后戗，断面可小些；采用透水性较小的细砂、粉砂作后戗，断面则大些。如缺乏砂土料源或料源过远时，可修筑梢土后戗。透水后戗如图7－12所示。

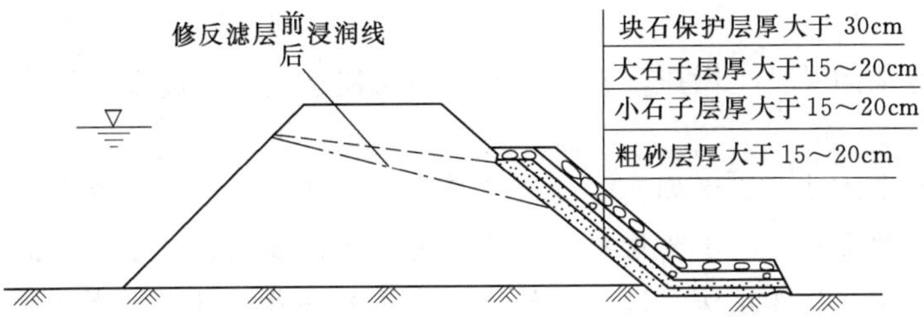

(a) 砂石反滤层

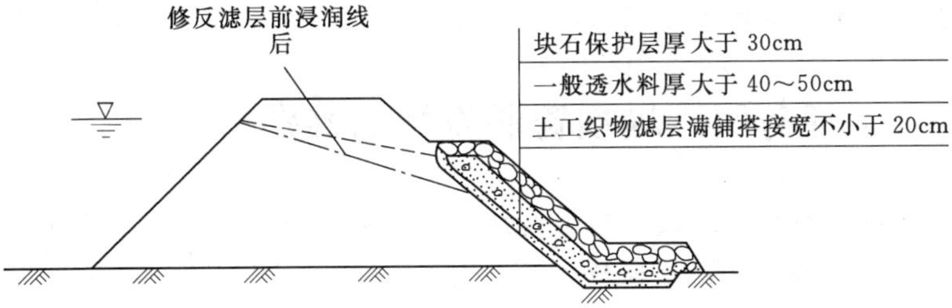

(b) 土工织物反滤层

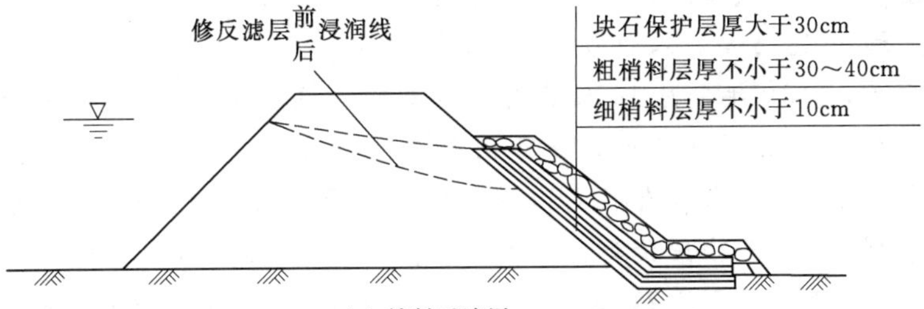

(c) 梢料反滤层

图 7-11　反滤层

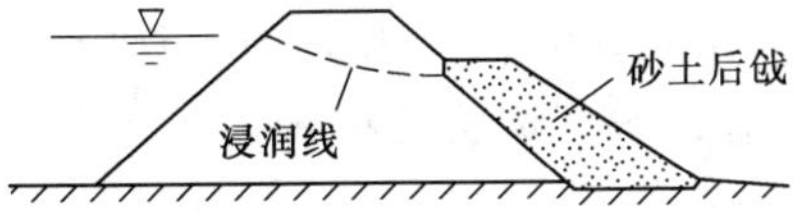

(a) 砂土后戗

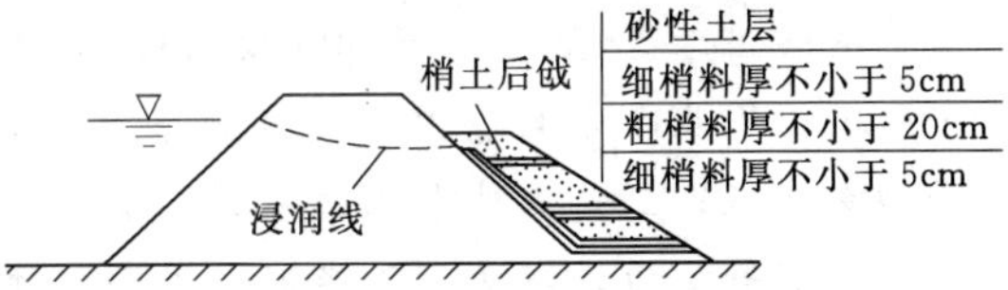

(b) 梢土后戗

图 7-12　透水后戗

三、注意事项

(1) 抢护渗水险情，应尽量避免人员在渗水范围内践踏，以免加大加深稀软范围，造成施工困难和险情扩大。

(2) 如渗水堤段的堤脚附近有潭坑、池塘，在抢护渗水险情的同时，应在堤脚处抛填块石或土袋固基。

(3) 砂石导渗要严格按质量要求分层铺设，要尽量减少在已铺好的层面上践踏，以免破坏滤层。

(4) 采用梢料作导渗，因梢料易腐烂，汛后须拆除，重新采取永久性加固措施。

(5) 在土工织物以及土工膜、土工编织袋等化纤材料的运输、存放和施工过程中，应尽量避免和缩短其受阳光暴晒的时间，并于抢护完成后，在其表面覆盖一定厚度的保护层。

(6) 切忌在背水用黏性土做压浸台，以免阻碍渗流逸出，抬高浸润线，导致渗水范围扩大和险情恶化。

任务总结：渗水险情是指汛期高水位情况下，堤（坝）背水坡及坡脚附近，土壤潮湿或发软并有水流渗出的现象。渗水险情抢护的原则是临河截渗，背河导渗。抢护方法主要有临河截渗法、导渗沟法、反滤层法、透水后戗法。采用砂石导渗应严格按质量要求分层铺设，不得在背水用黏性土做压浸台。

任务学习拓展：砂石导渗时层间系数有何要求？

任务四　堤坝管涌险情的鉴别与抢护

任务描述：本任务介绍了堤坝管涌险情现象、出险原因、抢护原则、方法及注意事项，培养学生具有堤坝管涌险情鉴别与抢护的初步能力。

案例导学：东湖圩位于黄湓河下游张溪河段左岸，原为河湖滩地，1970 年筑堤，洪水经黄湓河入升金湖，再由黄湓闸入长江。东湖圩是安徽省东至县环升金湖的重要万亩圩口之一，圩内耕地面积 1.08 万亩，人口 0.38 万人。

受强降雨影响，2010 年 7 月 19 日黄湓河入湖口水位达 17.50m，东湖圩遭遇有记录以来最高洪水位。7 月 20 日上午 6 时，堤防桩号 4＋300 处发生 1 个管涌，管涌点距离堤脚 30m，管涌口直径约 5cm，出口有黑色粉细砂逸出。管涌点迅速向四周发展，不到 40min，管涌由 1 个发展到 5 个，形成管涌群，最大管涌直径也扩展到 15cm。采取底层铺设土工布、上部砂石压渗进行了处理。7 月 21 日上午 5 时，堤防桩号 4＋310 处又发生 3 个管涌，管涌点距离堤脚仅有 20m，最大管涌口直径 15cm；下午 4 时，堤防桩号 4＋350 处再次出现 3 个管涌，管涌点距离堤脚 40m，最大管涌口直径达到 20cm。到晚上 6 时，管涌范围扩大，发展迅速，堤防桩号 4＋300～4＋500 段出现 20 多处管涌点，险情进一步恶化。

出险有以下几个方面原因：一是堤基下卧强透水层；二是该段堤防外无滩，堤内覆盖薄，堤防渗径短；三是内外水压力差大，高水位持续时间长；四是该段堤防历史上曾多处出现渗漏、管涌等险情，堤基下已经形成了渗流通道。

东湖圩管涌险情抢护主要采取了蓄水围堰加砂石压渗的处理方案。在处理过程中，水利技术人员根据险情的发展变化情况，积极应对，适时调整方案。对一开始出现单个小的管涌点，采用编织袋装砂石做围井，井内填砂石压渗；对较大的管涌点，且翻砂鼓水严重的，采取先在底层铺设土工布，防止细砂流出，后在上层加砂石压渗。随着管涌数量的增多，管涌直径变大，渗流量增加，大量泥沙被带出，险情恶化。针对这种情况，现场采用统一围堰，蓄水减压，大面积降低内外水头差，减少渗流量，并在围堰内进行砂石压渗。即利用地形条件，用袋装土筑成长 400m，宽 50m 的围堰，面积达 2 万 m^2，围堰内按大、中、小三级配进行砂石压渗，填厚 1.5m。这样，抬高了内水位 1.5m，渗流量明显变小，且围堰内水色变清，险情得到控制。

问题：上面的案例表明，汛期应加强巡查，发现管涌险情，应分析出险原因，根据抢护原则，及时在背水面采取制止漏水带沙而留有渗水出路的措施稳住险情，确保堤（坝）安全。那么，管涌险情的现象及出险原因有哪些？抢护应遵循什么原则？抢护方法有哪些？抢护应注意哪些事项？

一、险情现象及出险原因

管涌和流土是土体两种主要的渗透变形形式。在堤（坝）背水坡脚附近的地面，或堤脚以外的洼坑、水沟、稻田中出现孔眼冒沙翻水的现象称之为管涌。由于冒沙处往往形成“沙环”，故又称“土沸”“沙沸”“翻沙鼓水”或“泡泉”。管涌孔径小的如蚁穴，大的数十厘米，少则出现一两个，多时可出现管涌群。流土出现土块隆起、膨胀、断裂或浮动等现象，也称“牛皮胀”。在实际抢险中，因很难将管涌和流土严格区分，故习惯上把这两者统称为管涌险情。管涌险情在汛期最为多见，也是导致堤（坝）溃决的常见原因。

出现管涌险情的主要原因如下：

(1) 堤（坝）为砂质地基，施工时清基不彻底，或防渗排水设施损坏失效，未能截断堤（坝）下的渗流，渗水经地基而在背水逸出。

(2) 堤（坝）基础表层为黏性土，深层为透水地基，由于天然或人为因素破坏了上游天然铺盖，而下游取土过近过深，在汛期高水位时，渗透坡降过大，形成管涌；或堤（坝）背水侧表土下部承受很大的渗水压力，渗流从薄弱处冲破土层，地基中的沙粒也会随水流出，从而发生管涌。

二、抢护原则及方法

由于管涌险情是地基强透水层渗漏引起，迎水面入渗处水深大，距迎水坡脚较远，汛期很难在迎水面采取堵截措施进行处理，一般只能在背水面采取制止漏水带沙而留有渗水出路的措施稳住险情，即遵循导水抑沙的抢护原则。其具体抢护方法如下。

1. 反滤围井法

当堤（坝）背水面发生数目不多、面积不大的严重管涌时，可用抢筑反滤围井的方法处理。先清除拟建围井范围内杂物并挖去软泥约20cm，周围用土袋填筑围井，再在围井中铺填砂石反滤材料，并在围井上部安设管子将水引出。当管涌口涌水压力较小时，可以自下而上铺填粗沙、小石子和大石子，每层厚度20～30cm，滤料组成应符合级配要求；若管涌口涌水压力较大，可先填块石或砖头，以消杀水势，再按前述方法铺填砂石滤料。若发现井壁渗水，可距井壁0.5～1.0m位置再围一圈土袋，中间填土夯实。若缺少砂石料，也可用符合滤层要求的梢料、土工织物作滤料修筑围井。反滤围井如图7-13所示。

2. 减压围井法

若管涌的范围较大，出口较多，临背水位差较小，地表坚实，渗透系数较小，且缺乏反滤材料时，可以在管涌的周围抢筑围井，利用抬高围井内水位，减少内外水头差，降低渗透压力，阻止管涌破坏，以改善险情，如图7-14所示。

3. 反滤铺盖法

若管涌较多，连成一片，且砂石料源充足，可修筑砂石反滤铺盖，降低涌水流速，制止泥沙流失，以稳定管涌险情。采用此法可以降低渗压，制止泥沙流失。抢筑前，先清理铺设范围内的软泥和杂物，对其中涌水带沙较严重的管涌出口，用块石或砖块抛填，以消杀水势。同时在已清理好的范围内，全部盖压一层粗砂，厚约20cm，其上再铺小石子和大石子各一层，厚度均约20cm，最后压盖块石一层，予以保护。若缺少砂石料，也可用符合滤层

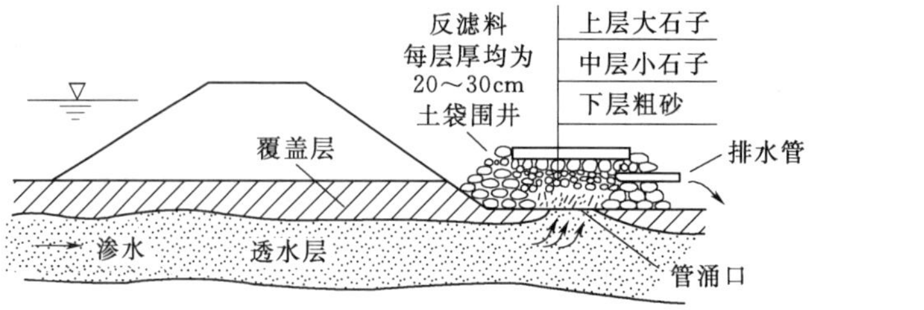

(a) 砂石反滤围井

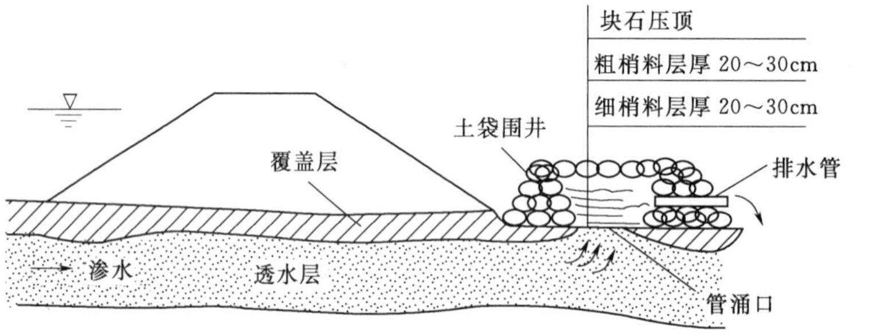

(b) 梢料反滤围井

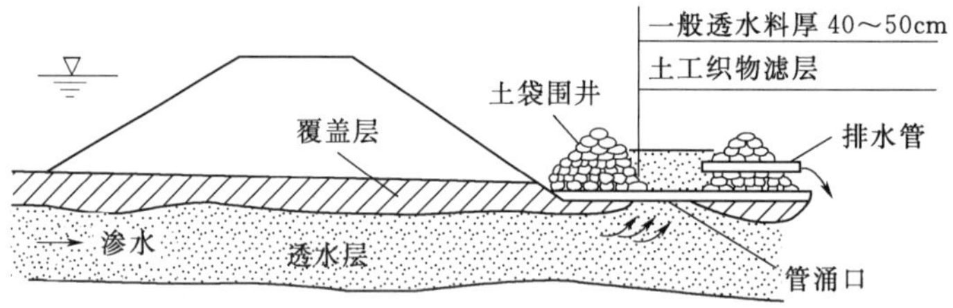

(c) 土工织物反滤围井

图 7-13 反滤围井

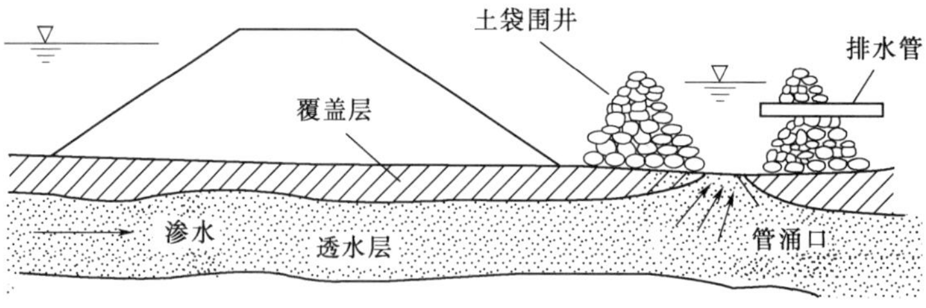

图 7-14 减压围井

要求的梢料、土工织物作滤料修筑反滤铺盖。反滤铺盖如图 7-15 所示。

4. 透水压渗台法

抢筑透水压渗台，可平衡渗压，延长渗径，降低渗透比降，反滤导渗，从而控制险情。此法适用于管涌较多，范围较大，反滤材料缺乏，而砂土料源丰富的情况。具体做法参见前述渗水抢护中的透水后戗法。

5. 水下管涌抢护方法

在背水坡脚以外的潭坑、池塘、洼地等水下出现管涌时，可根据具体情况采用以下方法

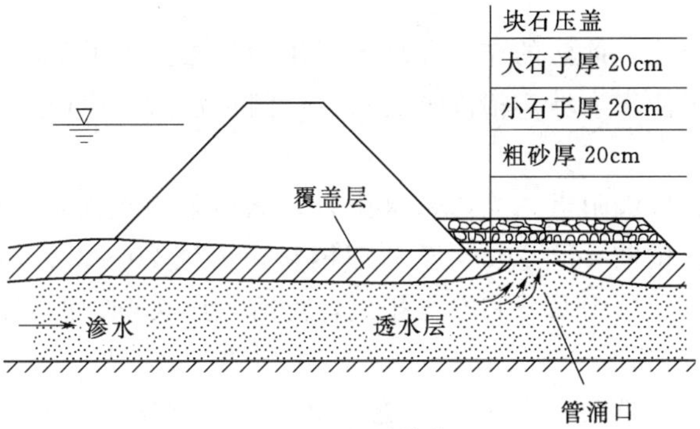

(a) 砂石反滤铺盖

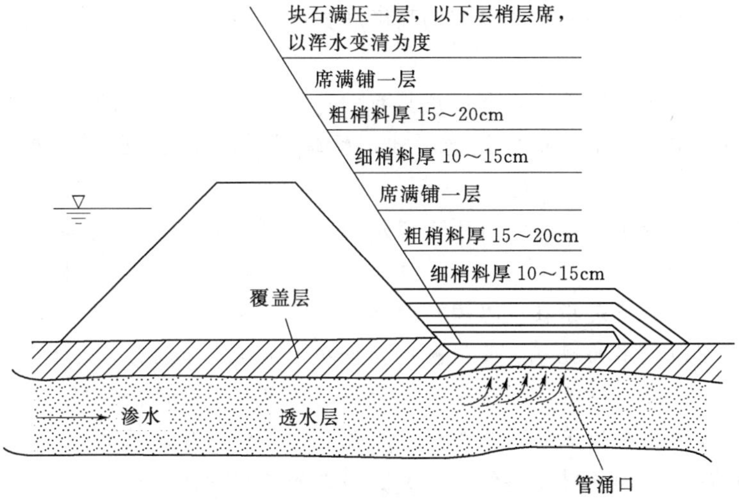

(b) 梢料反滤铺盖

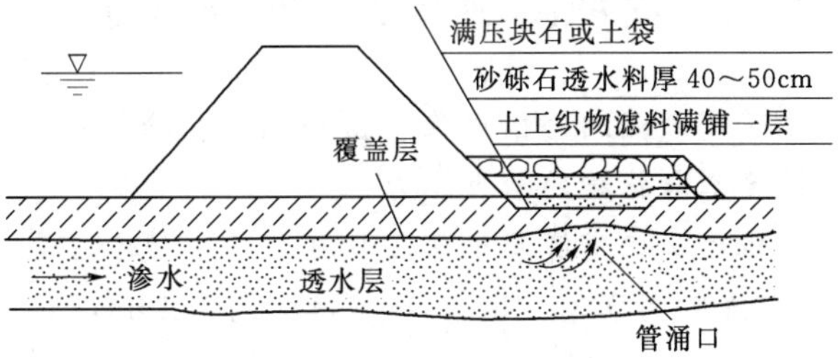

(c) 土工织物反滤铺盖

图 7-15　反滤铺盖

抢护：

(1) 填塘法。在人力、时间和取土条件能够迅速完成任务时可采用此法。填塘前应对较严重的管涌先用块石、砖块等填塞，待水势消杀后，集中人力和施工机械，采用沙性土或粗沙将坑塘填筑起来。

(2) 水下反滤层法。如塘坑过大，沙土填塘会延误时机时，可采用水下反滤层法。抢筑时，应先填塞较严重的管涌，待水势消杀后，从水上直接向管涌区域分层按要求倾倒砂石滤料，使管涌处形成反滤堆，不使土粒外流以控制管涌险情发展。亦可用土袋作成水下围井，以节省砂石滤料。

(3) 抬高坑塘水位法。此法的作用原理同减压围井法。为了争取时间，常利用管道引水入塘或临时安装抽水机注水入塘，抬高塘坑水位，制止管涌冒沙现象。

6. 流土抢护方法

在堤（坝）背水坡坡脚附近，当渗透水压力未能顶破表土而形成鼓包（牛皮胀），即流土险情时，可在隆起部位铺 10～20cm 厚的细梢料，再铺 20～30cm 厚的粗梢料。铺好后，用钢锥戳破鼓包表层，让包内水分和空气排出，然后再压块石、沙袋保护。

三、注意事项

(1) 背水处理管涌险情时，切忌用不透水材料强填硬塞，也避免使用黏性土修筑压渗台，以免断绝排水通路，渗压增大，使险情恶化。

(2) 建造减压围井，井壁要有足够的高度和强度，并密切注意周围地面是否会出现新的管涌。

(3) 使用土工织物导渗反滤，要注意其有效孔径与管涌冒出来的土粒的粒径相匹配。

(4) 对于较严重的管涌，应优先选用砂石反滤围井，各层粗细砂石料的颗粒大小要合理。此外，必须分层明确，不得掺混。

(5) 反滤铺盖和透水压渗台只宜用于渗水量和渗透流速较小的管涌（群），或普遍渗水的区域。

任务总结：管涌险情是指在堤（坝）背水坡脚附近的地面，或堤脚以外的洼坑、水沟、稻田中出现孔眼冒沙翻水的现象。管涌险情的抢护原则是导水抑沙。抢护方法主要有反滤围井法、减压围井法、反滤铺盖法、透水压渗台法。背水处理管涌险情时，切忌用不透水材料强填硬塞，也避免使用黏性土修筑压渗台，应优先选用沙石反滤围井。

任务学习拓展：查阅资料了解组合式反滤围井的使用方法。

任务五 堤坝漏洞险情的鉴别与抢护

任务描述：本任务介绍了堤坝漏洞险情现象、出险原因、抢护原则、方法及注意事项，培养学生具有堤坝漏洞险情鉴别与抢护的初步能力。

案例导学：老徐庄堤段位于山东省济南市郊区黄河右岸。当时该堤段堤顶高程 34.60m，临河堤脚高程 33.20m，背河堤脚高程 26.40m，即临河堤高 1.40m，背河堤高 8.20m。临河边坡 1∶2.5，背河边坡 1∶3，堤顶宽 7m。

1958 年 7 月 17 日 23 时，花园口出现流量 22300m^3/s 的大洪水，7 月 19 日，山东济南河段开始涨水，23 日 12 时，济南泺口站最高水位 32.09m，超保证水位 1.09m，老徐庄堤段临河水位比背河地面高 6～7m。7 月 23 日凌晨 1 时，首先在老徐庄险工上首 47 号防汛屋附近临河堤脚处发现 2 个陷坑（背河面未出水），当即用草捆、麻袋装土堵塞。当日 4 时许，于两陷坑下首约 50m 处背河戗顶与坡道结合处出现直径约 10cm 的漏洞流黄水，相继在临河（与背河出水洞口相对位置）堤坡上，水面下深 1.0m 处发现漩涡，经探摸确系进水洞口，随即用草捆 1 个及麻袋 3 条（未装土）堵塞后，背河流水停止，险情缓和。不久在第一个洞口下首 4m 处又发现出水洞口一个，除在出水口用土袋作养水盆外，又在临河相继找到进水口，随用草捆柳枝及土袋堵住。半小时后，第一个漏洞出水口又冒黄水，水流更急，同时背河后城顶部又出现新漏洞一个，出水口直径约4cm。前后85m长堤段范围内，共发现临背贯通漏洞3处，且险情发展十分危急。

老徐庄堤段发生漏洞的主要原因：一是堤身内残存隐患未彻底根除。二是大树根已腐烂，造成堤内的空隙。三是土质松散，旧堤质量差。四是水位较高，水压大，渗水流速快，与隐患连通后产生漏洞。

老徐庄堤段漏洞抢护采取临河塞堵，背河做反滤围井的措施。具体过程是：当背河堤坡发现漏洞时，一面在背河用土袋做小型半圆形围埝（半径1.0m多），将出水蓄住，一面在临河及时找到进水口，用草捆及麻袋将洞口堵塞，后用柳枝编围坝，填抛土袋及散土。当时险情略有缓和，但仍然感到不够安全，随后又在背河土袋围埝内填铺麦秸20cm厚，并压土袋，但效果不甚理想，不久旧洞又冒黄水，且因麦秸反滤围井质量不好，将麦秸冲开，水流速度加大，随即将反滤围井半径扩大至10m，铺填麦秸7500kg（厚50cm），用土袋1000余条，大力加固，并在临河用土袋4000余条打月堤围埝一道，长85m，将发生问题的堤段全部围住，并在土袋围埝与大堤中间浇筑散土2000m^3。至工程基本完成时，背河漏洞始停止流水，完全闭气，险情彻底消除。

问题：上面的案例表明，汛期应加强巡查，发现漏洞险情，应分析出险原因，根据抢护原则，探找漏洞进口，在临水侧堵塞洞口，在背水侧漏洞出口处辅以导渗的措施，确保堤（坝）安全。那么，漏洞险情的现象及出险原因有哪些？抢护应遵循什么原则？漏洞进口如何探找？抢护方法有哪些？抢护应注意哪些事项？

一、险情现象及出险原因

在汛期或高水位情况下，堤（坝）背水坡及坡脚附近出现横贯堤（坝）本身或基础的流水孔洞，称为漏洞。漏洞视出水是否带沙而分为清水漏洞和浑水漏洞两种。浑水漏洞表明漏洞正在迅速扩大，应立即抢堵。出现漏洞险情的主要原因如下：

（1）堤（坝）身质量差，渗流集中，贯穿了堤（坝）身。

（2）堤（坝）内存在隐患（如裂缝、洞穴、树根等），一旦水位涨高，渗水就会在隐患处流出。

（3）散浸、管涌处理不及时，逐渐演变成为漏洞。

二、抢护原则

漏洞抢护的原则是外截内导，以截为主。即侧重于在临水侧堵塞洞口，截断水源，在背水侧漏洞出口处辅以导渗的措施，制止土粒流失，防止险情扩大。

三、漏洞进口的探找

临河堵塞必须首先探寻漏洞的进水口，常用探寻进水口的方法有以下几种：

（1）观察水流法。漏洞较大时，其进口附近的水面常出现漩涡，若漩涡不明显，可在比较平静的水面上撒些碎麦秸、锯末、谷糠等，若发生旋转或集中一处，进水口可能就在其下面。有时也可在漏水洞迎水侧的适当位置，将有色液体倒入水中，并观察漏洞出口的渗水，如有相同颜色的水逸出，即可断定漏洞进口的大致位置。当风浪较大、水流较急时不宜采用此法。

（2）漏探探测法。漏探是一种简单的探测漏洞的工具，用两块白铁皮（各剪开一半）相互垂直交接，嵌于长1～2m的麻秆末端并扎牢，麻秆上端插两根羽毛或小旗，如图7-16所示。制成后先在水中试验，以能直立水中，上端露出水面10～15cm为宜。探漏时在漏探顶部系上绳子，绳的另一端持于手中，将漏探抛于水中，任其漂浮。若遇漏洞，就会在旋流影响下吸至洞口并不断旋转，此法受风浪影响较小，深水处也能使用。

(3) 潜水探漏法。当漏洞进水口处水深较大，水面看不见漩涡，或为了进一步摸清险情，确定漏洞离水面的深度和进口的大小，可由水性好的人或专业潜水人员潜入水中探摸。此法应注意安全，事先必须系好绳索，避免潜水人员被水吸入洞内。

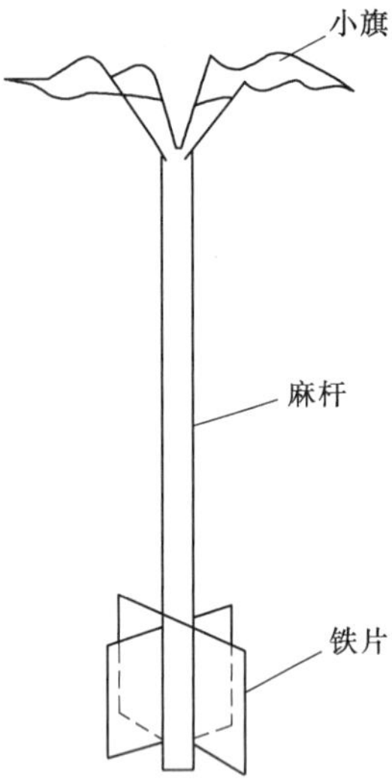

图 7-16 漏探

四、抢护方法

漏洞的抢护方法主要有以下几种。

1. 塞堵法

当漏洞进水口较小，周围土质较硬，水浅流缓，便于抢护时，可用棉衣、棉被、草包或预制的软楔、草捆等堵塞洞口，如图 7-17 所示。再用土袋盖压牢固，最后抛黏土闭气，直至完全断流。

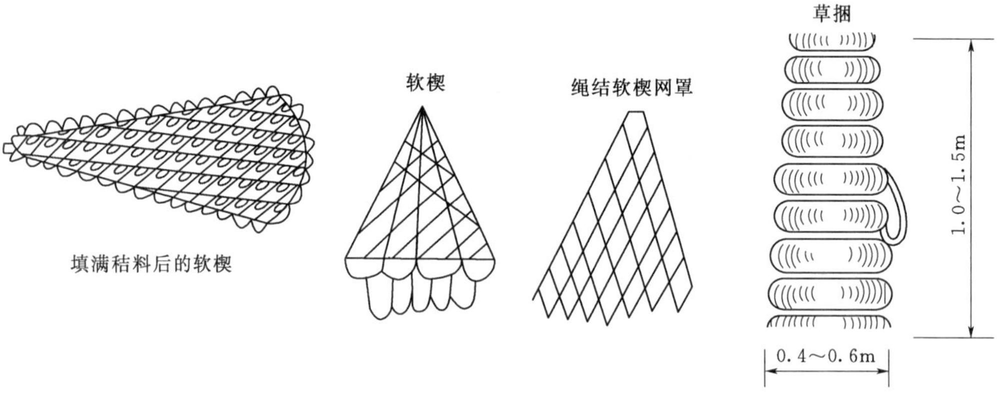

图 7-17 预制的软楔和草捆

2. 盖堵法

当洞口不大、周围土质较硬时，可用大于洞口的铁锅（或门板）盖住洞口，然后用软草、棉絮塞紧缝隙，上压土袋，并抛黏土闭气，直至完全断流。如果洞口土质已软化，或进水口较多，可用篷布、草帘、土工膜等重叠数层作成软帘，一端卷入圆形重物，一端固定在水面以上的堤坡上，顺堤坡滚下，随滚随压土袋，并抛黏土闭气，如图 7-18 所示。

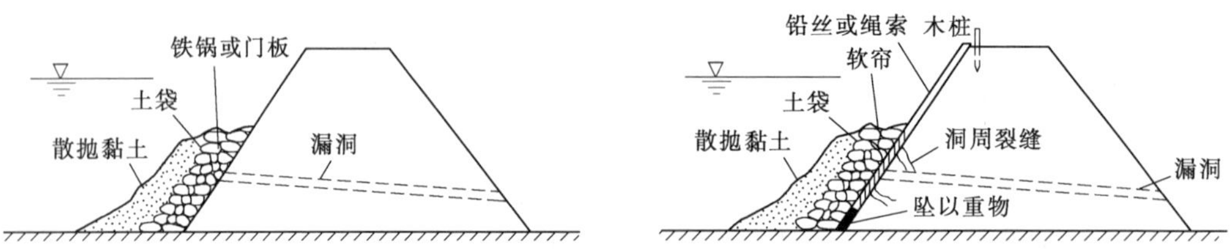

(a) 铁锅或门板盖堵 (b) 软帘盖堵

图 7-18 盖堵法

3. 戗堤法

当堤（坝）迎水坡漏洞进水口难以找准时，可采用黏土前戗截渗法或临河月堤法进行抢护。黏土前戗截渗法可参见渗水抢护中的相应内容。临河月堤法是在水不太深的情况下，用土袋筑成月牙围堰，将漏洞进口围护在围堰内，再抛填黏土封闭，如图 7－19 所示。

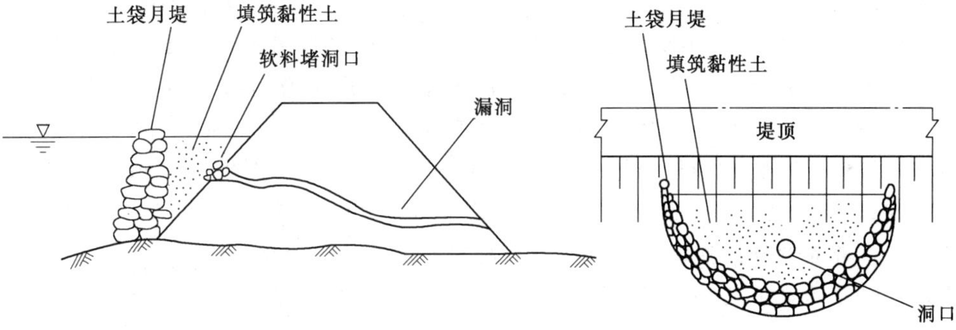

(a) 断面图　　(b) 平面图

图 7－19　临水月堤

4. 反滤围井法

如果漏洞进口无法找到，或进口无法堵塞，以及险情严重，外截任务重，短时间难以奏效时，可在外截的同时，在背水坡修筑反滤围井来导渗，特别对浑水漏洞，外截和内导要齐头并进。反滤围井法可参见管涌抢护中的相应内容。

五、注意事项

(1) 要正确判断险情是堤（坝）身漏洞还是堤（坝）基管涌。如是前者，则应寻找进水口并以外帮堵截为主，辅以内导，而不能完全依赖于内导。

(2) 在漏洞进水口外帮时切忌乱抛砖石土袋、梢料物体，以免架空，使漏洞继续发展扩大。在漏洞出水口切忌打桩或用不透水料物强塞硬堵，以防险情扩大恶化，甚至造成溃决。

(3) 凡发生漏洞险情的堤（坝）段，汛后一定要灌浆加固或开挖翻筑。

任务总结：漏洞是指在汛期或高水位情况下，堤（坝）背水坡及坡脚附近出现横贯堤（坝）本身或基础的流水孔洞。漏洞险情抢护的原则是外截内导，以截为主。抢护方法主要有塞堵法、盖堵法、戗堤法、反滤围井法。在漏洞进水口外帮时切忌乱抛砖石土袋、梢料物体，以免架空，使漏洞继续发展扩大。在漏洞出水口切忌打桩或用不透水料物强塞硬堵，以防险情扩大恶化。

任务学习拓展：查阅资料了解漏洞进口探找及封堵的新方法。

任务六　堤坝滑坡险情的鉴别与抢护

任务描述：本任务介绍了堤坝滑坡险情现象、出险原因、抢护原则、方法及注意事项，培养学生具有堤坝滑坡险情鉴别与抢护的初步能力。

案例导学：洪湖青山垸位于湖北省洪湖市长江干堤。1998 年 8 月 20 日 23 时 20 分，青山垸段发生严重的背水脱坡险情。险情出现初期，主要是两条弧形裂缝。第一条在桩号 48＋420～485＋488 之间，长 68m；第二条在桩号 485＋550～485＋590 之间，长 40m。出险的部位都在堤肩以下1.5～2.5m的背水坡，裂缝宽1～5cm，缝中明显积有渗水。21日凌晨1时，险情迅速发展。上述两条裂缝扩大，裂缝宽扩大到8cm，堤坡下滑，下滑吊坎高10cm。裂缝中渗水不断涌流。此时两条弧形裂缝中间的堤坡也出现宽2cm以上的裂缝。485＋400～485＋600的200m堤段，裂缝相连，全线贯通，局部堤坡上的土壤饱和，变成泥浆，险情迅速恶化。21日凌晨3时，两段滑体不断下挫，吊坎高差增加到12～20cm，同时485＋600堤段的裂缝，也向上游延伸，出现约50m长的断续裂缝，宽1～2cm。21日8时，第一段严重的弧形裂缝下挫不明显，而第二段滑体下滑吊坎增加到30cm，半腰以下的堤坡土壤大部分稀软，一片泥泞，滑矬裂缝可测深度达0.5～1.5m，险情进一步恶化。

21日11时，在青山垸堤段的下段485＋050～485＋070，长20m的内坡，距堤内肩以下2m的部位，也出现1～2cm的断续裂缝；在485＋000～485＋850处，长850m所有堤段的半坡以下，普遍散浸严重，渗水量大，有局部地段的堤坡稀软。

青山垸堤段面宽不足6m，堤顶高程34.10m，迎水坡1∶3，背水坡不足1∶3，堤脚欠宽4m左右，且堤内坡中部凸起，堤身单弱；内平台宽20m，高程28.50m，地面高程27.00m，外滩高程27.50～28.00m，无外平台；堤防土质以砂壤土为主。出险时外江水位34.08m（当地历史最高水位），超危险水位1.78m。

青山垸堤段1996年汛期，只出现了一般散漫险情。1998年8月12日，当水位上升到33.61m时，该堤段发生严重散浸，当时只作了一般性开沟导滤处理，8月20日就发生了大面积脱坡的险情，究其原因主要有：一是水位高，时间长。洪湖从1998年7月3日进入危险水位33.17m，至8月20日止，超危险水位历时48天。由于高水位持续时间不断增长，渗压水头不断加大，浸润线不断攀高（达到32.50～33.00m的高程，仅比外江水位低1.00～1.50m），土体抗剪强度不断降低。因此在渗压水和土体重量增大的作用下，导致内坡失稳而引起滑坡。二是堤身弱，标准低。青山垸堤段的堤防欠高，欠宽，欠坡。堤身单薄、渗径不足、堤防本身的稳定安全不足，引起内坡失稳而造成滑坡。三是滤沟小，导渗差。青山垸堤段于8月12日出现严重散浸，当天只作了一般性的处理，导渗沟的宽、深都不足0.3m。因此，随着水位上升，堤身渗水不能及时排出，浸润线不断抬高，促进了内坡形成滑坡。

对青山垸内脱坡险情的处理，采取内坡开沟导滤、抢筑透水压台、临水外帮截渗的综合方案，如图7-20所示。

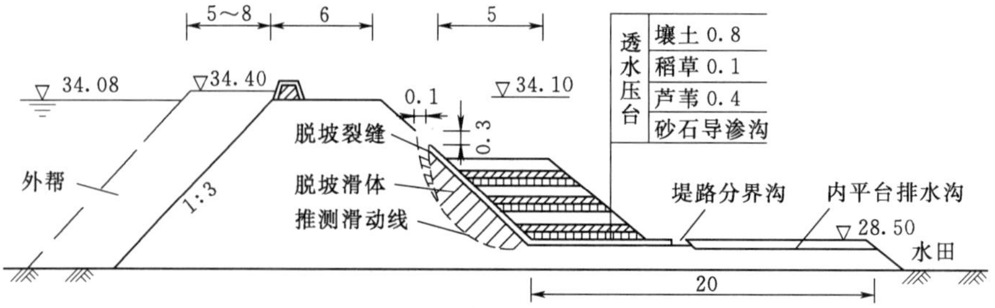

图7-20 青山垸内脱坡抢险剖面示意图（尺寸单位：m）

（1）抢挖导渗沟，速排渗水。在堤坡上，沿坡脚至滑矬陡坎按垂直于堤防方向挖沟导渗（0.5m×0.5m），垂直沟间距5m，对两条垂直沟之间渗水不畅处的滑体，另加挖人形支沟，加速滤水。垂直沟和人字支沟，均铺满三级反滤砂石料；分界沟中则铺满芦苇。同时，还在内平台上按每10m挖一条沟（0.8m×1.0m），将流入堤路分界沟中的渗水导出。

（2）抢筑透水压台，导出渗水，降低浸润线，加大土撑改压台堤防断面，使堤坡趋于稳定。具体作法是在滑矬堤坡485＋420～485＋488和485＋550～485＋590处，分别抢筑长80m和60m、宽5m的透水压台两段。抢筑透水压台前，在做好了三级反滤沟的堤坡堤脚上，全部铺盖芦苇稻草，此后再进土料，使透水压台从下至上为芦苇0.4m、稻草0.1m、土0.8m的分层透水结构，按以上结构再分三级反滤筑成总高3.3m的透水压台。同时在485＋500～485＋550和485＋600以上出现裂缝的内坡，筑顺堤透水土撑4座。

（3）抢筑外帮截渗，加大堤身断面，减少渗水量，稳定堤身。在485＋400～485＋650处，长250m的堤段，突击抢筑外帮，宽10m，高出水面0.3m。

（4）延长外帮，导渗沟升级，翻筑裂缝，预防新险。针对青山垸堤段的严重散浸险情，处理时存在导渗沟断面过小，渗水不畅的问题，8月22日，在青山垸850m长的严重散浸堤段，另行组织抢险队伍，对原导渗沟加宽加深，全面升级加速滤水，加速堤身固结，特别是对紧邻485＋400以下100m的严重部位，堤内坡做三级砂石反滤，外坡外帮下延100m，宽3m，以防止可能出现新的脱坡；对485＋050～485＋070出现的断续裂缝也作了两个内透水土撑，加做外帮，加快滤水的相应处理；最后对脱坡裂缝108m的吊坎也进行了清理翻挖，用黏土回填，胶布覆盖，防止雨水淋灌。开沟导渗后，脱坡滑体及堤身渗水出溢流畅，21日下午，脱坡堤段浸润线明显下降，内坡逐步干燥，在透水压台完成后观察，滑体完全终止下滑。23日下午外帮做到5～8m时，渗水大量减少，堤内大半坡渗水消失，截渗效果显著，至此险情得到控制。

问题：上面的案例表明，汛期应加强巡查，发现滑坡险情，应分析出险原因，根据抢护原则，采用下部压重增加阻滑力，临水外帮截渗，背水导渗的措施，确保堤（坝）安全。那么，滑坡险情的现象及出险原因有哪些？抢护应遵循什么原则？抢护方法有哪些？抢护应注意哪些事项？

一、险情现象及出险原因

滑坡是堤（坝）坡失稳下滑造成的险情，开始时在堤（坝）顶部或边坡上发生裂缝或蛰裂，随着蛰裂的发展即形成滑坡。发生滑坡应及时恢复堤（坝）身完整，以免导致堤（坝）决口。出现滑坡险情的主要原因如下：

（1）高水位持续时间长，浸润线升高，土体抗剪强度降低，在渗水压力和土重增大的情况下，导致背水坡失稳而引起滑坡。

（2）堤（坝）基础松软，有易液化土层或软弱夹层，以及靠近水塘等，在受到渗水压力、堤（坝）上堆放重物的重力等作用下，易引起堤（坝）坡失稳而造成滑坡。

（3）堤（坝）施工时，铺土太厚，碾压不实，或干容重没有达到设计标准，或堤（坝）加高培厚时“贴膏药”，使填土抗剪强度不足而失稳。

二、抢护原则及方法

滑坡抢护的原则是固脚压重，滤水还坡。即对滑坡体上部削方减载，减小滑动力，下部压重，增加阻滑力，并对渗流引起的滑坡采取导渗措施，排出渗水，恢复边坡完整性。其具体抢护方法如下。

1. 滤水土撑法

若背水坡排水不畅，滑坡严重且范围较大，取土困难，可在滑坡范围内全面抢筑导渗沟，导出滑坡体内渗水，降低浸润线，并采取间隔抢筑透水土撑，阻止继续滑坡。具体做法是：先将滑坡松土清除，削坡后全面开挖导渗沟，并填以滤料，其上覆盖保护，然后抢筑土撑。导渗沟应向下挖至纵向明沟，以利渗水排出。土撑尺寸应视险情和水情确定，一般每条土撑顺堤（坝）轴线方向长10m左右，顶宽5～8m，边坡1∶3～1∶5，间距8～10m，撑顶应高出浸润线出逸点0.5～2.0m，土撑采用透水性较大的砂料，分层填筑夯实，如图7－21所示。如基础不好，或背水坡脚靠近水塘，或有渍水、软泥等，要先用块石或土袋固基，并用沙性土填塘，应高出水面0.5～1.0m。

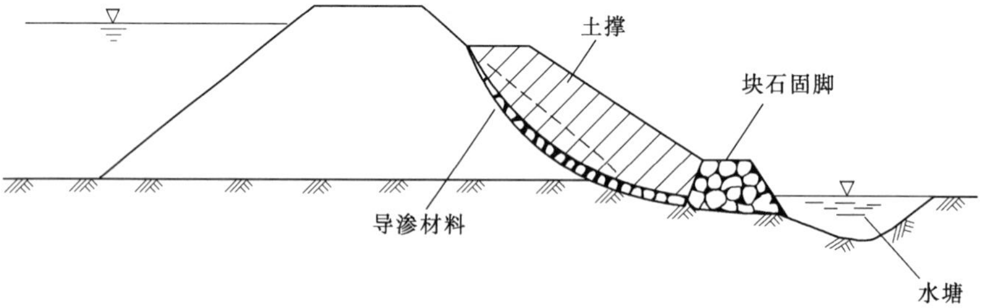

图7－21 滤水土撑

如系堤（坝）背水滑坡，险情严重，断面单薄，边坡过陡，有滤水材料和取土较易处，可在滑坡范围内全面抢护导渗后戗，既能导出渗水，降低浸润线，又能加大堤（坝）断面，使险情趋于稳定。此法称为滤水后戗法，其具体做法与上述滤水土撑法基本相同，主要区别在于滤水土撑法抢筑土撑是间隔的，而滤水后戗是全面连续抢筑，其长度超过滑坡体两端各5～8m。

2. 滤水还坡法

凡采用反滤结构，恢复堤（坝）断面的抢护滑坡措施，统称为滤水还坡法。该法适用背水坡由于土壤渗透系数偏小引起浸润线升高，排水不畅，而形成的严重滑坡。具体做法为：清理滑坡软泥，将滑坡处陡立的土坎削成斜坡，然后做导渗沟，覆盖保护后，分层填夯砂性土还坡，或不做导渗沟，视情况填筑反滤层、梢土、砂土还坡，如图7－22所示。

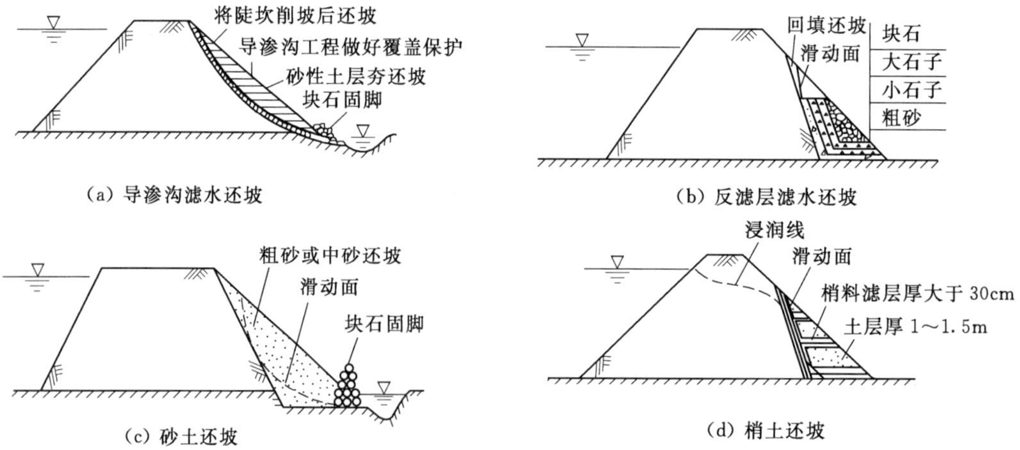

(a) 导渗沟滤水还坡　(b) 反滤层滤水还坡

(c) 砂土还坡　(d) 梢土还坡

图7－22 滤水还坡

3. 抛石（堆石）固脚法

临水面滑坡的抢护要尽量增加阻滑力，减小下滑力。具体地说是先在下部抛石（堆石）压重固脚，再于上部削坡减载。

4. 临河截渗法

若背水坡滑坡严重，范围较广，在背水坡抢筑滤水土撑、滤水还坡等工程需要较长时间，一时难以奏效，而临水又有滩地时，可用黏性土修前戗截渗，也可与抢护背水滑坡同时进行。其具体作法参见抢护渗水险情的相应内容。

三、注意事项

(1) 滑坡是堤（坝）的一种严重险情，一般发展很快，一经发现就应立即处理。在险情十分严重采用单一措施无把握时，可考虑临背同时抢护或多种方法并行抢护，以确保堤（坝）防安全。

(2) 在滑坡体上作导渗沟，应尽可能挖至滑裂面，导滤材料的顶部要做好覆盖保护，勿使滤层堵塞，以利排水畅通。

(3) 渗水严重的滑坡体上，要避免大批人员践踏，在填土还坡时，要注意上土不宜过急、过量，以免超载，致使险情扩大。

(4) 一般不能采用打桩的方法抢护背水滑坡。

任务总结：漏洞险情堤（坝）坡失稳下滑造成的险情。滑坡抢护的原则是固脚压重，滤水还坡。抢护方法主要有滤水土撑法、滤水还坡法。抛石（堆石）固脚法、针对滑坡险情可考虑临背同时抢护或多种方法并行抢护，但一般不能采用打桩的方法抢护背水滑坡。

任务学习拓展：查阅资料了解堤（坝）迎水坡滑坡的抢护方法。

任务七　堤坝风浪险情的鉴别与抢护

任务描述：本任务介绍了堤坝风浪险情现象、出险原因、抢护原则、方法及注意事项，培养学生具有堤坝风浪险情鉴别与抢护的初步能力。

案例导学：嫩江半拉山扬水西（嫩半 200＋000～20＋700 及 23＋162～24＋960 段），1998 年 7 月 2 日，第一次洪峰流量 7480m^3/s，北风 7 级，浪高 1.5m，该堤段冲淘严重。8 月 7 日，流量 8070m^3/s，东北风 6 级，浪高 1.2m，洪水冲刷堤坡严重。8 月 14 日，嫩江江桥站峰顶水位 142.37m，西北风 7 级，浪高 1.5m，大堤临水坡被洪水淘失 2/3，直接危及大堤安全。

造成险情的原因有两点：一是堤坡面为土体，无抗冲刷能力，嫩半 23＋300～24＋400 段虽有护石，但水位超过护石面，上部堤面均为土体；二是洪水流量大，水位高，加之北风、西北风、东北风，风力 6～7 级，浪高 1.2～1.5m，风向直对大堤。

抢险措施为：每隔 1m 打 1 根桩，上捆带把、柳条包，做防浪隔离带，在被淘刷堤坡处沉铺土工布作护面层，用卵石袋对堤坡进行护砌（坡比 1∶3）。抢护后有效地控制了风浪对堤坡的冲刷。

问题：上面的案例表明，汛期应加强巡查，发现风浪险情，应分析出险原因，根据抢护原则，采用漂浮物来消减风浪冲力，利用防浪护坡工程固堤（坝）防冲，防止险情扩大，确保堤（坝）安全。那么，风浪险情的现象及出险原因有哪些？抢护应遵循什么原则？抢护方法有哪些？抢护应注意哪些事项？

一、险情现象及出险原因

汛期涨水以后，堤（坝）前水深增大，风浪也随之增大，堤（坝）坡受风浪进退的连续冲击和淘刷而出现浪坎、坍塌、滑坡、漫溢等现象，称为风浪险情。出现风浪险情的主要原因如下：

（1）堤（坝）高度不足，断面单薄，筑堤（坝）土质不好，施工碾压不密实，基础不良，抗冲能力差等。

（2）堤（坝）前水深大，吹程大、风速强以及风向指向堤（坝）等。

二、抢护原则及方法

风浪的抢险原则是破浪固堤（坝）。即利用漂浮物来消减风浪冲力，利用防浪护坡工程固堤（坝）防冲。其具体抢护方法有如下几种。

1. 挂柳防浪法

选用枝叶繁茂的柳枝，或将数棵较小的柳枝捆扎在一起，用铅丝或绳子将柳枝干系在堤（坝）顶木桩上，树梢伸向堤外，并在树杈上捆扎块石或沙袋，顺堤（坝）坡推柳入水，起到消减风浪、缓和溜势、促於防冲作用，如图 7-23 所示。挂柳间距及悬挂深度应视溜势及坍塌情况而定，一般主溜附近挂密一些，边上挂稀一些，还可以随时根据需要补挂。该法可就地取材，消浪作用较好，但要注意枝杈摇动损坏坡面。

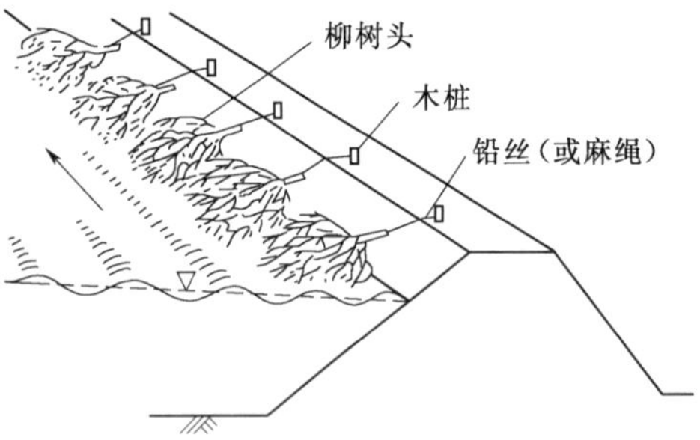

图 7-23 挂柳防浪

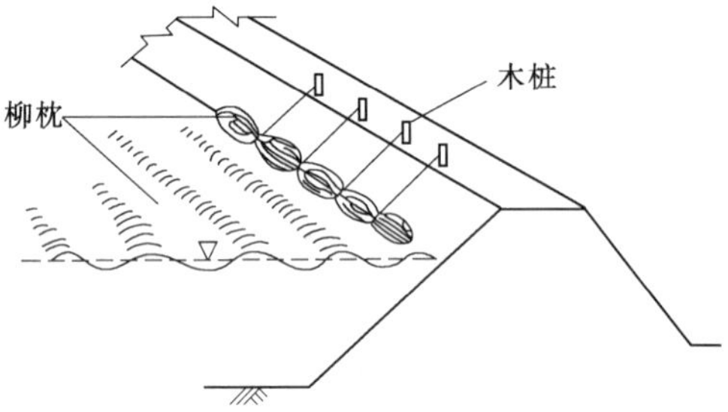

图 7-24 挂枕防浪

2. 挂枕防浪法

将秸料或苇料、柳枝等，用铅丝扎成直径为 0.5～0.8m 的枕，长短根据河段弯曲情况而定，将枕两端用绳系在堤（坝）顶木桩上，推置水面上，随波起伏，起到消浪作用，如图 7-24 所示。该法适用于水深不大，风浪较大的堤（坝）段。当风力较大、风浪较高、一枕不足以防冲刷时，可挂两个或更多的枕，即连环枕。

3. 土工织物防浪法

利用土工织物铺放在堤（坝）坡上，以抵抗波浪的破坏作用。铺设前，应清除铺设范围内的坝边坡上的块石、树枝、杂草和土块等，以免造成土工织物的损伤。铺设时，土工织物的上沿一般应高出洪水位 1.5～2.0m，并用间距为 1.0m 的平头钉将土工织物的四周钉牢于边坡上。土工织物的宽度应按堤（坝）的临水坡受风浪冲击的范围决定，一般不小于 4m，宽度不够时，应按需要预先粘贴或焊接牢固。如果土工织物顺堤（坝）长度短于保护地段的长度时，可以搭接，其搭接长度不小于 1.0m，并应在铺设中钉压牢固，以免被风浪揭开。

4. 土袋防浪法

对于抗冲性差，当地缺少秸、柳软料，风浪袭击较严重的堤（坝）段，可在堤（坝）坡铺土袋防风浪冲刷。具体做法是：用麻袋、草袋或土工袋装土或卵石、碎石、碎砖、沙等至八成满，用细麻绳缝住袋口，如装土料，先在袋底装青草一层，以防风浪将土淘空。根据风浪冲击范围顺堤（坝）摆放土袋，摆放时使袋口向里，袋底向外，依次排列、叠压至高出水面1.0m或略高出浪高，袋间排挤严密并注意错缝，以保证防浪效果，如图7-25所示。边坡较陡时，土袋与边坡之间应垫土增加其摩擦力，以免土袋滑落。

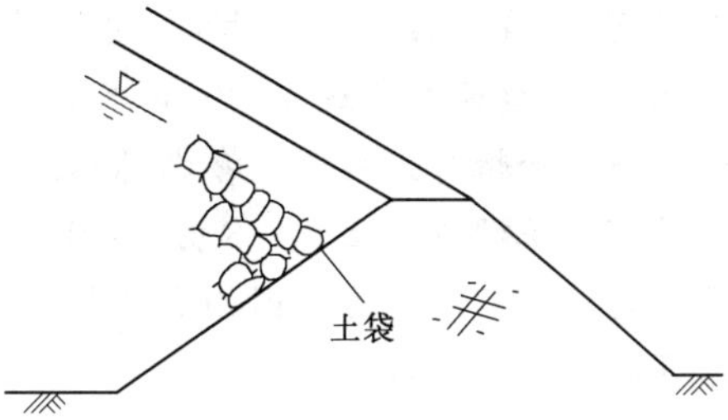

图7-25　土袋防浪

三、注意事项

（1）抢护风浪险情尽量不要在边坡上打桩，必须打桩时，桩距要疏，以防破坏土体结构，影响堤（坝）抗洪能力。

（2）防风浪一定要坚持“以防为主”的原则，平时要加强管理养护，备足防汛料物，避免或减少出现抢险被动局面。在风浪袭击严重的堤段，如临河有滩地，应及时种植防浪林并应种好草皮护坡，这是一种行之有效的防风浪生物措施。

任务总结：风浪险情是指堤（坝）坡受风浪进退的连续冲击和淘刷而出现浪坎、坍塌、滑坡、漫溢等现象。风浪抢护的原则是破浪固堤（坝）。抢护方法主要有挂柳防浪法、挂枕防浪法、土工织物防浪法、土袋防浪法。防风浪一定要坚持“以防为主”的原则。

任务学习拓展：查阅资料了解防治风浪险情的生态防护措施。

任务八　涵闸常见险情的鉴别与抢护

任务描述：本任务介绍了涵闸常见险情的现象、原因及抢护方法，培养学生具有涵闸常见险情鉴别与抢护的初步能力。

案例导学：三合垸位于湖南省岳阳市新墙河中下游，龙井闸位于大堤3＋700地段，1974年10月建成，为预制混凝土砖拱形结构，宽2m，高2m，底板高程30.76m，表层土质为轻黏土，下部地质构造不明。该闸管涌发生、发展可分为两个过程：第一过程从7月4日至8月25日。7月4日晚21时，外湖水位34.4m，内湖水位29.2m时，巡逻中，发现在距进口5m的地方出现管涌，管涌直径18cm，流量3L/s，并严重夹沙出流，随后，下水探查，发现周围水温低，通过对该点的压渗后，管涌范围扩大，约21m^2，管涌出逸点增到4处。第二过程从8月26日开始。外湖水位35.7m，在第一次出现的管涌点位置，重新出现翻沙鼓水，直径约15cm，夹沙程度一般。

形成该管涌主要原因是出口消力池彻底破坏，将出口冲成深达4m，高程约27m，面积30m^{2}的深坑，在闸室出口形成陡坎，由于冲坑底板高程低于外河河滩沙洲高程，将透水性强的沙层裸露出来，在闸底板形成了强透水通道，使闸室底板渗径大为缩短，再加之进口土壤覆盖层遭到破坏，发生管涌。

在管涌初次发生后，根据管涌形成的原因，在制订抢险方案时，按照轻重缓急，分两步组织抢险。第一步，采用卵石导滤。将管涌周围用卵石包垒起，并填压卵石，面积约21m^2，卵石厚度1.3m，控制泥沙带出。第二步，作蓄水减压方案。在进水渠30m位置做土坝，土坝高3.6m，堤面高程达33.8m，长9m，底宽4m，土坝蓄水后内外水位差降至1.6m。通过上述措施，险情得到控制，渗水量稳定，蓄水池水质清亮，管涌发生、发展第一过程结束。由于外河水位的持续上涨，8月26日，当外河水位达到35.7m时，巡查人员发现在原管涌位置出现翻沙鼓渗，为做到彻底控制管涌，迎战第六次洪峰的到来，一方面组织劳力继续用卵石导渗，控制泥沙带出；另一方面，在外湖进行封堵。首先，自卸船将冲坑用砂填平，高程30.67m；再通过潜水员将油布铺平，完全遮住填平后的砂堆；然后，在油布上面压砂。通过6h的战斗，外湖封堵结束，根据后来数日观察，管涌完全被控制住，出水流量也明显减少。

问题：上面的案例表明，堤（坝）上修建的涵闸往往是防汛中的薄弱环节，汛期应加强巡查，发现险情，应分析出险原因，及时采取措施，确保工程安全。那么，涵闸常见险情有哪些？如何抢护？

一、闸顶漫溢

涵洞式水闸埋设于堤内，防漫溢措施与堤（坝）的防漫溢措施基本相同，这里介绍的是开敞式水闸防漫溢抢护措施。造成水闸漫溢的主要原因是设计挡洪标准偏低或河道淤积，致使洪水位超过闸门或胸墙顶部高程。抢护措施主要是在闸门顶部临时加高。

（1）无胸墙开敞式水闸漫溢抢护。当闸孔跨度不大时，可焊一个平面钢架，其网格不大于0.3m×0.3m，用临时吊具或门机将钢架吊入门槽内，放在关闭的闸门顶上，靠在门槽下游侧，然后在钢架前部的闸门顶分层叠放土袋，迎水面用篷布或土工膜挡水，亦可用2～4cm厚木板，拼紧靠在钢架上，在木板前放一排土袋压紧，以防漂浮，如图7-26所示。

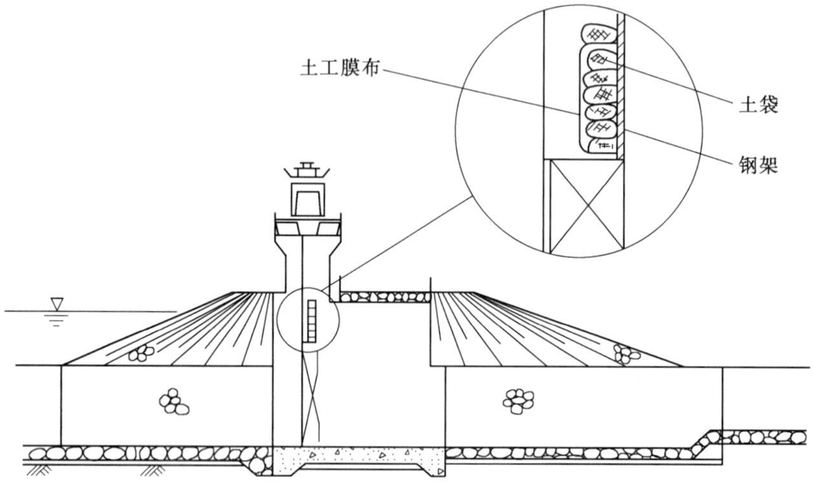

图7-26 无胸墙开敞式水闸漫溢抢护

（2）有胸墙开敞式水闸漫溢抢护。可以利用闸前的工作桥在胸墙顶部堆放土袋，迎水面要压篷布或土工膜布挡水，如图7-27所示。

上述两种情况下堆放的土袋，应与两侧大堤相衔接，共同抵挡洪水。为防闸顶漫溢抢筑的土袋高度不宜过高，若洪水位超过闸顶过多，可考虑抢筑闸前围堰，以确保水闸

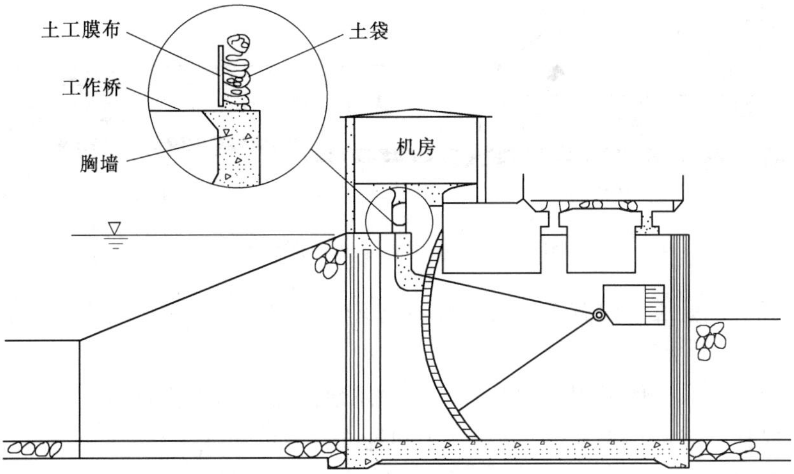

图 7-27　有胸墙开敞式水闸漫溢抢护

安全。

二、水闸滑动

水闸下滑失稳的主要原因有：上游挡水位偏高，水平水压力增大；扬压力增大，减少了闸室的有效重量，从而减小了抗滑力；防渗、止水设施破坏或排水失效，导致渗径变短，造成地基土壤渗透破坏，降低地基抗滑力；发生地震等附加荷载。水闸滑动抢险的原则是增大抗滑力、减少滑动力以稳固工程基础。抢护方法如下：

(1) 加载阻滑法。即在闸墩、桥面等部位堆放块石、土袋或钢铁块等重物，加载量由稳定核算确定。加载时要注意加载量不得超过地基承载力，以免造成地基大幅度沉陷；具体加载部位的加载量不能超过该构件允许的承载限度；加载部位应考虑构件加载后的安全和必要的交通通道；险情解除后应及时卸载。此法适用于平面缓慢滑动险情的抢护。

(2) 下游堆重阻滑法。在水闸可能出现的滑动面下端，堆放土袋、石块等重物，防止滑动。其堆放位置和数量可由抗滑稳定验算确定。此法适用于圆弧滑动和混合滑动两种缓滑险情的抢护，如图 7-28 所示。

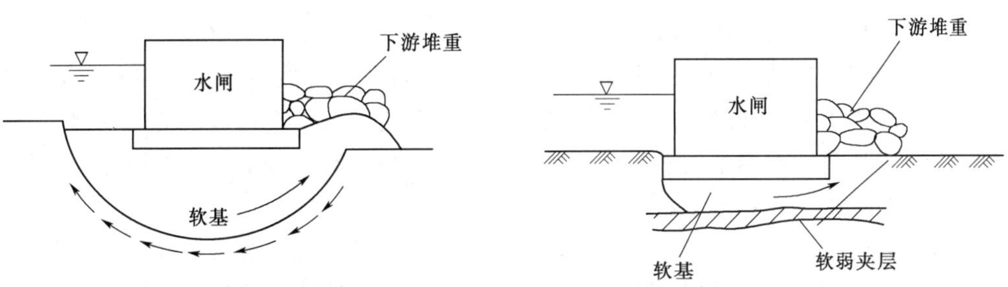

(a) 圆弧滑动　　(b) 混合滑动

图 7-28　下游堆重阻滑

(3) 蓄水平压法。在水闸下游一定范围内，用土袋或土筑围堤，壅高水位，减小上下游水头差，以抵消部分水平推力，如图 7-29 所示。围堤高度根据壅水需要而定，堤顶宽约 2m，土围堤边坡 1∶2.5，堆土袋边坡 1∶1，要留 1m 左右的超高，并在靠近控制水位高程

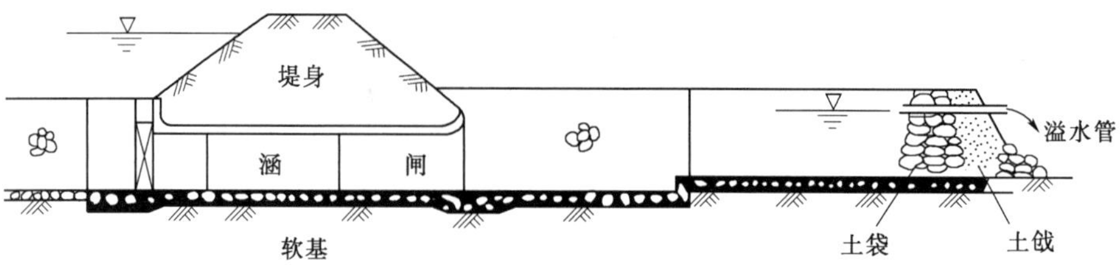

图 7-29 蓄水平压减小滑动力

处设溢水管。若下游渠道上建有节制闸，且距离又较近时，可关闸壅高水位，也能起到同样的作用。

(4) 圈堤围堵法。一般适用于闸前有较宽的滩地情况，圈堤修筑高度通常与闸两侧堤防高度相同，圈堤顶宽应不小于5m，以利施工和抢险，圈堤边坡1：2.5～1：3。圈堤临河侧可堆筑土袋，背水侧填筑土戗，或者两侧均堆筑土袋，中间填土夯实，以减少土方量，土袋堆筑坡1：1。圈堤填筑工程量较大，且施工场地较小，短时间抢筑相当困难，一般在汛前将圈堤两侧部分修好，中间留下缺口，并备足土料、土袋等，根据洪水预报临时封堵缺口。

三、闸门漏水

闸门漏水的原因主要有：水闸底板不平，使局部止水橡皮压缩不密实；止水橡皮老化及局部损坏；压顶止水设计不合理，在水位差较大时被顶翻；闸门下垫有石子等坚硬物使闸门未落到位；闸门破坏形成漏洞。

闸门漏水一般采取将缝隙或漏洞堵塞的方法来抢护。如闸门止水橡皮损坏，可在损坏的部位用棉絮等堵塞。如闸门局部损坏漏水，可用木板外包棉絮进行堵塞。当闸门开启后不能关闭，或闸门损坏大量漏水时，应首先考虑利用检修闸门或放置叠梁挡水，若不具备这些条件，常采用以下办法封堵孔口。

(1) 篷布封堵法。若孔口尺寸不大，水头较小时，可用篷布封堵。其施工方法是：将一块较新的篷布，用船拖至漏水进口以外，篷布底边下坠块石使其不致漂起，再在顶边系绳索，岸上徐徐收紧绳索，使篷布张开并逐渐移向漏水进口，直至封住孔口。然后把土袋、块石等沿篷布四周逐渐向中心堆放，直至整个孔口全部封堵完毕。切忌先堆放中心部分，而后向四周展开，这样会导致封堵失败。

(2) 临时闸门封堵法。当孔口尺寸较大、水头较高时，可按照涵闸孔口尺寸，用长圆木、角钢、混凝土电杆等杆件加工成框架结构，框架两边可支承在预备门槽内或闸墩上。然后在框架内竖直插放外裹棉絮的圆木，使其一根紧挨一根，直至全部孔口封堵完毕。如需闭浸止水，可在圆木外铺放止水土料。

(3) 封堵涵管进口法。对于小型水库，常采用斜拉式放水孔或分级斜卧管放水孔，若闸门板破裂或无法关闭时，可采用网孔不大于20cm×20cm的钢筋网盖住进水孔口，再抛以土袋或其他堵水物料止水。对于竖直面圆形孔，可用钢筋空球封堵。钢筋空球是用钢筋焊一空心圆球，其直径相当于孔口直径的2倍。待空球下沉盖住孔口后，再将麻包、草袋(装土70%)抛下沉堵。如需要闭浸止水，再在土袋堆体上抛撒黏土。对于竖直面圆形孔，也可用草袋装砂石料，外包厚20～30cm的棉絮，用铅丝扎成圆球，并用绳索控制下沉，进行封堵。

四、闸基渗透变形

闸基渗透变形的主要原因是：地下轮廓长度不够或止水破坏，形成渗径不足、渗透比降大于地基土允许比降，可能产生渗透破坏；基础下部有强透水夹层，可能产生流土或管涌，冒水、冒沙，形成渗漏通道。抢护原则是外截内导，蓄水平压。具体抢护方法如下：

（1）上游截渗法。先查清渗流入口的位置及范围，然后用船抛黏土袋于渗漏入口区域内，以减弱水势，接着抛散黏土进行封闭。也可直接用船在渗流入口区域内抛填黏土。

（2）反滤围井法。在下游冒水、冒沙区抢筑反滤围井，制止涌水带沙，防止险情进一步扩大。其具体作法参见抢护堤（坝）管涌险情的相应内容。

（3）蓄水平压法。在水闸的下游一定范围内用土或土袋抢筑围堤，当水面较宽时，可以筑成月牙状围堤，以抬高水位，减小上、下游水位差，减小水的渗透压力，以消除翻沙鼓水现象。具体作法参见抢护水闸滑动险情的相应内容。

五、消能工破坏的抢护

涵闸消能防冲工程，如消力池、消力槛、护坦、海漫等，在汛期过流时被冲刷破坏的险情是常见的现象。其破坏的主要原因有：超标准运用，如泄水流量或单宽流量大于设计标准引起冲刷破坏；设计考虑不周导致消能设施长度不足；维修养护不够引起的损坏；人为破坏等。可根据具体情况进行抢护。

（1）断流抢护法。条件允许时，应暂时关闭泄水闸孔，若无闸门控制，且水深不大时，可用土袋堵塞断流。然后在冲坏部位用速凝砂浆补砌块石，或用双层麻袋填补缺陷，也可用打短桩填充块石或埽捆防护。若流速较大，冲刷严重时，可先抛一层碎石垫层，再采用柳石枕或铅丝笼等进行临时防护。要求石笼（枕）的直径为0.5～1.0m，长度在2m以上，铺放整齐，纵向与水流方向一致，并连成整体。

（2）筑潜坝缓冲法。在不具备暂时关闭泄水闸孔进行断流抢护时，可对被冲部位进行抛石防护，同时还可在护坦末端或下游做柳枕潜坝或其他形式的潜坝，以增加水深，缓和冲刷，如图7-30所示。

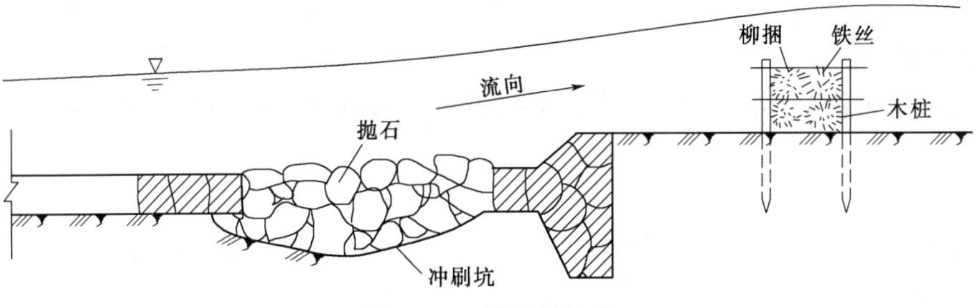

图7-30　筑潜坝抢护

任务总结：涵闸在汛期常出现闸顶漫溢、水闸滑动、闸门漏水、闸基渗水或管涌、消能工冲刷破坏等险情，必须迅速抢护。闸顶漫溢的抢护措施主要是在闸门顶部临时加高。水闸滑动的抢护方法主要是加载阻滑法、下游堆重阻滑法、蓄水平压法、圈堤围堵法。闸门漏水一般采取将缝隙或漏洞堵塞的方法来抢护。闸基渗透变形的抢护原则是外截内导，蓄水平压，抢护方法主要是上游截渗、反滤围井、蓄水平压。消能工破坏可根据具体情况采用断流补砌块石、堆砌石笼等或筑潜坝的方法进行抢护。

任务学习拓展：堤坝、涵闸汛期出险抢护，汛后如何处理？

课 后 训 练

一、填空题

1. 江河水域中汛水自开始上涨到回落的期间称为________。
2. 我国当前的防汛方针是________________________________。
3. 防汛队伍通常可分为________、________、________、________、________等。
4. 堤（坝）渗漏的抢护原则是________________________________。
5. 堤（坝）漏洞的抢护方法有________、________、________、________等。
6. 堤（坝）滑坡的抢护原则是________________________________。

二、单项选择题

1.（　　）是各种防汛责任制的核心。

A. 分包责任制　　B. 行政首长负责制

C. 岗位责任制　　D. 技术责任制

2. 根据所用导渗材料的不同，导渗沟可分为：砂石导渗沟；梢料导渗沟；（　　）。

A. 柴草导渗沟　　B. 反滤导渗沟

C. 柳石导渗沟　　D. 土工织物导渗沟

3. 在无风浪时，漏洞进水口附近的水体易出现（　　），一般可直接看出。

A. 水花　　B. 逆流　　C. 旋涡　　D. 涌浪

4. 水下管涌的抢护方法有：填塘法；水下反滤层法；（　　）。

A. 减压法　　B. 平衡水头法

C. 压渗法　　D. 抬高塘坑水位法

5. 采用翻填夯实法处理堤（坝）背水坡跌窝，宜用（　　）土料。

A. 黏土　　B. 水泥土

C. 透水性大于原堤（坝）的　　D. 透水性小于原堤（坝）的

三、多项选择题

1. 子堤形式由物料条件、原堤（坝）顶的宽窄及风浪大小来选择，一般有（　　）。

A. 土料子堤　　B. 土袋子堤

C. 桩柳（木板）子堤　　D. 柳石（淤）枕子堤

2. 开挖导渗沟处理渗水时，可选用（　　）作为导渗沟里所填的滤料。

A. 砂石料　　B. 混凝土　　C. 梢料　　D. 土工织物

3. 管涌险情的抢护方法有（　　）。

A. 反滤围井　　B. 减压围井　　C. 反滤铺盖　　D. 透水压渗台

4. 漏洞抢险的临河截堵方法有（　　）。

A. 塞堵法　　B. 盖堵法　　C. 反滤围井法　　D. 戗堤法

5. 水闸滑动的抢护方法有（　　）。

A. 加载阻滑法　　B. 下游堆重阻滑法　　C. 蓄水平压法　　D. 圈堤围堵法

四、判断题

1. 汛期巡查通常分组轮流进行，巡查班次及人数，视水情、险情而安排，接近警戒水

位或暴雨天气，适当增加巡查班次及人数。(　　)

2. 土袋子埝是全用土袋或主要用土袋排砌并培土成的子埝，对土袋排砌没有要求。(　　)

3. 当渗水范围确定、临河水深和流速不大、截渗材料充足、背河抢护困难时可采取临河截渗措施。(　　)

4. 塞堵漏洞进口时最好用坚硬的、圆柱体材料，如钢管。(　　)

5. 砂石反滤围井的反滤料按粗沙、小石子和大石子分层填铺，每层厚度 0.2～0.3m。(　　)

6. 背水滑坡最好是采用打桩的方法以稳定滑坡体。(　　)

7. 防风浪抢护以“破浪固堤（坝）”为原则，可削减波浪，可提高堤（坝）抗冲能力。(　　)

8. 闸后蓄水平压只适用于对管涌险情的抢护，不能用于水闸滑动险情的抢险。(　　)

五、案例分析题

1998 年 7 月 31 日 8 时，枞阳江堤桂家坝水位 16.64m，桩号 36＋400 距堤脚 170m 处深塘中冒水花，水面水花波纹范围直径约 1m，该土塘长约 150m。宽 30～60m，深约 2.5m。派员下水摸探，发现冒水口四周有圆形砂环，直径约 60cm，冒出的水冰凉，并带出黑色基砂。若当时你在现场，应如何鉴别处理？

六、简答题

1. 如何做好防汛准备工作？
2. 汛期巡查人员要注意“五时”，请简述其内涵。
3. 请简述险情的抢护程序。
4. 请阐述堤（坝）管涌的出险原因、抢险原则和方法。
5. 请列举出几种抢护风浪险情的方法。
6. 请阐述堤（坝）滑坡的抢护方法。
7. 请简述闸门漏水的抢护方法。

参 考 文 献

［1］ 河南黄河水务局．河南黄河水利工程维修养护使用手册［M］．郑州：黄河水利出版社，2008．

［2］ 李新生，陈素美．黄河水利工程管理与养护施工［M］．郑州：黄河水利出版社，2011．

［3］ 胡欣．上海市黄浦江和苏州河堤防设施日常维修养护技术指导工作手册［M］．上海：同济大学出版社，2014．

［4］ 田明武，李娜．水利工程管理［M］．北京：中国水利水电出版社，2013．

［5］ 王修君，徐贵文．水利工程维修养护技术［M］．郑州：黄河水利出版社，2011．

［6］ 奚立平，朱友聪．水利工程安全监测与养护修理［M］．郑州：黄河水利出版社，2015．

［7］ 水利部．SL 210—2015 土石坝养护修理规程［S］．北京：中国水利水电出版社，2015．

［8］ 水利部．SL 230—2015 混凝土坝养护修理规程［S］．北京：中国水利水电出版社，2015．

［9］ 水利部．SL 75—2014 水闸技术管理规程［S］．北京：中国水利水电出版社，2014．

［10］ 水利部．SL 595—2013 堤防工程养护修理规程［S］．北京：中国水利水电出版社，2013．

［11］ 梅孝威．水利工程管理［M］．北京：中国水利水电出版社，2005．

［12］ 杜守建，周长勇．水利工程技术管理［M］．郑州：黄河水利出版社，2013．

［13］ 仇力．水闸运行与管理［M］．南京：河海大学出版社，2006．

［14］ 张朝温，王卫东，杨邦柱，等．水闸枢纽管理［M］．郑州：黄河水利出版社，2002．

［15］ 张肖．河道堤防管理与维护［M］．南京：河海大学出版社，2006．

［16］ 牛运光．防汛与抢险［M］．北京：中国水利水电出版社，2003．

［17］ 孙宗海，吴良春．防汛物资手册［M］．北京：中国科学技术出版社，1999．

［18］ 王运辉．防汛抢险技术［M］．武汉：武汉水利电力大学出版社，1999．

［19］ 张启岳．土石坝加固技术［M］．北京：中国水利水电出版社，1999．

［20］ 黄国兴，陈改新．水工混凝土建筑物修补技术及应用［M］．北京：中国水利水电出版社，1999．